新媒体系列丛书

总主编　周茂君

网络视频拍摄与制作

CREATING ONLINE VIDEO

李明海　王　力　王泽钰　编著

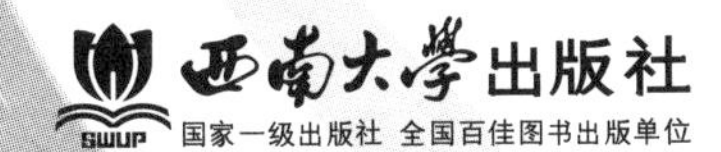

图书在版编目(CIP)数据

网络视频拍摄与制作 / 李明海，王力，王泽钰编著
. —2版. —重庆 ：西南师范大学出版社，2021.12(2023.6重印)
ISBN 978-7-5621-7639-8

Ⅰ. ①网… Ⅱ. ①李… ②王… ③王… Ⅲ. ①计算机网络－视频制作 Ⅳ. ①J90②TN948.4

中国版本图书馆CIP数据核字(2015)第224696号

内容简介

本书重点关注专业的、高品质的网络视频生产，既介绍了机位选择、景别控制、曝光控制、编辑软件等入门知识，又对网络视频的拍摄技巧、录音技巧、剪辑技巧进行了重点讨论；既详细介绍了网络视频的创作工具和摄制技艺，又通过网络视频发展历程中的一些关键事件对网络视频产业格局展开观察。本书可作为高校新媒体教育专业教材，也可供网络视频创作者参考使用。

网络视频拍摄与制作

WANGLUO SHIPIN PAISHE YU ZHIZUO

李明海　王力　王泽钰　编著

责任编辑：李玲
装帧设计：尚品视觉 CASTALY 周　娟　刘　玲
排　　版：江礼群
出版发行：西南大学出版社(原西南师范大学出版社)
　　　　　地址：重庆市北碚区天生路2号　邮编：400715
　　　　　市场营销部电话：023－68868624
印　　刷：重庆市国丰印务有限责任公司
幅面尺寸：185 mm×260 mm
印　　张：15.25
字　　数：390千字
版　　次：2021年12月第2版
印　　次：2023年6月第2次
书　　号：ISBN 978-7-5621-7639-8

定　　价：34.00元

新媒体系列丛书编委会

序

媒介技术的发展将我们带到了一个众语喧哗、瞬息万变的新媒体时代。在这里，人们都在放声疾呼，也都被这个由媒介构建的全新世界所迷醉。然而，伴随着新媒体时代的到来，思想观念、生活方式乃至行为举措的急剧改变，也常常让人们有些不知所措和无所适从。新媒体到底是什么？新媒体时代到来又意味着什么？人们如何正确处理好与新媒体的关系？这些问题看似简单，却又真真切切地摆在人们面前，需要我们去面对，去解决。因此，理解新媒体在当下显得尤为重要。

人类社会发展的每一阶段都会有一些新型的媒体出现，它们都会给人们的社会生活带来巨大的改变。这种改变在今天这个新媒体时代表现得尤其明显：受众这一角色转变成了“网众”或“用户”，成了传播的主动参与者，而非此前的被动信息接受者；传播过程不再是单向的，而是双向互动的；传播模式的核心在于数字化和互动性。这一系列改变的背后是网络技术、数字技术和移动通信技术的发展，并由此衍生出多种新媒体形态——以网络媒体、互动性电视媒体、移动媒体为代表的新兴媒体和以楼宇电视、车载移动电视等为代表的户外新型媒体。

由周茂君教授主编的这套新媒体系列丛书，就是在移动互联、数字营销、大数据和社会化网络等热点问题层出不穷的背景下，沿着技术、传播、运营和管理的逻辑，对新媒体进行的梳理和把握。从技术层面上看，新媒体是用网络技术、数字技术和移动通信技术搭建起来，进行信息传递与接收的信息交流平台，包括固定终端与移动终端。它具备以新技术为载体、以互动性为核心、以平台化为特色、以人性化为导向等基本特征。从传播层面看，新媒体从四个方面改变着传统媒体固有的传播定位与流程，即传播参与者由过去的受众成了网众，传播内容由过去的组织生产成了用户生产，传播过程由过去的一对多传播成了病毒式扩散传播，传播效果由过去能预期目标成了无法预估的未知数。这种改变从某种程度上可以说是颠覆性的，传统的“5W”“魔弹论”和“受众”等经典理论已经成为明日黄花。从运营层面看，在新媒体技术构筑的运营平台之上，进行各类新媒体的经营活动，包括网络媒体经营、手机媒体经营、数字电视与户外新媒体经营和企业的新媒体营销。这就在很大程度上打破了报刊、广播和电视等传统媒体过分倚重广告的单一经营模式，实现了盈利模式的多元化。从管理层面看，新媒体管理主要从三个方面着手，即新媒体的政府规制、新媒体伦理和新媒体用户的媒介素养。这样，政府规制对新媒体形成一种外在规范，新媒体伦理从内在方面对从业者形成约束，而媒介素养则对新媒体用户提出要求。

这套新媒体系列丛书既有对新媒体的发展轨迹和运行规律的理论归纳，又有对新媒体运营实务的探讨，还有对大量鲜活新媒体案例的点评，真正做到了理论与实务结合、运行与案例相佐，展现出丛书作者良好的学术旨趣与功力。希望以这套丛书为起点，国内涌现出更多的作者和更多的研究著作，早日迎来新媒体教育与研究的新时代。

是为序。

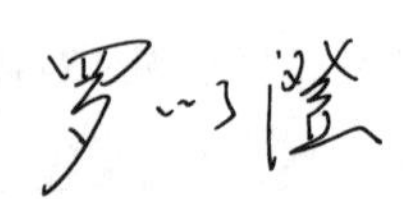

前言

关于新媒体，从概念到特征，有很多说法，也有各种各样的表述。我们认为，新媒体是指采用网络技术、数字技术和移动通信技术进行信息传递与接收的信息交流平台，包括固定终端与移动终端。它具备以下基本特征——以新技术为载体，以互动性为核心，以平台化为特色，以人性化为导向。

以新技术为载体，是指新媒体的应用与运营以新技术为基础。网络技术、数字技术、移动通信技术的发明与普及，不仅为新媒体的诞生提供了技术支持，同时也为新媒体的运作提供了信息载体，使得信息能以超时空、多媒体、高保真的形式传播出去。可以说，新媒体的所有特征，都是建立在新技术提供的技术可能性的基础之上。

双向互动是新媒体的本质特征。传统媒体一个很大的弊端在于信息的单向流动，而新媒体的出现突破了这一局限。它从根本上改变了信息传播的模式，也从根本上改变了传播者与受传者之间的关系。传播参与者在一个相对平等的地位进行信息交流，媒体以往的告知功能变成如今的沟通功能。这种沟通不仅体现在媒体与用户之间，还体现在用户与用户之间。可以说，新媒体的这一特征，不仅对传统媒体，而且对整个社会都将产生深远的影响。

新媒体搭建起一个综合性信息平台，传统媒体与新媒体在这个平台之上逐渐走向融合。新媒体的出现并不会导致传统媒体的消亡，二者会相互补充、共同发展。而新媒体以其包容性的技术优势，接纳与汇聚了传统媒体的媒介属性。报刊、广播、电视等传统媒体只有在适应新媒体环境、与新媒体的新技术形式相互渗透之后，才能获得二次发展。如今数字化报纸、网络广播、手机电视等融合性媒体如雨后春笋般出现便是明证。而新媒体脱胎于旧的媒介形态的特征，为新旧媒体的相互融合提供了可能。

人性化是所有媒介的发展方向：口语媒介转瞬即逝、不易储存，于是有了文字媒介；文字媒介无法大规模复制，于是出现了印刷媒介；印刷媒介难以克服时空的障碍，电子媒介便应运而生。可以说，每一种新型媒介的出现，必然是对以前媒介功能的补充与完善。新技术是其出现的基础，而人性化导向意味着技术围绕人们的需求而展开。新媒体的出现，满足了人们渴望发声、渴望分享的需求；满足了人们渴望交流、渴望互动的需求；满足了人们渴望以一个更快更便捷的方式，获取与传播更多的个性化信息的需求。而在不远的将来，新媒体将带来真正的去中介化——人们在经历了部落社会的无中介、脱部落社会的中介化之后，正在迎来人与人之间交流的去中介化。届时，人们将欢欣鼓舞地迎接一个所有人都与其他人紧密相连的"地球村"时代。

编写这套新媒体系列丛书，我们希望达到如下目标：

1. 在指导思想上，本套丛书的编写着眼于新世纪合格的新媒体应用型人才培养，适应人才培养逐步由知识型向能力型转变的需要。因此，它在编写组成员的构成、编写大纲的拟定、资料的取舍、内容的写作，乃至行文等方面都围绕着这个中心目标而展开。这是本套丛书编写的基本方针，也是编写的基础和前提。

2. 本套新媒体丛书将"技术""传播""运营"和"管理"四个层面作为着力点，将网络技术、数字技术和移动通信技术发展带来的多种新媒体形态——以网络媒体、移动媒体、数字广播电视媒体为代表的新兴媒体和以楼宇电视、车载移动电视等为代表的户外新型媒体作为主要研究对象。丛书中的每本书在研究内容上既相互关联，又厘清彼此间的研究边界而不至于重复。

3.本套新媒体丛书瞄准高等学校网络传播或相关专业的专业主干课，因而丛书的编写内容，除了具备普通高等学校网络传播或相关专业在校本科生、研究生必须掌握的新媒体传播、营销实务的基本知识和技能外，还必须具备开阔的思路和国际化的视野，有利于完善学生的知识结构，有利于培养其适应新媒体发展需要的网络传播能力，有利于保证其毕业后能胜任新媒体经营与管理工作，即有利于使其成为合格的新媒体编辑和经营管理人才。

4.本套丛书既关注理论前沿问题，吸收和借鉴国内外新媒体研究的最新成果，又注重这些基本理论的实际应用。在具体编写过程中，本套丛书将基本理论、实际应用和案例点评相结合，展现出独具的特色：

其一，基本理论部分。对新媒体涉及的网络技术、数字技术和移动通信技术等，只作概括性的叙述，不进行全面性的描述，对其基本原理，力争深入浅出，易学易懂。

其二，实际应用部分。新媒体基本理论的实际应用是本套丛书的写作重点。无论技术层面，还是传播层面，抑或是营销层面，新媒体基本理论的实际应用都是重点，这个思路将贯穿于每本书的编写之中。

其三，案例点评部分。每本书的大部分章节都要求安排与本章内容相关联的案例点评，点评的篇幅可短可长，从数十字到数百字均可，用具体的案例点评，来回应前面的基本理论和实际应用。这样，就在很大程度上避免了同类新媒体图书编写中存在的问题——要么全是枯燥的理论表述，要么全是一个个的案例堆砌，缺少理论与案例的结合，也缺少精到的点评。

5.本套丛书在编写过程中尽力做到有思想、有创见、有全新体系，观点新颖，持论公允，丛书整体风格力求简洁、明了、畅达，并在此基础上使行文生动、活泼、风趣。

“理想很丰满，现实很骨感。”上述设想在编写过程中是否实现了，还有待学界和业界专家、学者，以及广大读者的检验，为此我们祈盼着！

本套丛书首批十本书的编著者，既有来自武汉大学新闻与传播学院的刘友芝女士、周丽玲女士、杨嫚女士、侯晓艳女士和洪杰文先生、何明贵先生、周茂君先生，又有来自重庆师范大学新媒体学院的李明海先生和来自重庆工商大学文学与新闻学院的马二伟先生，还有来自国家开放大学传媒学院的张玲女士。作者队伍虽很年轻，但绝大多数都拥有博士学位和在国外留学的经历，因此他们能够站在学术研究前沿，感受新媒体的新发展，研究新问题，并在书中奉献自己的独到见解，进而提升丛书的质量。

在本套丛书付梓之际，需要感谢和铭记的人很多。首先要感谢武汉大学新闻与传播学院的老院长罗以澄先生，他不仅为本套丛书的编写提出了许多建设性意见，还亲自为丛书写了序言，老一辈学者对年轻后辈的爱护与提携之情溢于言表。其次要感谢西南师范大学出版社的李远毅先生、杨景罡先生和李玲女士等，是你们的辛勤付出和宽大包容才使本套丛书得以顺利面世，感激之情无以言表。

周茂君

于武昌珞珈山

目录

第一章
网络视频概述

【知识目标】

☆ 网络视频典型案例。

☆ 网络视频产业格局。

【能力目标】

1. 敏锐关注网络视频领域的大事小事，洞悉网络视频行业。

2. 重点关注网络视频行业的三个主体：内容提供商、视频运营商、终端用户，并对网络视频行业的现状和未来提出自己的想法。

【拓展阅读】

扩展阅读1：网络视频发展史。

从狭义上讲，网络视频是指在网络上传播的声像资源，如在网络上播放的电影、电视剧和电视新闻等视听节目，也包括在网络上播放的视听广告、短片，以及用户制作后上传的视频和聊天视频等。从广义上看，网络视频是以视频在线服务为主要形式，包括技术支持、内容提供、视频运营和视频用户等链条在内的一个新型产业。

第一节　网络视频发展大事记

网络视频似乎是在不经意间进入了我们的生活，实则不然，网络视频由发端到崛起，既是技术发展和用户需求的合力使然，也与一些人物和事件的推动是分不开的。可以肯定的是，站在不同的视点，从不同的角度，对网络视频的发展会有不同的观察和理解。以下，笔者主要从网络视频的内容生产和产业服务的角度，尝试梳理网络视频发展历程中的一些事件，并根据其在网络视频领域的影响力和发展潜力，分为几个大事件和几个小事件。这种梳理不在于全面，而在于读者可以通过这些典型案例对网络视频领域有一些直观的认识。

一、网络视频领域的几个“大事件”

（一）谷歌收购 YouTube

1. 事件回顾

YouTube 是一家视频分享网站，成立于 2005 年的情人节，由乍得·贺利（Chad Hurley）、陈士骏（Steve Chen）、贾德·卡林姆（Jawed Karim）等 3 名 PayPal 前雇员创办，公司总部位于美国加利福尼亚州。YouTube 的名称和标志都是受到早期电视使用的阴极射线管的启发。YouTube 的注册用户可以上传无限制数量的视频，未注册用户也可以直接观看视频。YouTube 的第一个视频是由卡林姆在 2005 年 4 月 23 日上传的，长度只有 19 秒。YouTube 于 2005 年 7 月正式投入商业运营，不到一年的时间，YouTube 已有 4000 多万条短片，每天吸引 900 多万人浏览。根据艾瑞市场咨询公司（iResearch）2006 年 5 月的数据显示，美国在线视频网站中，YouTube 占据最大的市场份额，达到 42.9%，超过了雅虎、微软等当时四大门户网站视频份额的总和。网络视频的活力和发展潜力是一些网络巨头不能忽视的。2006 年 10 月，谷歌以 16.5 亿美元收购了 YouTube。被收购时，YouTube 只有 67 名员工，从这个角度看，这无疑是一宗天价收购案。有了财力的保障，作为谷歌的一家子公司，YouTube 进入了一个新的发展时期。目前，YouTube 是全球规模最大的视频分享网站，提供 54 种语言服务，每天为全球成千上万的用户提供高水平的视频上传、分发、展示、浏览服务，用户每周上传的视频相当于 240000 段全长度的电影，每天有超过 30 亿段视频被观看。①

2. 入选理由

YouTube 是视频分享网站的鼻祖。谷歌收购 YouTube，带来 UGC 网站的疯狂增长。在 YouTube 之前，在线视频主要是靠点播或直播，走的是“发布”路线；而 YouTube 走的是“分享”路线。谷歌收购 YouTube，更是把视频分享提升为一个全球概念，各国纷纷效仿，UGC 从此风靡。UGC 全称为 User Generated Content，意思是用户生成内容，即用户将自己制作的内容通过互联网平台进行展示或者提供给其他用户。UGC 并不是某一种具体的业务，而是一种用户使用互联网的新方式，是伴随着以提倡个性化为主要特点的 Web 2.0 兴起的。WIKI、博客、微博、微信等都是 UGC 的主要应用形式。YouTube 则是 UGC 在网络视频领域的典型案例。看到了视频网站中所蕴含的巨大商机，国内视频网站呈爆炸式发展。除去专业的视频网站（优酷、土豆、56 网、乐视），一些门户网站（搜狐、新浪、网易）也开始进入视频领域。酷 6、6 间房、爆米花、暴风影音、PPlive、PPS 等数百家视频网站纷纷崛起，分别从自己的角度做起网络视频的生意。之后，门户网站也纷纷进入视频分享领域。

---

①梁晓涛，汪文斌. 网络视频[M]. 武汉：武汉大学出版社，2013：71.

（二）HULU 诞生

1. 事件回顾

视频网站 HULU 于 2007 年 3 月在美国注册成立，由美国国家广播环球公司（NBC Universal）和福克斯广播公司（Fox）共同投资建立，于当年 9 月正式上线。与 YouTube 的 UGC 模式不同，HULU 是以正版影视内容的播放为基础的，其目标是让人们用最简单的方法体验最高质量的视频。2009 年 3 月，HULU 发展成为仅次于 YouTube 的美国第二大视频网站。2010 年 6 月，HULU 推出 HULU Plus 视频订阅服务，按月收费。2011 年，HULU 营业收入约 4.2 亿美元；2012 年收入 6.95 亿美元。[①]

2. 入选理由

HULU 强调正版，在内容获取、产品模式、用户体验、广告模式和营销模式方面，都为网络视频的后来者树立了标杆。在内容方面，除了 NBC 与 Fox 的内容，HULU 还与索尼、米高梅、华纳兄弟、狮门影业等多家内容制作商合作，获取了丰富的正版视频内容。HULU 在广告模式和盈利能力上也不乏亮点。HULU 的目标是让用户“用最简单的方法、以最佳体验看到最高质量的视频”。HULU 的广告模式主要有三种：“标准式”“进阶式”“HULU 独家模式”。“标准式”就是广告出现在视频的开头、中间或者结尾的某个位置，是不可跳过的；“进阶式”是一种交互式广告，是在标准式广告的基础上，提供广告商的标志和链接网址，用户可以点击进入；“HULU 独家模式”允许用户自主选择时间收看广告，以方便用户可以相对完整地观看完一个视频，一般针对长视频。除了通过广告盈利以外，HULU 推出付费的 HULU Plus，每月 9.9 美元，后来调整为每月 7.9 美元，其他国家也根据国情不同有所调整。HULU Plus 为 HULU 的盈利模式提供了一种新的选择。

笔者认为 HULU 的诞生，是传统影视业在互联网时代一次自我救赎的有益尝试。HULU 是由传统的影视公司（美国国家广播环球公司和福克斯广播公司）共同投资创立的，这是传统媒体时代的强势企业在新媒体语境下的一次主动出击。在中国，2009 年年底，中国网络电视台上线，中央电视台的节目可实现实时网络直播。在整合优质资源、创新服务应用、完善用户体验等方面，HULU 的一些做法是可借鉴的。

（三）Facebook 收购 Instagram

1. 事件回顾

Instagram 是一款移动应用，以一种快速、美妙和有趣的方式将用户随时抓拍下的图片彼此分享。Instagram 这个名字源自于 Instamatic，是柯达从 1963 年便开始销售的一个低价便携傻瓜相机的系列名。2010 年 9 月，Instagram 上线，公司 CEO 是凯文·希斯特罗姆（Kevin Systrom）。Instagram 上线第一天用户量达到了 25 万人；3 个月之后，用户数量达到 100 万；一年后，用户数量达到 1000 万。2012 年 4 月，Facebook 宣布以 10 亿美元收购 Instagram（最终收购价 7.15 亿美元）。被收购时，Instagram 的创立只有 22 个月时间，

---

①梁晓涛，汪文斌. 网络视频[M]. 武汉：武汉大学出版社，2013：112.

仅有14名员工。2012年12月，Instagram因其使用图片共享服务的新条款而在互联网上引起轩然大波，Instagram对此进行了澄清，称不会在广告中使用或销售用户的照片。2013年6月，Facebook在新品发布会上，为照片分享应用Instagram推出了视频分享功能。

2. 入选理由

社交类应用在互联网时代特别是移动互联网时代有巨大的需求。从文字社交到图文社交，再到视频社交，是社交应用的重要发展方向。Instagram顺势而为，是同类产品中的佼佼者。Viddy和Socialcam、Klip等应用都试图成为“视频版的Instagram”，而如今，Instagram本身也推出了视频分享功能，其引领作用将进一步放大。近年来，微视频应用领域也热点不断。继Twitter推出Vine之后，YouTube推出“玩拍”，Yahoo收购Qwiki。国内，爱奇艺推出“啪啪奇”，新浪上马“秒拍”，美图秀秀出品“美拍”，腾讯重金推广“微视”。总体来看，国外目前已形成Vine、Instagram、MixBit三足鼎立的局面，国内的“微视”“秒拍”“美拍”“玩拍”“趣拍”“啪啪奇”“微可拍”等还处于洗牌时期。

（四）优酷土豆集团成立

1. 事件回顾

2005年4月，土豆网上线，创始人及CEO是王微。从运营模式上看，土豆网走的是典型的YouTube路线，成立时间也是紧跟YouTube的步伐。土豆网诞生之初就提出口号：每个人都是生活的导演。2006年6月，优酷网上线，依然效法YouTube的视频分享模式，公司总裁为古永锵。2010年12月，优酷网上市。2011年8月，土豆网上市。2012年8月，优酷土豆集团成立。2014年4月，阿里巴巴宣布联合云锋基金，以12.2亿美元收购优酷土豆集团股权，其中阿里巴巴持股比例为16.5%，云锋基金持股比例为2%。

2. 入选理由

优酷和土豆都专注于网络视频领域，优酷土豆集团成立，整合成中国目前最大的UGC平台。优酷土豆拥有庞大的用户群、多元化的内容资源及强大的技术平台优势。优酷土豆以“快者为王”为产品理念，凭借“快速播放，快速发布，快速搜索”的产品特性，充分满足用户日益增长的互动需求及多元化视频体验，现已成为中国互联网领域颇具影响力、最受用户喜爱的视频媒体，月度用户规模已突破4亿。

（五）爱奇艺与PPS合并

1. 事件回顾

PPS全称PPStream，创办于2005年，是全球第一家集P2P直播点播于一身的网络电视软件，完全免费，无须注册，下载即可使用。艾瑞(ivideotracker)报告显示，2012年8月，PPS网络电视的覆盖人数突破1亿。爱奇艺，原名奇艺，由百度公司投资组建，于2010年4月正式上线，2011年11月，奇艺正式宣布品牌升级，启动“爱奇艺”品牌并推出全新标志。爱奇艺创始人龚宇。自成立伊始，爱奇艺坚持“悦享品质”的理念，强调提升用户体验，通过持续不断的技术投入、产品创新，为用户提供更丰富、高清、流畅的专业视频服务。

2011年2月，百度发布年报称奇艺月度用户覆盖过亿。2011年6月，奇艺发布“奇艺出品”战略，拟期树立网络自制行业标准。2012年4月，爱奇艺月独立用户数达2.3亿，手机客户端装机量近4000万，iPad客户端装机量超过600万。2013年5月，百度斥资3.7亿美元整体收购PPS视频业务，并将其与旗下视频网站爱奇艺合并，PPS将作为爱奇艺的子品牌运营。2013年11月，爱奇艺上线“绿镜”，希望依靠大数据分析视频内容。2013年12月，《来自星星的你》引爆网络点播。2014年4月，《舌尖上的中国》第二季在爱奇艺热播，播放量破1.8亿。2014年6月22日，爱奇艺《爸爸去哪儿》第二季首日播放量破5000万，10月20日收官时达到15亿流量。

2. 入选理由

与优酷土豆效仿YouTube的UGC模式不同，爱奇艺一开始就以正版和专业为基本诉求，更接近于HULU模式。截至目前，爱奇艺构建了涵盖电影、电视剧、综艺、动漫、纪录片等十余种类型的正版视频内容库，高清流畅的视频体验成为行业标杆。“爱奇艺出品”战略更让网络自制节目进入真正意义上的全类别、高品质时代，极力彰显品质、青春、时尚的品牌特性。爱奇艺与PPS合并，两家用户的重合度不高，可以发挥协同效应，保持两个品牌各自优势特点和团队的灵活性，爱奇艺和PPS两个品牌仍将提供具有各自品牌特质的差异化解决方案。爱奇艺与PPS合并，改变了优酷土豆在中国网络视频领域的地位，中国网络视频的发展进入一个新的阶段。

（六）MOOC平台诞生

1. 事件回顾

2012年4月，斯坦福大学计算机系教授吴恩达（Andrew Ng）与达芙妮·科勒（Daphne Koller）创建了Coursera。Coursera与斯坦福大学、普林斯顿大学等80多个教育机构合作，为全世界400多万名学生提供400多门免费课程。在中国，Coursera有港台地区大学及上海交大、复旦的五门中文课程。2013年10月8日，网易宣布和Coursera合作，为对方提供视频托管服务，并在网易公开课开设Coursera官方中文学习社区。目前，网易公开课上有国际名校公开课、中国大学视频、TED、可汗学院、Coursera、BBC纪录片等内容。Udacity由斯坦福大学人工智能教授、谷歌X实验室创立者、谷歌眼镜和自动驾驶汽车研发负责人塞巴斯蒂安·特龙（Sebastian Thrun）发起。edX是非营利性机构，由麻省理工学院和哈佛大学合资成立，目前，清华大学、北京大学选择与edX合作。

2. 入选理由

以Coursera、Udacity、edX为代表的网络学习平台力推大规模开放网络课程（massive open online courses，简称MOOC）。MOOC的深入发展将为网络视频领域注入新的活力。中国在线教育领域也有传课、YY、沪江网、淘宝同学、网易云课堂等。MOOC的崛起将带来在线教育的重新洗牌。如果把一些影视创作理念和制作技艺恰当地应用到视频课程的制作之中，对网络视频领域和在线教育领域，都将是一次革新。

二、网络视频领域的几个“小事件”

（一）《一个馒头引发的血案》

1. 事件回顾

《一个馒头引发的血案》(以下简称《馒头》)是自由职业者胡戈创作的一部网络短片，其内容重新剪辑了电影《无极》和中国中央电视台的《中国法治报道》栏目，对白经过重新改编，只有20分钟时长。胡戈1993年进入大学(仪表及检测技术专业，加入校乐队)，毕业后从事电台主持人、音频编辑等工作，后辞职成自由职业者。2006年年初，胡戈制作的短片《馒头》在网上蹿红，一时间搅动了很多人的心弦：陈凯歌称起诉胡戈，胡戈正式向陈凯歌道歉，央视称不会起诉胡戈，中影表态对《馒头》绝不手软……

2. 入选理由

讲述中国网络视频之“恶搞”，绕不开《馒头》；再者，胡戈的成名激发起一大批草根创作者涌入网络视频领域。胡戈因《馒头》成为网络红人，后来创作《鸟笼山剿匪记》《007大战猪肉王子》《007大战黑衣人》《血战到底》《春运帝国》《满城尽是加班族》《鞋袭——总统的反击》《宅居动物》《XX小区XX号群租房整点新闻》等，并承接制作若干广告。《馒头》的走红，从一定程度上激发了网络视频创作者特别是草根力量的热情。网络视频从业者爆发式增长，既有从大屏幕转型而成的老团队，也有大量的新兴团队。V电影网发布的《2013中国互联网影视行业报告》称，5人以下规模的团队占44.68%，20人以上的团队只占12.7%。调查数据显示，67.02%的制作团队年营业额在50万元以内，也有大型团队年营业额在500万元以上。①

（二）《老男孩》

1. 事件回顾

《老男孩》是优酷联合中影打造的“11度青春”系列微电影之一，由肖央担任导演、编剧和主演，影片于2010年10月28日首映，一夜之间在互联网迅速流传。筷子兄弟的《老男孩》讲述了一对痴迷迈克尔·杰克逊十几年的平凡“老男孩”重新登台找回梦想的故事。

2. 入选理由

《老男孩》号称中国微电影的样板之作。微电影(Micro Movie)，即微型电影，是近年逐渐兴起的一种新型电影。2011年，杨志平率先提出了“微影”概念，被称为“微影之父”。微电影之“微”不仅在于微时长、微制作、微投资，更是同传统的“大电影”和“大制作”相对应，以其短小、精练、灵活的形式风靡起来。微电影研究专家史兴庆博士指出，国内微电影的源头可以追溯到早年网络原创视频的风行、“DV时代”，甚至更早时期的影像短片，但真正起步始自2010年的《一触即发》和《老男孩》，此后，微电影创作呈井喷之势。

---

①V电影网ACELY.2013中国互联网影视行业报告[J].数码影像时代，2014(1)：24—25.

（三）《江南 style》

1. 事件回顾

《江南 style》是韩国音乐人 PSY 的一首 K-Pop 单曲。这首歌曲于 2012 年 7 月 15 日发布，首日就获得大约 50 万次的浏览量。同年 9 月打破吉尼斯世界纪录，成为 YouTube 历史上最受人"喜欢"的视频，12 月成为互联网历史上第一个点击量超过 10 亿次的视频。

2. 入选理由

《江南 style》是网络神曲的代表作之一。中国网络神曲排行榜，是中国网络神曲最高奖项，每年评选出当年十大神曲。"神曲"一词也由此成为对一个作品火爆程度的最大肯定。每年的颁奖礼，已成为当年中国网络音乐的盛事，俨然已成为中国网民心目中的"格莱美奖"。网络神曲的代表作品有：《忐忑》（2010 年，表演者：龚琳娜），《江南 style》（2012 年，表演者：PSY），《伤不起》（2012 年，表演者：王麟），《小苹果》（2014 年，表演者：筷子兄弟），《倍儿爽》（2014 年，表演者：大张伟），《时间都去哪儿了》（2014 年，表演者：王铮亮）等。

（四）《宫》

1. 事件回顾

《宫锁心玉》（39 集），又名《宫》。该剧讲述一个现代少女洛晴川，穿越到清朝，经历古代的宫廷生活，经历一番"宫心计"和男女情爱之后，回到现实中，更加懂得珍惜当下的故事。续集有《宫锁珠帘》（又称《宫 2》，37 集）和《宫锁连城》（又称《宫 3》，TV 版 63 集，DVD 版 44 集）。该剧在湖南卫视首播，后卖网络版权。

2. 入选理由

《宫 2》成为影视剧网络版权价格之巅。数据显示，2010 年影视剧网络版权价格暴涨，超过 2009 年 10 倍。如新版《红楼梦》的网络版权卖到每集 20 万元，《金婚 2》网络版权每集 6 万元（此前《金婚》每集的价格只有 4000 元）。[①] 2011 年，电视剧单集网络版权价格达到几十万乃至上百万。穿越剧《宫 2》每集卖出 185 万元的高价，按照全剧 37 集计算，该电视剧的网络播放权价格达到 6845 万元。优酷连续 5 个季度的内容成本分别为 3610 万元、4950 万元、7600 万元、9070 万元、1.4 亿元。[②] 影视剧网络版权价格暴涨是催生视频网站自制内容的主要原因。在这样的背景下，搜狐视频宣布投入 1 亿元进行原创自制，腾讯更是斥资 5 亿元设立影视投资基金，优酷 2014 年计划投入 3 亿元发展自制影视剧生态圈。

（五）《纸牌屋》

1. 事件回顾

《纸牌屋》是基于迈克尔・多布斯同名小说创作，由大卫・芬奇执导，凯文・史派西、

---

①孙振虎. 试论新媒体自制内容的媒介属性[J]. 数码影像时代，2012(2).

②胡茅. 视频网站自制内容将成火拼战场[J]. 数码影像时代，2012(7).

罗宾·怀特、迈克尔·吉尔等主演的一部连续剧。《纸牌屋》第一季于2013年2月1日在Netflix网站上对全球同步首播，第一季13集是同时放出的。第二季于2014年2月14日在Netflix网站上播出。Netflix是一家在线影片租赁提供商，成立于1997年，总部位于美国加利福尼亚州，1999年开始订阅服务。2007年2月，Netflix宣布已经售出第10亿份DVD。2009年，该公司可提供多达10万部DVD电影，并有1000万的订户。HIS一份报告中表示，2011年Netflix网络电影销量占据美国用户在线电影总销量的45%。2013年，《纸牌屋》的一炮走红，使Netflix炙手可热。

2. 入选理由

与中国网络自制剧的小打小闹相比，《纸牌屋》堪称网络剧"大片"。同时，有报道称，该剧在制作中应用了"大数据"。Netflix在美国有2700万订阅用户，在全世界有3300万，每天用户在Netflix上产生3000多万个行为，订阅用户每天会给出400万个评分，还会有300万次搜索请求。Netflix称，它已经知道用户很喜欢大卫·芬奇(《社交网络》《七宗罪》的导演)，也知道老戏骨凯文·史派西主演的片子表现都不错，还知道英剧版的《纸牌屋》很受欢迎，三者的交集表明，值得在这件事上赌一把。Netflix花1亿美元买下版权，请来芬奇和史派西，首次进军原创剧集就一炮而红。当然，关于大数据在影视创作中的应用，有人也提出了质疑，如罗振宇在自媒体节目《罗辑思维》中说，把《纸牌屋》的成功归功于大数据，实属瞎扯。当然，这引起了网络名人的争议，其本身就是入选的一个理由。

第二节　网络视频产业格局

从产业的角度看，已有多种市场主体参与网络视频的生产、消费、服务。网络视频的外围主体包括广告商、硬件/技术支持、风险投资、监管部门等，这不是本书关注的重点。本书重点关注网络视频行业的另外三个主体：内容提供商、视频运营商、终端用户。内容提供商是指向视频运营商提供视频内容的企业(或个人)，包括传统的电视台与影视制作公司、专业的视频制作公司，以及一部分网民。视频运营商主要是指各类视频网站。终端用户指的就是观看和使用视频的网民，一些用户也会成为内容提供者。

一、美国网络视频产业概览

网络视频产业最早在美国萌生，美国也是当今网络视频产业最发达的国家。美国主要的网络视频供应商有：YouTube(Google Sites)；Yahoo! Sites；Vevo；Facebook；Microsoft Sites；Viacom Digital；AOL，Inc.；Amazon Sites；HULU；News Distribution Network等。

从经营模式上看，门户网站的视频经营与传统门户网站的经营模式基本相同，其特色经营模式主要有：以YouTube为代表的视频分享模式，以HULU为代表的正版视频模式，以Vevo为代表的垂直视频模式，以Facebook(Instagram)为代表的视频社交模式。

从盈利模式上看，除传统的广告模式之外，还有会员付费模式和按次付费模式。网络视频供应商通常根据内容和用户的情况,对以上几种模式进行组合应用。

二、欧洲网络视频产业概览

美国的网络视频服务商对欧洲的影响是比较大的。欧洲的网络视频网站主要有三种类型:以 YouTube 和 DailyMotion 为代表的视频分享网站,以 Facebook 为代表的社交类视频网站,以 BBC iPlayer 和第四频道为代表的正版电视节目视频网站。

根据 comScore 的报告,英国的网络视频商主要有 Google Sites,BBC Sites,Vevo 等。法国的网络视频商主要有 Google Sites,DailyMotion,Facebook 等。德国的网络视频商主要有 Google Sites,ProSiebenSat 1 Sites,Facebook 等。意大利的网络视频商主要有 Google Sites,Facebook,Vevo 等。俄罗斯的网络视频商主要有 Google Sites,Mail. ru Group,Gazprom Media 等。西班牙的网络视频商主要有 Google Sites,Vevo,Facebook 等。土耳其的网络视频商主要有 Facebook,Google Sites,DailyMotion 等。

三、亚太地区网络视频产业概览

根据 comScore 的统计数据,亚太地区主要的网络视频运营商为优酷土豆,Google Sites,Facebook 等。日本的网络视频商主要有 Google Sites,Dwango Co. Ltd,NTT Group 等。马来西亚的网络视频商主要有 Google Sites,Facebook,Metacafe 等。新加坡的网络视频商主要有 Google Sites,Facebook,土豆网等。澳大利亚的网络视频商主要有 Google Sites,Microsoft Sites,Facebook 等。

在中国,网络视频空前发展。截至 2013 年 12 月,中国网络视频用户规模达 4.28 亿,较 2012 年底增加 5637 万人,增长率为 15.2%;网络视频使用率为 69.3%,与 2012 年底相比增长 3.4%;手机视频用户规模为 2.47 亿,与 2012 年底相比增长了 1.12 亿人,增长率为 83.0%;网民使用率为 49.3%,相比 2012 年底增长 17.3%,手机视频跃升至移动互联网第五大应用。截至 2014 年 12 月,中国网民规模达 6.49 亿,手机网民规模达 5.57 亿,家庭 Wi-Fi 的普及率已达到 81.1%。中国网络视频用户规模达 4.33 亿,其中,手机视频用户规模为 3.13 亿,与 2013 年底相比增长了 6611 万人,增长率为 26.8%。网络视频用户整体规模仍在增长,但增速已明显放缓,网络视频行业步入平稳发展期。2013 年,中国在线视频市场规模达 128.1 亿元,同比增长 41.9%。未来几年,在线视频行业在移动端商业化全面深入、企业持续引进热门版权内容(电视剧、综艺节目、体育赛事等)并大力发展自制内容等因素的助推之下,其市场规模仍将保持较高的增长。

目前的综合视频网站有优酷、土豆网、爱奇艺、搜狐视频、凤凰视频、腾讯视频、新浪视频、第一视频、百度视频、爆米花视频、CNTV、56 网、酷 6 网、6 间房、乐视网、糖豆网、激动网、百度影音、暴风影音、迅雷看看、风行、爱拍原创、熊猫频道、芒果 TV、华数 TV、PPTV、PPS、VeryCD、雷搜、互联星空、看看新闻、九州梦网、优度网、网尚文化、网乐互联、悠视等。影视咨询网站有 M1905 电影网、Mtime 时光网、豆瓣电影、穿帮网、立体中国、放放电影、电影天堂等。微电影网站除了爱奇艺微电影、优酷微电影和新浪微视频之外,还有爱微电影网、V 电影网、视友网、芭乐网等。传统电视台都有自己的网站，除此之外，还有节目时间表、电视猫、风云直播等。一般视频网站都有动画频道，除此之外，动画类网站还有爱漫画、漫漫看、酷米网、有妖气、极影动漫、哗哩哗哩动漫、AcFun 弹幕动漫、淘米视频等。

《中国网络视频行业发展研究报告》将当前网络视频行业划分为四类企业：视频分享网站，视频点播/直播类网站，P2P 播放平台，视频搜索企业。笔者认为，中国网络视频市场可分为以下六类：

(1)视频分享类，如爱奇艺 PPS、优酷土豆等。

(2)门户视频类，如腾讯视频、搜狐视频、新浪视频等。

(3)视频点播类，如中国网络电视台、芒果 TV、东方宽频、凤凰频道、看看新闻(上海文广集团)、激动网、华奥星空、九州梦网等。

(4)P2P 播放平台，如 QQLive、迅雷、风行、PPMate、Mysee 等。

(5)电信类平台，如互联星空、优度网等。

(6)教育视频类，如网易云课堂、果壳网等。

目前，中国的网络视频尚未形成稳定的盈利模式。网络视频的盈利模式主要有：网络广告、增值服务、优质内容收费、广告植入、自制节目营销等。内容制作方主要依靠品牌植入、品牌定制来冲抵制作成本；渠道方主要依靠贴片广告和用户付费营利；宣传发行方主要依靠客户的宣传预算或渠道方的收入分成。

2007 年 12 月，国家广电总局和信产部共同颁布《互联网视听节目服务管理规定》，于 2008 年 1 月 31 日起施行。该规定指出，“制作、编辑、集成并通过互联网向公众提供视音频节目，以及为他人提供上载传播视听节目服务”必须取得广电管理部门核发的“信息网络传播视听节目许可证”，从事“主持、访谈、报道类视听服务”，还需“广播电视节目制作经营许可证”和“互联网新闻信息服务许可证”。由此看来，当前在网络传播着的一些网络视频还游走在法律法规的边缘。

扩展阅读1：网络视频发展史[①]

网络视频自诞生以来，就成为一个竞争白热化的领域。从早期的用户、流量和带宽之争，到后来的版权口水战，再到版权资源的抢购潮，而后逐步回归理性，开始走向多元化的发展道路。视频网站的发展，荡尽了许多人的青春年华，也磨灭了、去除了许多人的狂野，逐步成为成年人的游戏，这个行业也进入强者竞争的“寡头时代”。

曾经中国的视频行业明星无数，如今却都一一陨落，只有少数企业坚持走到了今天，并且有了自己的优势和发展方向。它们如何走到今天？现在，除优酷土豆、PPS以外，搜狐、爱奇艺、乐视等视频网站依然占据一定的市场，它们又是凭什么立住脚跟？未来视频行业的竞争又是怎么样的光景呢？我们也许能从历史的那些瞬间找到答案。

2006～2008年：视频缘起

2006年，YouTube被Google天价收购后，这家美国的视频分享网站进入中国人的视野。很多人看准了视频网站中所蕴含的巨大商机，纷纷仿效，一时间国内视频网站呈爆炸式发展。网络视频行业虽然诞生的时间不是很长，但发展却非常迅速。除去专业的视频网站（优酷、土豆、56网、乐视、PPlive），一些门户网站（搜狐、新浪、网易）也开始进入该领域。它们的主要模式便是视频分享，在短时间内聚集了大量的人气和流量。

最开始，56网拥有最广泛的用户，通过视频上传、相册视频、美女直播等栏目，将网站打造成为国内最大的视频和相册分享平台，每日的活跃用户超过千万。不过，2008年6月3日，56网突然不能访问，原因不明；6月4日，网站称是因为机房线路故障；6月8日网站首页出现官方公告，表示关闭网站是对系统进行维护升级，没给出重开时间。网民对真正的关站原因议论纷纷，很多人认为56网被关闭是因为没取得视频牌照，时逢广电总局公布第二批《信息网络传播视听节目许可证》，即视频牌照。也有消息人士认为56网的关停，原因在于其在与政府关系方面存在重大缺陷。事隔一个多月之后，56网重新上线。一个月的关停，此时已是元气大伤。

优酷、土豆在56网消失的那个月横空出世。优酷以其卓尔不群的“快速播放，快速发布，快速搜索”的产品特性，充分满足用户日益增长的多元化互动需求。2007年，优酷网首次提出“拍客无处不在”，倡导“谁都可以做拍客”，引发全民狂拍的拍客文化风潮，反响强烈，经过多次拍客视频主题接力、拍客训练营，优酷网现已成为互联网拍客聚集的阵营。2007年4月，沈阳一场突如其来的大雪给传统媒体树立了一个无法在场的壁垒，而用户的视觉、热情和手机装备等打破了人们以往的记录门槛，短短一两天逾百个现场视频传到了优酷网上，并最终为央视所采用。2008年5月12日，汶川地震发生后几分钟，就有网友把各地的震中、震后情况通过视频传到优酷上，并最终引发全国网友关注、支援四川灾区的热潮。这些事情看似一带而过，对于优酷来讲，却是其后来在全行业兴起、推动拍客文化的源起，它也让优酷在原创视频的道路上走得更坚决也更扎实。

早期的视频网站，大多走着视频分享的路子，它们以“分享”为宗旨，发动网友上传和分享视频，并培养不少属于自己的民间原创工作室和草根名人。像“西单女孩”“旭日阳

---

①原标题：网络视频发展史：风流总被雨打风吹去。作者：易方寒；来源：钛媒体；时间：2013年8月。

刚”,以及“苏珊大叔”——山东农民朱之文等,都曾通过优酷、土豆、56网、酷6网等视频分享平台赢得了广泛关注。

这一时期,酷6、6间房、爆米花、暴风影音、PPlive、PPS等数百家视频网站纷纷崛起,分别从自己的角度做起网络视频的生意。然而此时,人们普遍看重类似YouTube视频分享的UGC模式。

2008～2010年:版权那些事

在美国,有一家叫作“HULU”的视频网站与YouTube并驾齐驱,不过它的业务是做正版业务,即与影视剧和其他视频版权方合作,获得正版资源,为用户提供免费在线观看,通过广告获得收益。它的精髓是版权。

其实HULU之所以能够轻松获得众多的版权资源,是因为它具有先天的影视资源。HULU由美国国家广播环球公司(NBC Universal)和福克斯广播公司(Fox)共同投资建立,除了NBC与Fox的内容,HULU还与索尼、米高梅、华纳兄弟、狮门影业及NBA等80多家内容制作商合作,获取了丰富的视频内容。

而在国内,大部分版权资源被电视台和影视剧制作公司控制,并且其版权非常复杂,权利归属也不清晰。因此,互联网圈子里,很少有人愿意去做版权,更何况他们也不知道网络版权为何物,有没有价值也说不清楚。

此时,有一家叫作乐视的视频网站做着自己的版权生意,从2004年成立到2010年,积累起大量的版权资源,当时号称拥有超过70000小时电视剧、4000部电影的国内最大正版资源库。不过可以肯定的是,乐视抢先布局版权市场,在2009年之后的版权升值时期,获得了巨额的版权价值回报。同时,也因为较早涉足影视发行领域,也积累了圈内不少的人脉资源和经验。在2009年之后,国家九大部委联合执行打击网络盗版的“剑网行动”中,乐视成为版权保护的急先锋。

乐视从版权中赚了钱,让不少视频网站看了眼红。因为它们通过视频分享赚取流量和广告费的时代似乎已经过去了,通过流量换广告的生存之路似乎越走越窄。影视剧版权成为下一个“试金石”。

于是,从2009年年底开始,版权资源战、版权官司口水仗便成为视频网站间的家常便饭。今天你买了新四大名著,明天我买了《甄嬛传》,他家又买了《新还珠格格》,还有另外一家买的《宫锁珠帘》等等,版权似乎成为视频网站实现盈利的最后一根稻草。不过,随着视频网站纷纷进入版权采购领域,影视剧的版权价格也水涨船高,一部剧最高的时候达到30万元一集,甚至是50万元一集。“烧钱”成为视频网站的代名词。

用自己的身家购买了不多的版权,自然爱若珍宝,那些版权与盗版的争斗甚嚣尘上。最厉害的时候,搜狐视频率领一干酷爱版权的斗士,成立“反盗版联盟”,并到被称为“版权大盗”的迅雷大本营深圳召开新闻发布会,向盗版宣战。而迅雷也在同一家酒店,就在对门,针锋相对地召开了一场反击“反盗版联盟”的发布会,主题就是揭露搜狐、优朋普乐“虚假联盟”发布会。

那时候,版权就是正义,网络就是江湖。关于版权的口水仗,每天都在不同的视频网站发生,不是抨击“盗版”,就是以“避风港原则”来从容应对,中国的版权从未明确过,空子自然有得钻。

版权争夺的背后，是利益的争夺，真正从购买版权获益的，恐怕也只有最早从事版权购买和分销、并从事视频“付费/免费”的乐视网。它以先入为主的优势占据了版权盈利的桥头堡。而诸如酷6、优酷、土豆等，也只是尝了尝版权价值的甜头，却未曾实现盈利。

实际上，在版权争夺最厉害的这个时期，强大的门户派和搜索派起到了推波助澜的作用。2010年富二代进入视频领域，以奇艺为代表的搜索派，以搜狐视频、腾讯视频为代表的门户派，甚至新浪、网易都一度想进入这个领域分一杯羹。他们依仗背后的靠山，并不吝啬钱财，而只在乎有价值的版权。不过，搜狐视频、腾讯视频和百度的爱子奇艺，对于版权的理解不深，花了投资人的钱买版权，却没有送还给投资人丰厚的回报，只能让投资人继续去花那些白花花的银子。

也有视频网站无法再玩这些版权的游戏。酷6被盛大收购之后，本是也想将盛大作为经济后盾去参与“版权大战”，其创始人李善友一度“豪掷三个亿人民币掀起视频业反盗版联盟和正版内容采购高峰”，但是高投入在高竞争的格局下并没有带来高利润，两年不到的时间，李善友黯然“下课”，盛大请了内部的一个职业经理人角色来打理酷6，重新回归影响稍弱但成本低廉的UGC(用户生成内容)道路。

2010～2012年：视频网站上市潮

广告是视频网站最有效的盈利模式，随着视频网站对收费、版权分销、其他增值服务等多重盈利模式的尝试之后发现了这一点。此时，用户和流量基本上都趋于稳定，而投资人经过几轮的融资之后，已经经不起更多的风吹雨打，他们希望能够尽快地上市，获得更大的估值，甚至有的投资人已经考虑套现走人了。

酷6无法忍受“一个人”的寂寞，于是乎，2009年11月，酷6网正式加盟盛大集团，与华友世纪合并上市，从而成为国内2.0创业以来第一家上市的网站。这与56网的出路有些相似，2011年9月27日，人人公司对外宣布将以8000万美元全资收购56网，通过此次收购，56网将成为人人公司的全资子公司。

最让人意想不到的是，名不见经传的乐视网先于优酷、土豆等视频网站率先上市。对此，乐视网COO刘弘认为，这主要得益于6年来乐视始终坚持付费和正版的战略，“收入多少不是看网站流量，而是取决于变现能力。比较流量没有任何意义，不能变现的巨额流量也是垃圾流量”。

实在的刘弘让优酷土豆们很受伤。来自权威流量监测机构Alexa的数据显示，2010年8月12日上市当天，乐视网的流量在全球排第1132名，在中国排第125名；优酷在全球排第51名，在中国排第10名；土豆网在全球排第70名，在中国排第12名。优酷、土豆网至今都未宣布盈利，上市事宜也是前途未卜。而乐视已经成为创业板的“奇葩”。

同年11月中旬，土豆、优酷两大中国视频网站巨头一前一后地向美国证券交易委员会(SEC)正式提交了首次公开发行(IPO)申请。12月优酷在美纽交所上市，而土豆的上市计划因为CEO王微的婚姻纠葛折戟沉沙。直到第二年8月，土豆网才在美国纳斯达克交易所成功上市。

主流视频网站纷纷上市，也标志着视频网站的“寡头时代”来了。对于中国现有的几家视频网站来说，在经历了长达近五年的折腾之后，终于还是让投资方看到了变现退出的曙光。的确，一直冠以“烧钱王”的视频网站扎堆上市，不光为了向长达几年的投资者做出一个交代，更多的也是在让中国的网民以及广告市场对视频模式的进一步认可，而土豆优酷的上市，则意味着这个行业的竞争将更加惨烈。

2013年以后：视频网站情归何处？

激烈的竞争，让视频网站纷纷开始选择自己的出路。

并购。如果说推出是为了更好的选择，那么有时候企业的并购也是一个好的归宿。土豆网在2012年3月被优酷网收购，同时在纳斯达克摘牌。而在2012年8月优酷土豆网正式完成合并之后，土豆网创始人王微引退，一年之后再次创业，目前在经营一家动画工作室（"最动画"），号称要做"中国版皮克斯"。随着网络视频业UGC运营模式的呼声再次高涨，合并一周年仍然亏损的优酷土豆也回归创业本旨，打起UGC的牌，推出创作者广告分成计划。

5月，PPS最终以3.7亿美元被百度旗下爱奇艺收购，各创始人投资人也套现离去——这场收购俨然成为一场单纯的资本狂欢盛宴。目前爱奇艺与PPS的团队整合完成（PPS裁员5%），会员、广告业务也完全打通，传输技术互通也指日可待。爱奇艺与PPS合并的最大好处大概就在于提升版权采购的议价权，同时打破优酷土豆一家独大的网络视频格局。

大数据。搜狐视频声称不看好利用"大数据"发展自制内容，但事实上它不仅购买了Netflix的热门剧《纸牌屋》（一部运用大数据制作并取得成功的电视剧），还模仿Netflix推出"自制剧"战略。像《屌丝男士》《我的极品是前任》这类自制剧，名字都来源于目前互联网流行语。搜狐的种种举措其实都遵循着大数据理论。这些自制剧点击量虽然还不错，但质量比起版权剧还有差距，而且其分量相比自己拿8000万美元购买版权剧的大手笔还是差远了。所以在对待大数据和自制内容上，搜狐视频貌似有些人格分裂——"自制剧"战略现在看起来是个玩笑，或者是拖死对手的计谋。

进入2013年，腾讯视频开始不淡定了，不仅推出大数据、大平台和扩充内容的一揽子发展战略，更是大举招聘200人，开始全国布局。不过虽然是肥企鹅家里的富二代，且拥有超过7亿的QQ活跃用户，无奈介入视频行业过晚，腾讯视频也跟自家的微博业务一样，不咸不淡。

跨界。在视频网站里，乐视永远是个异类。当别人在提倡用户分享时，它在卖版权；当别人卖版权时，它开始兜售版权；当别人开始做自制剧时，它在玩专业的影视剧；当别人还在探索移动互联网的时候，它开始做"超级电视"。它不仅震惊了互联网，也给传统家电企业当头一棒。乐视超级电视依托"平台、内容、终端、应用"的乐视生态，实现了硬件、软件、内容、核心应用的完美结合。它以互联网基因进军电视行业，并创新性推出CP2C"众筹模式"，实现"千万人不满、千万人参与、千万人研发、千万人使用、千万人传播"。

并购、大数据、跨界并不是网络视频的终极归宿，只要用户有需求，网络视频就会蓬勃发展，随着微信、微博等社交化工具的发展，网络视频也逐步融入了全民社交的大潮，以视频为载体，抢占社交化渠道。而在这个新的时代，强壮生存的那些强者，也许已经看到了盈利的曙光。

第二章
网络视频的生产工具

【知识目标】

☆网络视频生产的影像系统。

☆网络视频生产的录音系统。

☆网络视频的后期制作系统。

【能力目标】

1. 熟悉网络视频各类影像系统、录音系统和后期制作系统的构成。

2. 熟练使用一套网络视频生产工具。

【应用案例】

应用案例1:用iPhone 5s拍摄广告。

应用案例2:手机拍摄“子弹时间”。

【拓展阅读】

拓展阅读2:GoPro应用体验。

拓展阅读3:4K应用。

拓展阅读4:微视频App。

工欲善其事,必先利其器。本章与大家分享网络视频的生产工具。专业的、高品质的网络视频一般都不是仅仅依赖单一的设备和工具,而是在或简单或复杂的工具系统支撑下完成的。一般来讲,生产网络视频的工具系统包括影像系统、录音系统、后期制作系统,以及一些辅助工具等。

第一节　网络视频生产的影像系统

摄像机一直是摄取动态影像的主流设备,是传统视频的主要来源,而网络视频的来源要广泛得多。近年来,不少数码单反相机增设了摄像功能,并由于其高画质和高性价比而得到诸多制作人的青睐,也日渐发展成为行业内的主流应用。智能手机(包括PAD)则是我们生活中最触手可及的移动设备,兼具拍摄视频的功能。随着技术的发展,手机的视频拍摄功能也越来越强,一方面是影像技术指标不断提升,另一方面则是针对拍摄的应用App开发越来越多。各种软件打通了视频直接通往网络的快速捷径,手机类设备从数码影像器材中异军突起。目前,网络视频的影像系统大体可以分为以下四类:摄像机类、数码单反类、手机类、新型影像系统。

一、摄像机类影像系统

摄像机是传统视频的主要摄取工具,在网络视频的拍摄中也占有重要地位。然而,摄像机作为影像系统的主要设备之一,并不能代表整个系统。一个完整的摄像机类影像系统包括镜头、影像转换系统、供电系统、录音系统、线路系统和稳定系统等。(见图2-1-1)

图2-1-1　摄像机类影像系统的主要构成

摄像机的体积、重量各不相同,形状各式各样。根据其性能指标的高低,摄像机又分为不同的档次:广播级摄像机应用在电视广播系统,图像质量最高;家用级摄像机供家庭娱乐使用,小巧、灵活、价格低廉,但图像质量较低;专业级摄像机的性能介于广播级和家用级之间。摄像机性能的优劣对影像的技术质量有决定性的作用,摄像机发展的历史实质上就是其性能不断提高、功能不断完善、体积与重量不断减小的过程。

二、数码单反类影像系统

图2-1-2　微电影《山城之光》采用的整套影像系统(EOS 5D Mark Ⅱ、蔡司电影镜头等)

中国互联网影视行业报告①显示,数码单反相机在网络视频创作人群中使用比例达到84.04%。为何数码单反相机在网络视频领域使用比例这么高?在解释这个问题之前,我们需要先了解两个基本概念:什么是单反相机,什么是数码单反相机。

(一)单镜头反光照相机

单镜头反光照相机,英文全称为Single Lens Reflex Camera,缩写为SLR Camera,简称单反。单反是用单镜头并通过此镜头反光取景的相机。而所谓"单镜头"是指摄影曝光光路和取景光路共用

---

①V电影网ACELY.2013中国互联网影视行业报告[J].数码影像时代,2014(1):25.

一个镜头，不像旁轴相机①或者双反相机②那样取景光路有独立镜头。“反光”是指相机内一块平面反光镜将两个光路分开：取景时反光镜落下，将镜头的光线反射到五棱镜，再到取景窗；拍摄时反光镜快速抬起，光线可以照射到感光胶片上。而现在我们不用胶片了，数码单反相机的感光元件是 CMOS。数码单反相机全称就是 Digital Single Lens Reflex Camera，简称 DSLR。

2008 年 9 月，佳能有限公司发布了最新的数码单镜头反光照相机 EOS 5D Mark Ⅱ。

它使用 2110 万有效像素的全画幅③ CMOS 图像感应器，ISO 感光度④标准设置范围达到 ISO 100 至 ISO 6400，并可以扩展到最低 ISO 50 和最高 ISO 25600。更快更强的新一代 DIGIC 4 数字影像处理器实时显示拍摄模式下新增了实时面部优先自动对焦，并在佳能数码单反相机产品线中首次提供了拍摄全高清短片的功能；相机配备了 3.0 英寸、92 万点分辨率的宽视角防反射清晰显示 LCD(VGA)；通过 HDMI 接口，可以将相机连接高清电视输出显示照片或播放短片。EOS 5D Mark Ⅱ突破性地实现了拍摄全高清(1920×1080 Full HD)短片的功能，使数码影像器材进入多元时代。

图 2-1-3　佳能 EOS 5D Mark Ⅱ(左)和 EOS 5D(右)

在缺乏有力竞争对手的情况下，EOS 5D Mark Ⅱ成了数码单反相机业界史无前例的经典畅销机型。

事实上，EOS 5D Mark Ⅱ只是数码影像器材领域的一个时代先锋，有很多同类厂家紧随其后推陈出新，世界各地的其他摄像、摄影器材都出现了广泛的技术变革，陆续出现了更多更新颖的数码摄影摄像器材。

除了佳能 EOS 5D Mark Ⅱ，主流 DLSR 产品还有：EOS 5D Mark Ⅲ、尼康 D90、尼康 D800、松下 GH4/GH4U、宝莱克斯 D-16、Bellami HD-1 等。

(二) DSLR 影像系统

一个标准的数码单反相机类，简称 DSLR 影像系统，包括：(1)DSLR 系统；(2)铁头辅助系统(遮光斗、对焦环)；(3)监视器；(4)稳定系统(三脚架、稳定器、滑轨、摇臂等)；(5)数据储存系统；(6)线路系统；(7)供电系统等。

---

①旁轴取景式相机，由于取景光轴位于摄影镜头光轴旁边，而且彼此平行，因而取名“旁轴”相机。

②全称为双镜头反光镜取景相机。

③全画幅主要指数码单反 CCD(或 CMOS 的感光成像的元件)尺寸和 35 mm 胶卷的尺寸相同。

④感光元件对光线的不同敏感程度。

图 2-1-4 DSLR 影像系统主要构成

从体积上看，数码相机机身明显小于一般的专业摄像机，这是其特点之一。也正是由于其小巧，在实际运用当中，DSLR 系统在稳定和跟焦方面不得不综合使用相应的辅助系统——以"铁头"为基础装备和其他平衡设备才能发挥其所长。

铁头系统一般包含：遮光斗（含三片可拆旗板，两个 4×4 滤镜插槽，两个 4×4 滤镜架），跟焦器（含标配 5 支橡胶拉锁式齿环），手持（一对），底座肩托系统，手提（一只），弯臂（一组），怪手（监视器万向手）。

（三）数码单反相机的优势和不足

1. 数码单反相机的优势

虽然小型的数码相机（非单反）之前早已实现了拍摄短片的功能，但是数码单反相机仍有独特的优势：镜头的选择范围很大，从超广角到超长焦，甚至鱼眼、移轴等特殊镜头，都可以用来拍摄动态影像；大型的图像感应器，配合大光圈镜头拍摄，能够获得很小的景深，形成强烈的背景虚化效果；全画幅感应器的低噪点特性，使暗环境下的动态影像拍摄也具有出色的画质；高像素确保了动态影像的画质，达到了高清的水平。EOS 5D Mark Ⅱ可以拍摄全高清和标清两种格式的短片，记录格式是 MOV，全高清格式的分辨率是 1920×1080 像素（16∶9），标清格式的分辨率是 640×480 像素（VGA，4∶3），两种格式的帧频都是 30 fps。机身有内置的麦克风，能记录单声道音频信号；同时提供了一个麦克风插孔，可以外接立体声麦克风。使用 4GB 的 CF 卡时，全高清短片的最长拍摄时间大约为 12 分钟，标清短片大约为 24 分钟，相较于低端的数码相机与 DV 拍摄的视频，完全是质的飞跃。

数码单反相机可以拍摄高清短片成就了新一类的影像系统，那么和前一类摄像机影像系统相比，二者的差别到底体现在哪些方面？

从前面每个系统的构成图示，我们可以看到，数码单反相机和摄像机在同样的成像技术规格和高清指标一致的情况下，前者的优势在于其成像质量的优势，决定因素有两个方面：一是数码相机所能够采用的镜头多，且普遍优于摄像机镜头；二是成像感光元件的尺寸大小,一般摄像机都是1/3、2/3英寸的CCD① 或CMOS②,尺寸差距导致影像成像质量的差距始终存在。

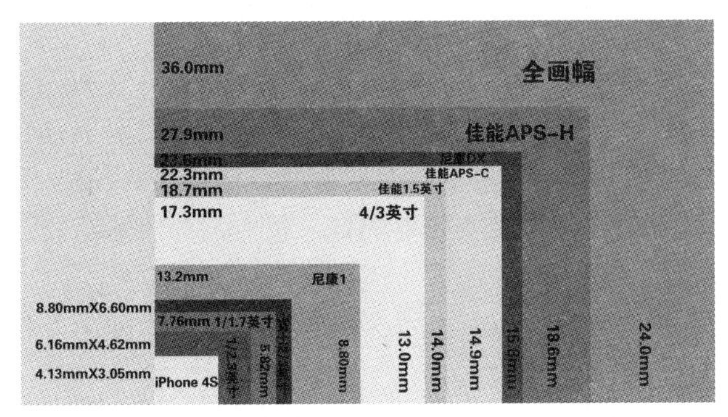

图 2-1-5　感光元件不同尺寸规格

EOS 5D Mark Ⅱ由于较大的底片规格,丰富的EF卡口镜头群支持,以及相比专业高清摄像机的低费用,随着部分广告业人士,以及独立电影制作机构对其的关注升温,已迅速成为业界炙手可热的主流设备之一,并且对高清摄像机市场领域形成不小的冲击和挑战。短短三年之后,已被用来拍摄无数电视剧、广告和电影,其中包括《复仇者联盟》和获得奥斯卡奖提名的纪录片《重回地狱》中的一些场景。

2. 数码单反相机的不足

我们说DSLR影像系统优于摄像机类影像系统,那么前者是不是就可以取代后者呢?实际情况并不是这样。一个系统自身的优劣既不是我们做出选择的唯一标准,也不是主要标准;相反,从实际运用出发,可供选择的使用对象不计其数,我们应该选择真正适合拍摄对象的影像系统。

实际上,能够拍摄高清短片的数码单反相机自身问题较多,要知道,DSLR本身是相机,机体构造设计的原理和初衷是基于拍摄照片所用,只不过是科技的进步和技术的创新赋予其高清视频拍摄的功能;而摄像机打出生那天起就是用来摄像的,是原生的! DSLR系统的录像功能是"后天"的。下面就是一些在实际应用中,经过用户体验反馈的重大问题:

问题一:音频限制③。

DSLR机器最大的缺点是没有XLR的音频输入。什么是XLR音频输入? 在下一节的"录音系统"里面我们会具体讲到。总之,这就意味着DSLR机器没法直接接入任何专业品质的麦克风录音,只有依靠机载内部的立体声录音,录音的品质先不论,实际上可能还会受到自动增益的限制。

如果,摄制者采用独立的音频记录器,则还需要将声音与后期制作的录像素材同步处

①Charge-Coupled Device,中文全称:电荷耦合元件。可以称为CCD图像传感器,也叫图像控制器。CCD是一种半导体器件,能够把光学影像转化为数字信号。

②CMOS(Complementary Metal Oxide Semiconductor),互补金属氧化物半导体,电压控制的一种放大器件。是组成CMOS数字集成电路的基本单元。

③(美)阿提斯.专业视频拍摄指南[M].余黎研,翟剑铎,译.北京:人民邮电出版社,2013:40.

理。拍摄剧情片时，有场记打板做好了时间码和标记还好办；但如果是拍摄纪录片，海量的录音文件则会大大增加后期制作的时间。

问题二：必须使用辅助设备。

高分辨率和浅景深的聚焦，可不是一般摄像师能在DSLR机身自带的小小的内置LCD屏幕上能够实现的。摄像师要在保持机器稳定录制的情况下，同时又要保证清晰的聚焦。如果此时导演还想多做一点调度层次丰富的运动镜头的拍摄，那么，摄像师就必须要使用专业的跟焦器，同时还意味着必须要配置一位专门的跟焦员，作为摄像师的第三只手臂来实现拍摄要求。

这就是为什么选择DSLR影像系统，必须使用"铁头"一类辅助设备的原因。

问题三：12分钟的过热限制。

在DSLR作为利器崛起的时代，EOS 5D Mark Ⅱ拍摄长度的限制最长只有12分钟，然后相机会自动停止录制，以避免成像芯片过热。对于短镜头拍摄，比如广告，这可能不是一个大问题，但在其他专业视频领域中，尤其是要求必须长时间连续拍摄的纪实性视频，拍摄者万一出现疏忽，漏拍或错过无法再现的关键时刻，哪怕是几秒钟，都会造成无法挽救的损失。

在EOS 5D Mark Ⅲ以及后续的新产品中，DSLR机器自身已经基本避免了过热的技术限制。

问题四：景深太浅。

浅景深的唯美画面在某些时候看起来更像"电影"，但是，景深浅也意味着单个镜头里面的信息量过少。实际上，个人偏好是一回事，任何风格的选择，应该由你的拍摄内容和故事的讲述方式决定，不是每种类型的东西都适合唯美的浅景深风格。

问题五：价格偏高。

EOS 5D Mark II自从问世，机身的价格没有超过2万元。但是，组建一套专业级的DSLR影像系统，一个EOS 5D Mark II的机身只是其中很小的一部分，还需要配置更好的镜头，也要添加一大堆附件和辅助设备来完善系统，以实现其最优的功能。另外，作为一种新的影像系统，还必须找到擅长使用该系统的优秀摄像师，人工成本也比较高。由于DSLR机器没有专业的XLR音频输入接口，所以还必须单独录音，专业录音师的酬劳和录音设备的租金也不是一笔小数目。

图2-1-6 转动中的飞机螺旋桨瞬间形成的果冻效应

问题六：果冻效应[①]。

大部分DSLR机器拍摄视频时都使用卷帘快门。在95%的时间里，快门类型对拍摄视频并没有什么影响，但是另外5%的时间里它的影响却非常大。

一般来说，CCD传感器（大多是摄像机采用）多用全局快门，CMOS传感器多用卷帘快门。制造商为传感器

①资料来源：http://www.nphoto.net/news/2012－09/25/858d44e576553cc0.shtml

选择某一种快门需要考虑多种因素：处理速度、电耗、成本以及复杂性等。

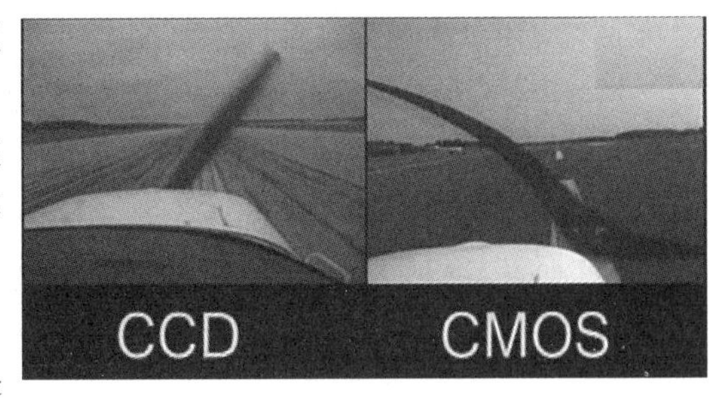

图 2-1-7 CCD 和 CMOS 拍摄螺旋桨的差别

对拍静态照片来说这并不是问题，但在拍摄视频时选择哪一种快门就变得很重要了，特别是在拍摄高速运动的物体时。

何时会出现这种现象？

对多数相机来说，快门的"卷帘"速度是1/30秒，大部分运动物体的变化都不是很明显。但是如果你拍摄的是高速运动的物体，比如飞机螺旋桨，这种效果就会非常明显。

但拍摄高速物体并不是唯一会出问题的情况，想象一下你坐在高速行驶的汽车中，透过窗户对外拍摄照片，比如一个人，此时也会出现卷帘快门效果。不过，只有在车开得非常快的时候，你才能看出这种变形效果。如果你好奇为什么在高铁上拍窗外的树都有点斜，这就是原因。

图 2-1-8 全局快门和卷帘快门的差异

三、手机类影像系统

当前，手机越来越成为人们日常生活中必备的科技产品。随着科技的进步和手机的不断升级，手机的拍摄功能从无到有，其成像精度和拍摄性能不断提高。可以预见，手机在网络视频中的应用还有很大空间。

（一）手机影像新技术

1. 4K 视频

4K 存在着两种分辨率：4096×2730 与 3840×2160，近期主流 4K 视频片源更多的是采用后者作为标准，是 1080p 高清视频的 4 倍画幅大小。此类视频多采用专业的 4K 摄像机拍摄，分辨率接近 35mm 胶片水平，视频码率高，1 分钟的数据容量大小为 1 GB 左右。试想，现今一款几千元的手机居然能与身价高达几万元甚至数十万元的专业摄像机一样拍出同样画幅的视频，这难道不是一件令人拍案称奇的事？这就是手机 4K 视

图 2-1-9 不同分辨率之间的画幅大小比较

频功能和应用令人期待之处。

2013 年 7 月，诺基亚 Lumia 1020 正式在纽约发布亮相，该机采用了 4100 万像素的背照式摄像头，感光元件则使用了 1/1.5 英寸(2/3 英寸)4100 万像素背照式感光元件，并采用了 PureView 纯景技术，6 块蔡司镜片及光学防抖技术(OIS)，此外还配备了专业氙气闪光灯和 LED 对焦辅助灯，同时也实现了 1080p/30 帧的高清短片拍摄功能。Lumia 1020 自认为是数码单反相机在视频拍摄领域的终结者，Lumia 1020 的广告语就是：告别 DSLR！

2. PureView 纯景成像技术[①]

何为 PureView 技术？这个词诞生于诺基亚 808 手机，之后在 Lumia 920、Lumia 925 以及如今的 Lumia 1020 的拍摄系统中都可以见到这个词汇。下面我们就来说说 PureView 这项技术。

2012 年，诺基亚在中国推出带有 PureView 技术的 808 手机时，也给 PureView 取了一个很好听的中文名字——纯景。诺基亚纯景成像技术是 4100 万像素、大尺寸(对于手机来说)感光元件与蔡司认证镜头组合在一起，通过大尺寸、高像素的感光元件实现无损变焦、高画质影像和出众的弱光影像。

实际上 Lumia 1020 在拍照时，不会使用全部的 4100 万像素进行拍摄，在 4∶3 模式下照片可以达到 3800 万像素(7136×5360)，在 16∶9 模式下照片像素可达到 3400 万像素(7712×4352)。我们前面提到的 DSLR 视频的先锋——EOS 5D Mark Ⅱ的有效像素才 2110 万，与 Lumia 1020 的 4100 万像素的差距不是个小数目，那是不是就意味着 Lumia 1020 超越了 EOS 5D Mark Ⅱ很多？答案是否定的。理论上讲，同一类感光元件的有效像素越高，则整个拍摄系统成像模块的解析度就越高。但是，像素并不是成像质量的唯一决定因素，因此二者不是谁强谁弱、谁大谁小的问题。

(二) 手机影像系统

手机相机与 DSLR 数码单反相机对比，DSLR 是一款外置设备，而手机中的相机则是内置的。同样是光学成像，甚至同样适用 CMOS 感光元件，但是其种类和构造就有本质的不同。手机上的拍照组件更是精密，甚至需要用显微镜进行分析，其包含了很多微小的元器件，构成要素包括传感器、镜头、镜头支架、软硬板等，由于现在手机要求轻薄短小，在加入相机功能之后，在已经非常狭小的空间中塞入相机模组，不仅考验零组件厂商，更是考验手机厂商，相机的成像质量与每一个拍照组件有关。

从下面两种相机的构造原理可见，尽管同样可以拍照，可以拍摄高清视频，那种把手机当作微型的 DSLR 或者特殊的 DSLR 的观点都是立不住脚的。手机(相机)因其小巧独特的构造和应用的诸多便利性，历来自成了一派。这也正是本书中，我们把手机列为第三类影像系统中的核心组成的重要依据。

---

①资料来源：《诺基亚 PureView 背后的故事》，出自诺基亚官方网站。

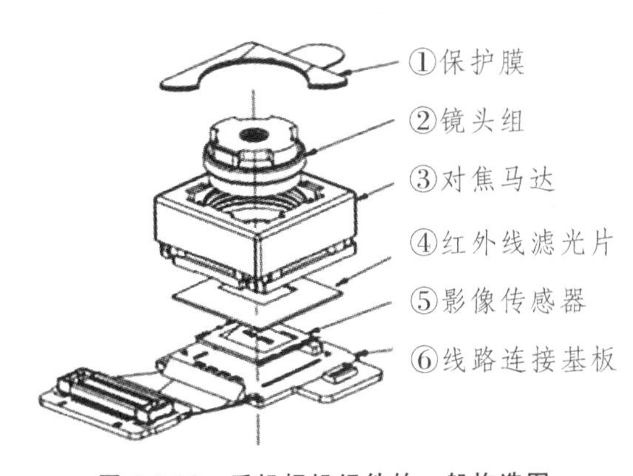

图 2-1-10 手机相机组件的一般构造图

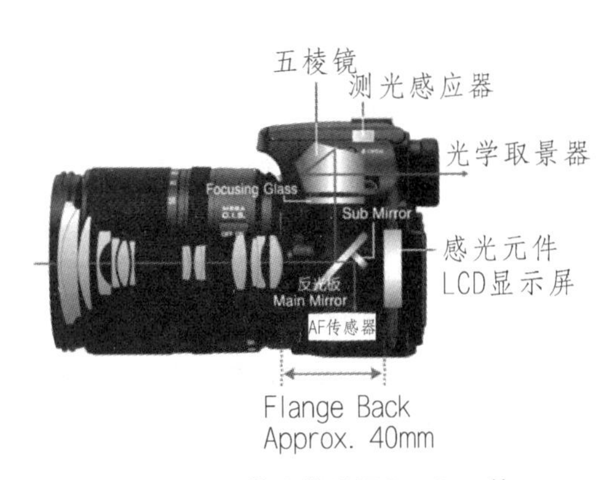

图 2-1-11 数码单反相机 DSLR 的基本结构与成像原理

目前，高通 800 系列手机的中央处理器已经能够支持高达 5500 万像素的摄像头，并附带了支持 HDR、零快门时滞和物体移除功能的图像处理器，虽然目前没有实际机型能够完全发挥出其拍摄性能，但手机取代"卡片相机"已是必然趋势。在经历屏幕尺寸和像素以及处理器速度的比拼后，从 2013 年起，IFA 各大手机厂商又在摄像头上有所突破——抛开像素、画质等主推 4K 高分辨率的视频录制。宏碁在 2013 柏林电子消费展上推出了一款全新的旗舰智能机 Liquid S2，该机拥有全高清 6 英寸 IPS 显示屏，像素密度达到了 368 ppi，处理器为高通四核 2.2 GHz 骁龙 800，并配备 2 GB 内存，支持 4 G LTE。摄像头方面其后置 1300 万像素摄像头，前置 200 万像素摄像头，成为全球推出的首款 4K 视频录制的智能手机。至 2016 年，多数手机厂商的旗舰产品已经支持 4K 视频拍摄。

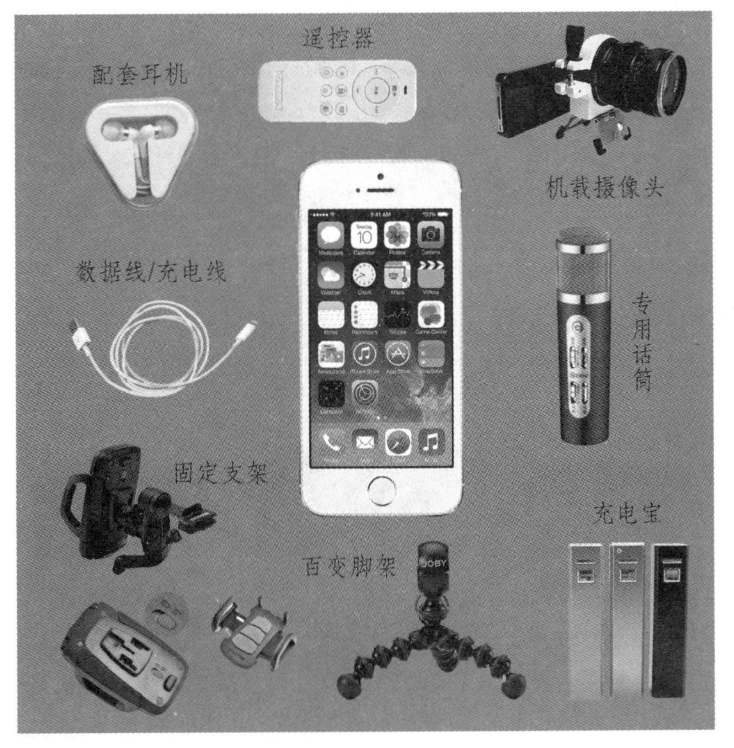

图 2-1-12 手机类影像系统的主要构成

我们以手机为主构建新一类影像系统，其未来应用非常清晰。一方面，针对移动互联网的视频应用，实现了“拍立得”的快捷和便利性，手机拍摄、手机编辑、手机发布到网络，这一完整的工作流程使得手机看上去就是“为了网络而生”，这也正是其他传统类型数码影像设备无法比拟的。另一方面，尽管手机在视频方面已经实现了4K录制，手机视频在质量上与专业摄像机包括DSLR系统拍摄的视频依然相去甚远，但是，应用平台决定了一切，我们忽略网络带宽的限制，往往最终的决定在于终端的用户——网络需求的视频编码和网络用户的终端显示设备已经决定了，越是高端专业的设备拍摄的视频越是显得相对质量过剩。视频质量再高都需要通过“转码”才能实现网络平台的最终播放，此时我们再看手机视频虽然不够好，看上去并不“专业”，但事实上，手机视频对网络平台却非常对味，它使网络视频制作流程化繁为简，使得我们的拍摄工作更省事、更有效率。手机视频的先天不足，居然也是其先天的优势。

尽管我们现在还不能断言，未来视频制作的最佳影像系统到底谁能雄霸天下，但是智能手机在不断技术升级和辅件（如独立外置镜头）的拓展下，锋芒日益彰显。最关键的优势是对于网络视频的拍摄与制作而言，智能手机影像系统注定是为网络而生的。本章后面的应用案例将展示苹果5s（以及更高版本）的手机高清拍摄、视频编辑、特效制作、字幕添加等，传统影视制作的前期、后期流程居然都被统一在一台掌心设备里！这种意义是颠覆性质的，是革新，夸张一点说，就是一种革命，未来网络视频的制作究竟会是怎样的风景值得期待。

四、新型影像系统

由于对能够长时间持续拍摄、高分辨率、体积迷你小巧、便携、无线数据传输处理、多功能、与网络互连互动等功能的需求，近年来出现了集多种优势于一身的第四类数码影像器材，以一款名叫GoPro HERO数码影像“怪兵器”的产品为代表，我们称之为新型影像系统。

（一）GoPro HERO家族

GoPro HERO家族号称是世界上功能最多的摄像机，现在已生产到第四代产品GoPro HERO4，分为黑版（Black）、银版（Silver）和普通版本（就是原来的HERO，可以无视）。

图 2-1-13　GoPro HERO4 三个版本产品外观

与最畅销的前身产品 GoPro HERO3 相比，HERO4 Black 的处理器功能强劲两倍，视频帧速率快两倍，且画质更佳，因此可以拍摄更清晰、更丰富、更细腻的镜头，它是迄今为止最先进、性能最高的 GoPro 产品。

HERO4 的最主要功能升级是 30 fps 的 4K 视频拍摄。虽然 HERO3＋ Black 已经具备 4K 视频拍摄的能力，但帧率仅有 15 fps，基本是无用的，而提升到 30 fps 之后，用户所拍摄到的 4K 视频将更加顺畅。

图 2-1-14　HERO4 和 HERO3 外观区别

HERO4 因为搭载了系统芯片(system-on-chip，SoC)制造商 Ambarella 提供的最新的 A9 芯片(1 GHz 双核 Cortex-A9 处理器驱动，配备了 FPU 浮点运算单元)，使得拍摄 4K/30 fps，1080p/120 fps 以及 720p/240 fps 的视频成为可能。

HERO4 Black 是首款能够拍摄超高分辨率、高帧速率视频的摄像机。过去只有大型、昂贵的摄像机才能做到的，如今使用 HERO4 Black 便可以做到，小包装带来真正的专业视频画质。其广泛用于汽车赛事、摩托车、自行车极限运动、滑雪、冲浪、航拍、水下摄影、跳伞等的拍摄。

HERO4 同样也搭载了一颗 1300 万像素的摄像头，能应付黑暗环境下的拍摄。在录制视频的时候还能拍摄照片，视频编码格式是 H. 264/ BP / MP / HP Level5. 1 和 MJPEG 视频压缩编码。

HERO4 入门版只提供 30 fps 或 60 fps 的 1080p 视频记录，没有任何高级功能，连蓝牙 Wi-Fi 都没有，但是依旧可以满足基本的运动拍摄需求，40 米防水，内置麦克风，32 GB 的 MicroSD 卡和 2.5 小时的电池，还有 90 克的重量。

而 HERO4 可以实现 30 fps 的 4K 拍摄，120 fps 的 1080p 拍摄以及 240 fps 的 720 p 拍摄，还支持多重曝光 HDR 以及 WDR，EIS 电子稳定系统，拍摄视频时进行 1300 万像素的静态图片拍摄，60 米防水，内置 Wi-Fi 模块和 USB/HDMI 连接。

在大家最关心的高清拍摄方面，HERO4 做了一次完全的“升格”，终于在 4K 解析度下获得了 30 fps 的标准画质，同时在 2.7K 分辨率上支持到了 50 fps 的流畅画质(相当实用)；而对于目前大家最常用到的 1080p 格式，GoPro HERO4 比较大胆地开发了 120 fps，如果以电影标准 24p 输出，相当于可以进行 5 倍速的无损慢放。

图 2-1-15　HERO4 BLACK 外观

图 2-1-16 GoPro HERO 的影像系统应用

除了画质的升级，GoPro HERO4① 还能自由调整一些拍摄参数，比如曝光补偿。在 Wi-Fi 操控上也有 50%的速度提升。静态照片支持 1200 万全像素一秒连拍 30 张，还可以支持 4K 录像的照片截取(830 万像素，非常类似松下 GH4 新固件的 4K-Photo 功能)。

从参数上看，GoPro HERO4 是截至发布时，民用设备里唯一能提供 2.7K 50 fps 的摄像机，同时在 4K 上翻倍的帧率(虽然 30p 依旧不能胜任大动作视频)，让 HERO4 完全可以和 DJI 的精灵系列组合成一套具备极高水准的入门 4K 风光航拍系统。

(二) GoPro App

通过安装 GoPro App 到手机或者 IPad 等便携设备上，可以实现对摄像机功能的远程控制，如拍照、开始/停止录制和参数调节设置。其中，“实时预览功能”还可以直接观察到通过镜头的取景画面。

GoPro App 主要的功能包括：使用 GoPro 应用程序以无线方式更新系统软件；使用 GoPro 应用程序以无线方式更新机身固件；以接近实时的方式预览视频，最快支持 4 倍速度实时视频预览；查看照片和回放视频；复制照片和视频至其他移动数码设备，通过电子邮件、短信、Instagram、Facebook 或其他应用程序进行分享；浏览并删除机器 microSD 卡上的文件等。

图 2-1-17 手机远程控制 GoPro

1. 无线控制 GoPro

智能手机或平板电脑都可以用作 GoPro 的无线遥控器，快速调整机器的设置、开始/停止录制、切换模式、检查电池状态等。当 GoPro 固定在其他设备上拍摄时，通常无法触及机器本身，而实时预览功能就可以实时观察到通过 GoPro 机身镜头得到的影像，从而轻松地完成取景拍摄工作。(如图 2-1-17 所示)

2. 随时更新 GoPro

使用智能手机或平板电脑以及 GoPro App 应用程序，无计算机或线缆，即可随时

①GoPro HERO4 BlACK 可拍摄 4K30、2.7K50 和 1080p120 视频以及每秒高达 30 帧的 12MP 照片，内置 Wi-Fi 和蓝牙，并具备用于照片和视频的 Protune 功能。防水性能为 131 英尺(40 米)。

随地方便地更新 GoPro 机身系统软件和不同的固件版本。这是确保 GoPro 使用最新软件以获得新功能和最佳性能的最快最简单的方式。(而以往的其他摄像机器材鲜有类似便捷的更新和升级功能。)

3. 3D 影像系统

2014 年,GoPro 推出了一个名为 GoPro Dual HERO System 的辅助工具,能够放置两部 HERO3+(黑色版),这个防水壳就可以把两部相机连动,拍摄 3D 立体影像。(如图 2-1-18)

图 2-1-18　GoPro Dual HERO System 3D 系统

其原理就是以 USB 同时连接两部相机,并且通过系统去联动操作,以此同步拍摄照片或视频,然后通过 GoPro Studio(可在官网免费下载该软件),来将拍摄的影像处理成 3D 立体视频,而随机配件还会附送两副 3D 眼镜,用于观看视频最终的效果。

4. 其他的辅助设备

GoPro 的其他辅助设备还可以包括:魔术手、肩架、折叠杆、手持平衡仪、可穿戴头盔、背带等(如图 2-1-19)。

图 2-1-19　各种可穿戴辅助设备

第二节　网络视频生产的录音系统

比起多种类型的影像系统,录音系统因录音设备的分类相对单一,其构成也相对简单,主要由拾音、录音两部分构成。在本书中,我们把声音的后期制作和处理归为网络视频制作的后期流程之中。

一、常用的录音设备

（一）麦克风

麦克风，又称话筒或传声器，是最重要的拾音设备。按照工作原理，话筒可分为动圈式话筒和电容式话筒两大类。动圈式话筒的套筒上通常标有“D＊＊＊”字样，“D”代表动圈式话筒；电容式话筒的套筒上通常标有“C＊＊＊”字样，“C”代表电容式话筒。根据话筒对各方向来的声音的灵敏度(用指向性表示)，话筒又可分为全指向性话筒(又称无指向性话筒)、双指向性话筒(又称“8”字形话筒)、单指向性话筒(又称心形话筒)和超单指向性话筒(又称枪式话筒)。无线领夹式麦克风小巧，可以放在看不见的地方，功能强大，可以进行更自然的采访，使采访对象无拘无束，尤其是移动的拍摄对象，也适用于广角镜头、隐蔽录制、偷录、演示和不适合公开或有线麦克风受限的情景。(如图 2-2-1 和图 2-2-2 所示)

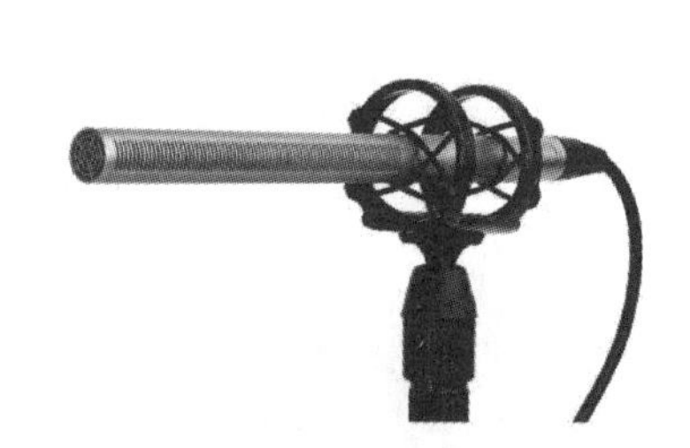

图 2-2-1　罗德 NTG-3 枪式麦克风带防震架

图 2-2-2　索尼 V1 无线领夹式麦克风

（二）监听耳机

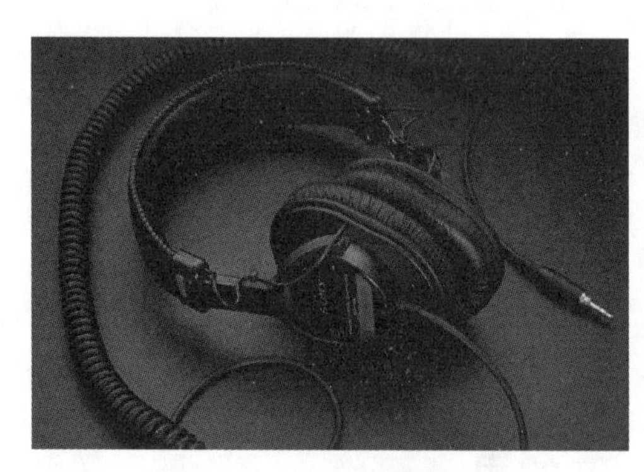

图 2-2-3　索尼 7506 监听耳机

录音师戴着监听耳机工作的时候，不会像发烧友欣赏音乐那样优哉游哉，而是非常忙碌，面前调音台的推子、周边设备的参数旋钮、录音设备的电平等，都要及时地调整，人也在不停地动，对于耳机就提出了一个要求，要戴得比较紧一些，不能轻易滑落。所以，监听耳机有一个参数叫作平均耳压，即耳机单元对耳郭的压力值，专业监听耳机的耳压一般都大于发烧耳机。此外，监听耳机一般没有音量调节功能。(如图 2-2-3 所示)

（三）附件

1. 卡侬头

XLR 端子常俗称为“卡侬插头”或“卡侬端子”，简称“卡侬头”。卡侬头的原生产者是

James H. Cannon(加州洛杉矶 Cannon 电子公司创办人,该公司现在 ITT 公司旗下),最初端子为“Cannon X”系列,之后的版本加入了弹簧锁(Latch)成为“Cannon XL”系列,接着在端子接触面以橡胶 rubber 包着,成了其缩写 XLR 的来源。(如图 2-2-4 所示)

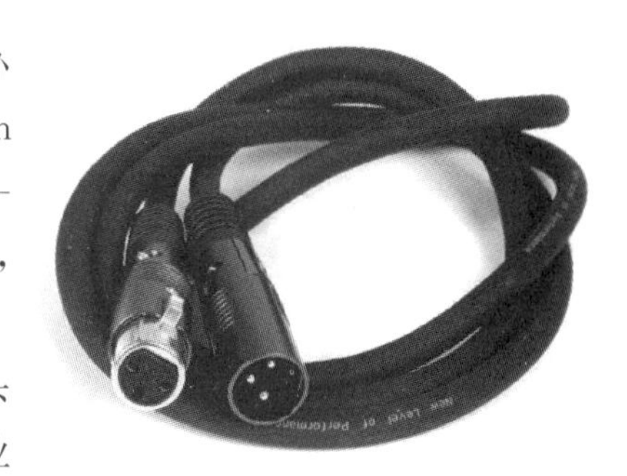

图 2-2-4　XLR 接口线缆

XLR 端子的针头数基本有三个,还可以有更大针头数。XLR 是影音器材中常见的端子,经常用于连接专业影音器材和麦克风。卡侬头连接是专业录音包括音响系统中使用最广泛的一类接插件,可用于传输各种音频系统中的各类音频信号,一般平衡式输入、输出端子都是使用卡侬头接插件来连接的。其好处是:采用平衡传输方式,抗外界干扰能力较强,利于远距离传输(不大于 100 米);具有弹簧锁定装置,连接可靠,不易拉脱;接插件规定了信号流向,便于防止连接上的差错。

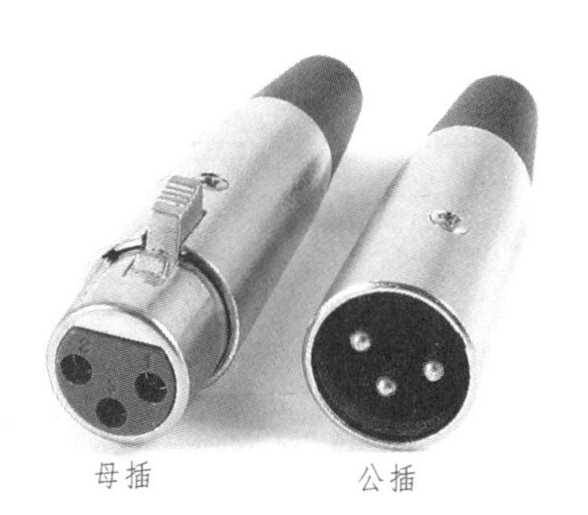

图 2-2-5　XLR 标准插头

卡侬插头有公插头与母插头之分,插座也同样有公插座与母插座之分。公插头的接点是插针,而母插头的接点是插孔。按照国际上通用的惯例,以公插头或插座作为信号的输出端;以母插头或插座作为信号的输入端。(如图 2-2-5 所示)

2. 吊杆和话筒架

为了有效拾取同期声,现场录音需要吊杆和话筒架套件。齐柏林式机架,在拍摄外景时,可有效地挡风噪,机架内配置有减震器。要使齐柏林式机架更有效阻挡风噪,需要装备一个抗风器,又称“死猫”,可在有风的天气里拍摄。在拍摄之前,使用梳子进行梳理,使之蓬松,可以获得更好的录制效果。(如图 2-2-6 和图 2-2-7 所示)

图 2-2-6　剧组拍摄中录音吊杆的使用

图 2-2-7　防风毛罩、齐柏林式机架套件

3. 录音机

数字录音机以数字的方式记录,并保存在数据卡上。较高端的录音机(如 SOUND DEVICES 702T)甚至可以弃用时间码,随时编辑生成媒体文件。

针对 DSLR 影像系统,有一种小型便携式数字录音机,如 ZOOM H4N(如图 2-2-8),

通过在完全独立的设备上记录并在后期制作中同步音频，以克服DSLR相机落后的音频限制。用于专业制作用途的任何音频录音机都应该具有XLR插入，这样才可以接专业麦克风。

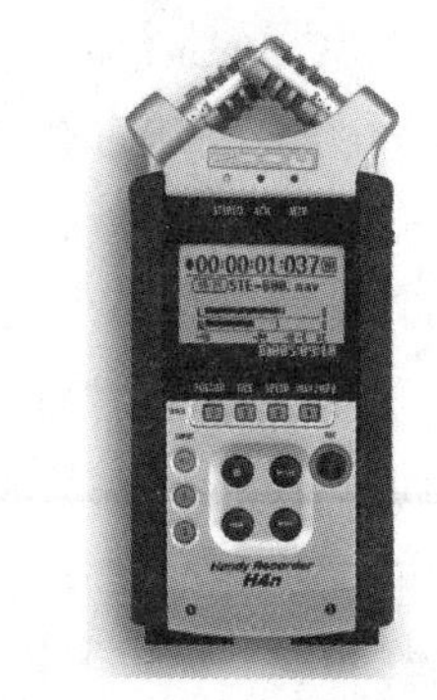

图 2-2-8　便携式录音设备 ZOOM H4N

二、录音系统

录音系统是拾音、录音过程中相关的器材组合，这些器材主要包括：录音话筒、录音机、监听耳机、调音台、传输线路等（图2-2-9）。

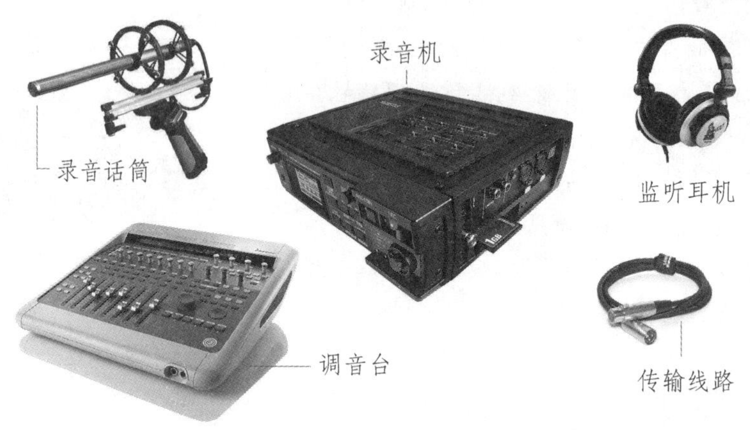

图 2-2-9　录音系统的基本构成

（一）摄录一体机中的录音系统

摄像机的录音模块内置于摄像机内部，通过专用的XLR两路接口输入音频即可，通常每路输入的音频都有3档设置：LINE，MIC，MIC+48V。（如图2-2-10和图2-2-11所示）

图 2-2-10　佳能 XF105 摄像机的 XLR 接口

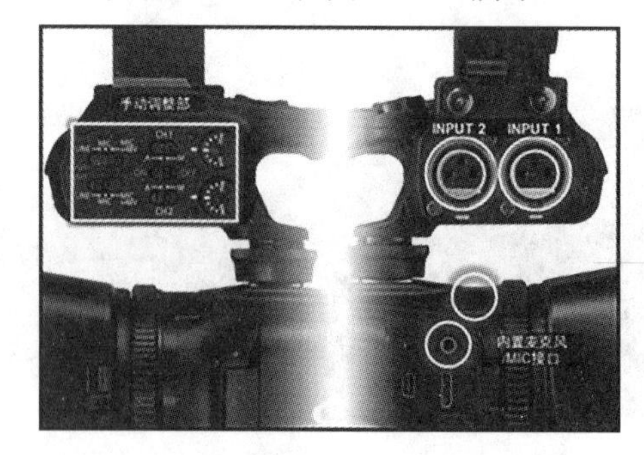

图 2-2-11　话筒接入插口和手动设置

LINE：是“线性输入”，一般用于通过调音台、功放机等系统处理过的音频信号。这些音频信号的电平比较高，如果用摄像机记录，拨在MIC或MIC+48V时则会出现非常严重的“爆音”现象。

MIC：是“麦克风输入”，一般用于本身带电源的麦克风，比如“小蜜蜂”（装电池的无线麦克风）或者一些森海塞尔的装电池的长麦克。

MIC＋48V：是“为麦克风输入增加 48V 电压”，一般用于本身不带电源的麦克风，比如铁三角的一些电容麦克风。

在摄录一体机的使用过程中，你只需要一个外接话筒，或者外接音频线路输入即可完成录音工作，其他工作完全交由摄像机内部完成，最后只需要从记录媒介上采集到与视频素材同步的音频素材。

就机器内部的工作而言，大部分的数码摄像机（摄录一体机）的录音系统为 PCM 立体数码录音系统，你可选择 12 比特（录音频率为 32 kHz，双声道）和 16 比特（录音频率为 48 kHz，双声道）两种不同模式进行录音。16 比特的清晰度高于 12 比特，而且录音效果可以比拟高音质的 CD。在数码摄像机进行录音的时候，PCM 立体数码录音系统可以 5 倍的压缩率采集声音，并以数字形式储存在记录介质带上。

（二）DSLR 的录音系统

DSLR、手机类和新型影像设备，目前这三大类影像设备自身的录音系统技术指标都无法实现专业的录音品质，因而在实际的拍摄应用中，要想获取专业的录音保障都需要额外的独立录音作为支撑。

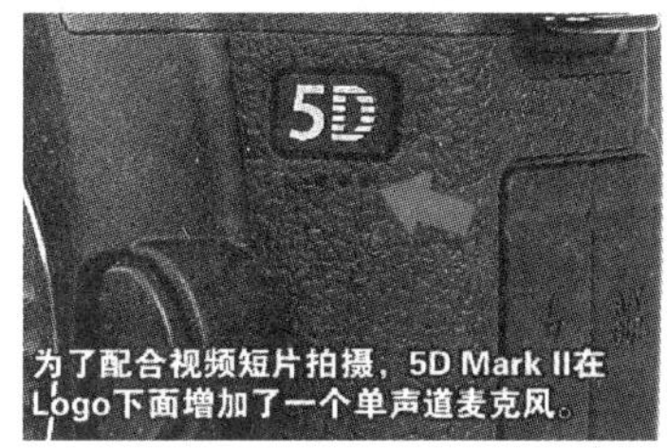

5D
为了配合视频短片拍摄，5D Mark II在Logo下面增加了一个单声道麦克风。

图 2-2-12　EOS 5D Mark Ⅱ 相机

下面，我们以 EOS 5D Mark Ⅱ（如图 2-2-12）为例介绍 DSLR 自身的机载录音功能（5D 字母下的小圆孔即录音话筒口）。

EOS 5D Mark Ⅱ的机载话筒采用的是一个内置单声道驻极体式麦克风。这种驻极体式麦克风虽然也属于电容麦克风的一种，具有相同的声能转换原理，但采用了驻极体材料制作麦克风振膜电极，不需要外加极化电压即可工作，因而简化了结构。供电方式和结构的不同，使得麦克风的性能参数有了较大的差异，其中最主要的是灵敏度、指向性和信噪比。

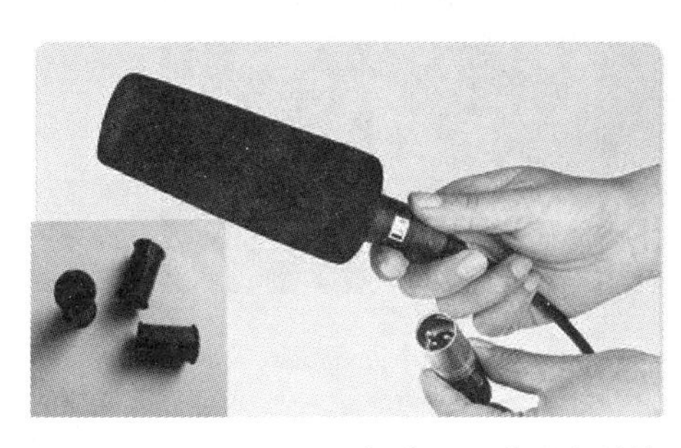

图 2-2-13　ECM-NV1 摄像机机载录音话筒

灵敏度代表了麦克风把声能转换为电能的能力强弱。灵敏度高的麦克风能够收集到细微的声音，而低灵敏度的麦克风就要显得“迟钝”一些了。5D Mark Ⅱ 的机载话筒麦克风的灵敏度为 10 mV/Pa，索尼 190 摄像机所配备的麦克风 ECM-NV1（如图 2-2-13）灵敏度为 20 mV/Pa。这就意味着在相同声音大小的情况下，两者要获得相同音频信号电平大小，EOS 5D Mark Ⅱ 需要比索尼 190 更靠近声源。

EOS 5D Mark Ⅱ 的麦克风为全指向性。指向性是指麦克风对于来自不同角度声音的灵敏度。对于来自不同角度的声音，其灵敏度是相同的。全指向式话筒常见于需要收录整个环境声音的录音工程，或是声源在移动时希望能保持良好收音的情况，缺点在于容易收到四周环境的噪音。EOS 5D Mark Ⅱ的麦克风嵌入在机身前方、镜头旁边，所以不仅操作者无法对其独立操作，而且在拍摄过程中如果有变焦等镜头操作，镜头的对焦马达声及操作的噪声(如转动镜头，操作转盘等)很容易被内置全指向性麦克风拾取而记录下来。

同步录音拍摄短片时这些细微噪音也会对作品产生不良影响，所以佳能公司在生产EOS 5D Mark Ⅲ(如图 2-2-14)时为了解决这个问题，在速控转盘内环上搭载了可静音操作的触摸盘，仅需轻触触摸盘的上下左右键就能调节快门速度、光圈值、ISO 感光度、曝光补偿、录音电平等功能。

触摸盘可实现上下左右的触摸操作

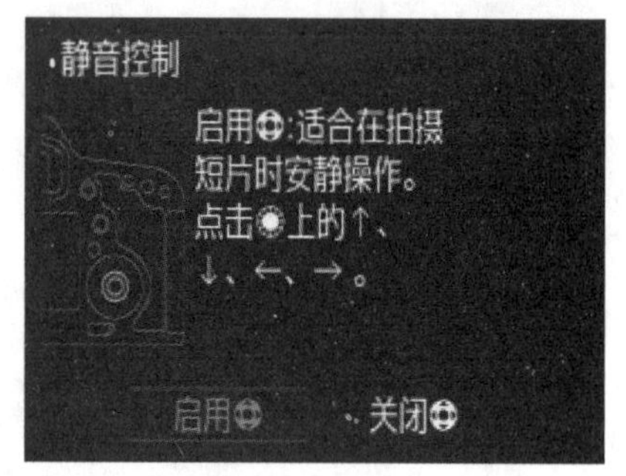

短片拍摄静音控制的设置画面

图 2-2-14　EOS 5D Mark Ⅲ静音操作设置

另外，内置麦克风搭载了风声抑制功能，能够降低室外拍摄时容易被记录下来的风声噪音。EOS 5D Mark Ⅲ还采用了自动降低光圈驱动音的功能等多项录音时的防噪音对策。

同上一代一样，5D Mark Ⅲ因为有外接麦克风输入端子，同时新增耳机端子，所以能够在拍摄时监听检查录音状态(如图 2-2-15)。内置麦克风、外接麦克风录音时以 48 kHz 采样频率进行 16 比特录制高品质的立体声。

图 2-2-15　左为 EOS 5D Mark Ⅱ机身侧面，右为 EOS 5D Mark Ⅲ侧面外置麦克风输入插口

第三节　网络视频的后期制作系统

目前市面上还没有特定针对网络视频的后期制作系统，本书指的后期制作系统都是广义的高性能设备系统，既能够支持高端影视制作内容，同时也能兼容网络视频的后期制作。在现今的专业影视后期制作系统中，PC 平台依然是主流，这主要得益于 Adobe 公司对 Premiere 和 After Effects 的持续推进。近年来，MAC 平台越来越普及，Final Cut Pro 有很好的行业声誉。中国互联网影视行业报告显示①，Premiere Pro CS6 是使用量最大的剪辑软件，达到 55.32%，FCP7 和 FCPX 也占有很大的份额；在特效制作领域，After Effects 是使用量最大的特效软件，达到 96.81%，Motion 和 Smoke 也占有一定的份额；在调色领域，DaVinci 后来居上，使用量占 53.19%，之前领先的 Color 退居二位。

一、主流后期制作软件

后期制作系统由硬件和软件构成，主要构件包括电脑系统、后期制作软件、非编卡、辅助外设等。（如图 2-3-1 所示）

图 2-3-1　EDIUS 广播级高清非编工作站

（一）Adobe Premiere Pro（美国 Adobe 开发）

Adobe Premiere Pro 是目前最流行的非线性编辑软件，是数码视频编辑的强大工具。Adobe Premiere Pro 以其新的合理化界面和通用高端工具，兼顾了广大视频用户的不同需求，在一个并不昂贵的视频编辑工具箱中，提供了前所未有的生产能力、控制能力和灵活性。Adobe Premiere Pro 是一个创新的非线性视频编辑应用程序，也是一个功能强大的实时视频和音频编辑工具，是视频爱好者们使用最多的视频编辑软件之一。

新版本 Adobe Premiere Pro CC（如图 2-3-2）新增功能有：增加多 GPU 支持，这将使用户利用所有的 GPU 资源，让多个 Adobe Premiere Pro CC 工作在后台排队渲染；重新设计了 Timeline，包括新的快捷键和新的选择性粘贴属性对话框；“链接”和“定位”帮助用户轻

①V 电影网 ACELY. 2013 中国互联网影视行业报告[J]. 数码影像时代，2014(1)：27.

松找到编辑过程中所需的文件;在 Multicam 编辑中加入了多轨音频同步功能;全新的隐藏字幕功能;内置更多的编解码器和原生格式;最新的 Lumetri Deep 色彩引擎,颜色分级更高效。

图 2-3-2 Adobe Premiere Pro CC 操作界面

(二) EDIUS (日本 Canopus 开发)

EDIUS 非线性编辑软件专为广播和后期制作环境而设计,特别适合新闻记者、无带化视频制播和存储。EDIUS 拥有完善的基于文件工作流程,提供了实时、多轨道、多格式混编、合成、色键、字幕和时间线输出功能。除了标准的 EDIUS 系列格式,还支持 Infinity™ JPEG 2000、DVCPRO、P2、VariCam、Ikegami GigaFlash、MXF 、XDCAM 和 XDCAM EX 视频素材。同时支持所有 DV、HDV 摄像机和录像机。支持业界使用的主流编解码器的源码编辑,甚至当不同编码格式在时间线上混编时,都无须转码。另外,用户无须渲染就可以实时预览各种特效。

无论是标准版的 EDIUS Pro 7,还是网络版 EDIUS Elite 7,在广播新闻、新闻杂志内容、工作室节目、纪录片,甚至 4K 影视制作方面,都能胜任。

专为 Windows 7 和 Windows 8 开发的原生 64 位应用程序,EDIUS 7(如图 2-3-3)可以充分利用最多达 512 GB(Windows 8 企业和专业版),或者最多 192 GB(Windows 7 旗舰、企业和专业版)物理内存供素材操作的快速存取,特别是画中画、3D、多机位和多轨 4K 编辑。除了改进的 4K 工作流程,还支持 Blackmagic Design 的 DeckLink 4K Extreme 板卡和 EDL 导入/导出的 DaVinci 校色流程。

图 2-3-3　最新版本 EDIUS 7 操作界面

（三）Vegas（日本 SONY 开发）

Vegas 是一个专业影像编辑软件，现在被制作成为 Vegas Movie Studio™，是专业版的简化而高效的版本，成为 PC 上最佳的入门级视频编辑软件。Vegas 为一整合影像编辑与声音编辑的软件，其中无限制的视轨与音轨，是其他影音软件所没有的特性，更提供了视讯合成、进阶编码、转场特效、修剪、动画控制等操作。

Vegas 家族共有四个系列，包括 Vegas Movie Studio、Vegas Movie Studio Platinum、Vegas Movie Studio Platinum Pro Pack 和 Vegas Pro 。其中前三个系列是为民用级的非线性编辑系统提供的产品解决方案，后一款是为专业级别的影视制作者准备的音视频编辑系统，可以制作编辑出更完美的视频效果，基本可以满足广大影视爱好者的需要。目前最新版本为 Vegas Pro13（如图 2-3-4）。

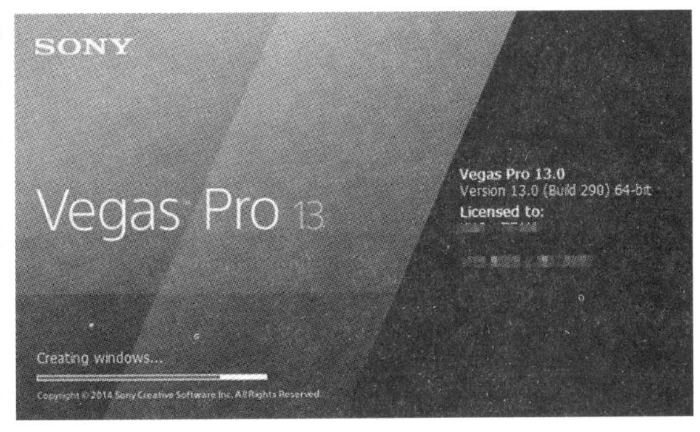

图 2-3-4　Vegas Pro13

（四）Final Cut Pro（美国苹果公司开发）

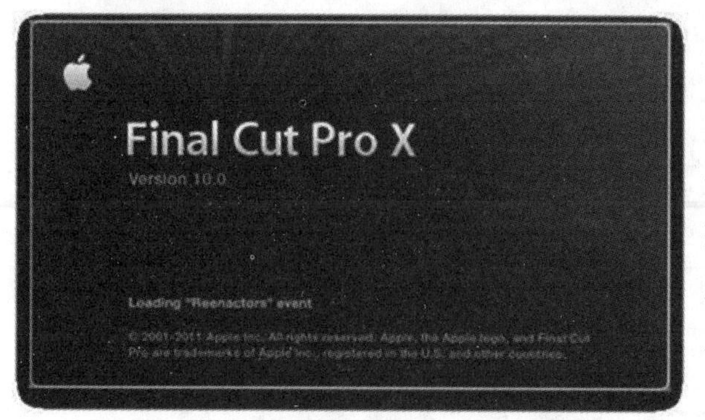

图 2-3-5 最新版本 Final Cut Pro X

第一代 Final Cut Pro 在 1999 年推出。最新版本 Final Cut Pro X（如图 2-3-5）包含进行后期制作所需的一切功能。导入并组织媒体、编辑、添加效果、改善音效、颜色分级以及交付等所有操作都可以在该应用程序中完成。

Final Cut Pro 是 Final Cut Studio 中的一个产品，Final Cut Studio 中还包括 Motion livetype soundtrack 等字幕、包装、声音方面的软件。凭借精确的编辑工具，你几乎可以实时编辑所有影音格式，包括创新的 ProRes 格式。借助 Apple ProRes 系列的新增功能，你能以更快的速度、更高的品质编辑各式各样的工作流程。

（五）Media Composer（美国 AVID 开发）

Media Composer 是一款具备便携式 SDI 视频和音频输入、输出功能的影片和视频编辑软件。

Media Composer 软件可以在 Mac 或 Windows 系统上运行，专业人员可以轻松地对 DVCPRO HD 和 HDV 项目进行处理。便携式 Avid Mojo SDI 硬件设备，通过一条 IEEE1394 FireWire（火线）与系统相连接，提供一套专业技术等级的、简约便携式编辑解决方案。

配备 Avid Mojo SDI 设备的 Media Composer（如图 2-3-6），是那些希望以经济适宜的价格，购买到具备业界最具创造性的集数字 SD、DV、模拟视频和音频输入、输出功能编辑工具的影片和视频编辑人员的一种较好选择。

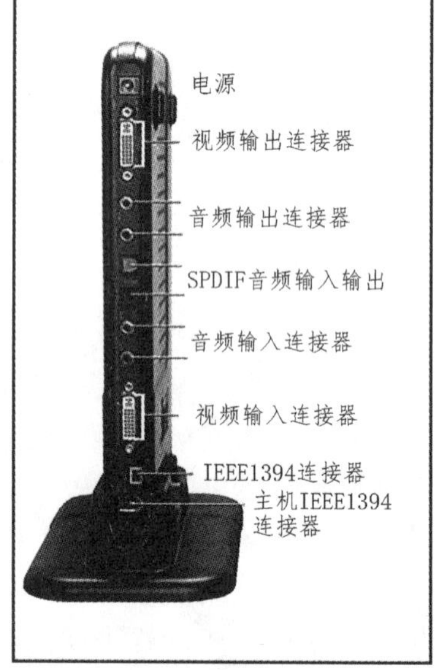

图 2-3-6 配备 Avid Mojo SDI 的 Media Composer

（六）会声会影

会声会影不仅完全符合家庭或个人所需的影片剪辑功能，甚至可以挑战专业级的影片剪辑软件，软件支持对 DV 视频进行转录，并进行剪辑，实现影片编辑功能。事实上，由于强大的非线性视频编辑功能，会声会影更倾向于是一款视频编辑软件，但其多种选择的编辑功能和附带的视频转换功能，同样可以给对视频转换要求不高但更喜好编辑的人带来方便。

二、手持设备自带的编辑系统

(一)手机自带的编辑系统

之前的几代苹果 iPhone 产品都对摄像头方面做出了一些升级,比如 iPhone 4 支持 720p 视频录制、iPhone 4s 开始支持 1080p 高清视频录制、iPhone 5 开始加入了全景功能等。苹果 iPhone 5s(如图 2-3-7)也在摄像头方面做出诸多提升,其特点之一就是加入了一个名为“Mogul”的新模式[①](如图 2-3-8)。

图 2-3-7 支持视频编辑的 iPhone 5s

图 2-3-8 iPhone 5s 新增 Mogul 模式

“Mogul”模式使 iPhone 5s 具有 120 帧/秒的高速视频录制能力,实现的效果是帮助用户拍摄更高速运动的物体,即“慢动作”视频录制。这一功能是被一个名为 Hamza Sood 的人在当时最新版的 iOS7 测试版(即 iOS7 Beta3)的代码当中发现的。根据代码,“Mogul”功能与 iOS7 相机的全景、滤镜、视频等模式一样,共同成为可以自行选择的拍摄方式。(如图 2-3-9 和图 2-3-10 所示)

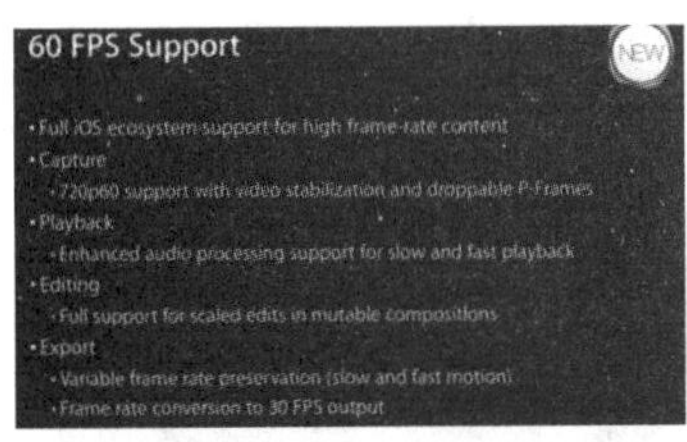

图 2-3-9 Mogul 模式破解

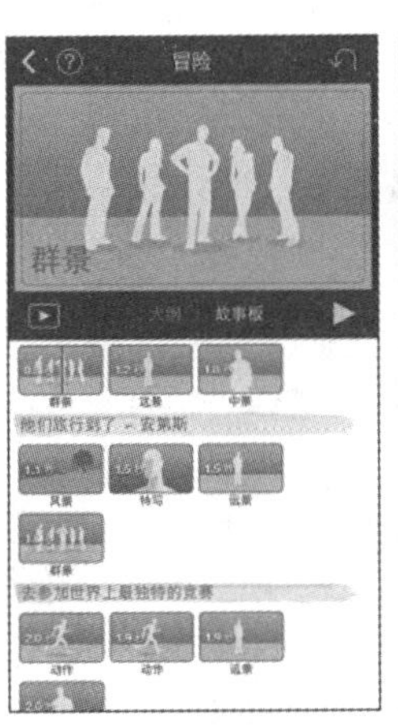

图 2-3-10 iPhone 5s 视频编辑操作界面

①资料来源:http://mobile.zol.com.cn/384/3849930.html

iPhone 6 最高支持在 720p 分辨率下 240 fps 的“慢动作”视频拍摄。iPhone 6s 和 iPhone 6s Plus 升级了摄像头及配置，提升了 OIS 光学稳定系统，在 1080p 分辨率下支持 60 fps 拍摄，并且新增设 4K 视频录制(4K，30 fps)。

(二) iPad 自带的编辑系统

该编辑系统的主要功能有：支持用户设备上的任何媒体文件，视频、音频以及照片；从内置应用拍摄视频和图片；可快速启动现有项目并进行编辑重命名或删除等操作；直观手势方便用户导航；Precision Trimmer 允许用户进行精细编辑和帧设置；Razor Blade 工具让用户快速剪掉或者替换视频短片；内置蒙太奇模板方便用户快速生成 3D 动画以及转换效果等；用户可以完全控制图片位置、大小，进行旋转，形成画中画效果；对图片进行 pan/zoom 操作，让幻灯片播放更具冲击性；支持全屏播放模式；用户可以自选音频或从应用内置的音效创建新的音轨；对音频进行各种剪辑；用户可以在各种社交平台上共享。(如图 2-3-11 和图 2-3-12 所示)

图 2-3-11　iPad 上的视频编辑并通过 Wi-Fi 投放到电视屏幕

图 2-3-12　iPad 上的 Avid Studio 和 iMOVIE 视频剪辑软件操作界面

第四节　网络视频生产的辅助工具

一、屏幕捕捉工具

网络视频制作也经常使用屏幕捕捉工具软件去捕捉必要的图片与视频素材。

(一) PrintScreen 键

利用键盘上的“PrintScreen”(如图 2-4-1),用户只需轻轻一按,就可以瞬间轻松截取当前的屏幕画面,再配合附件中的画图程序,即可进行简单编辑操作。

图 2-4-1　键盘按钮

(二) QQ 截图工具

腾讯 QQ 功能众多,其中就包括截图功能,通过聊天界面中的菜单或快捷键,用户可以非常轻松地截取图片或视频。

(三) 红蜻蜓抓图精灵

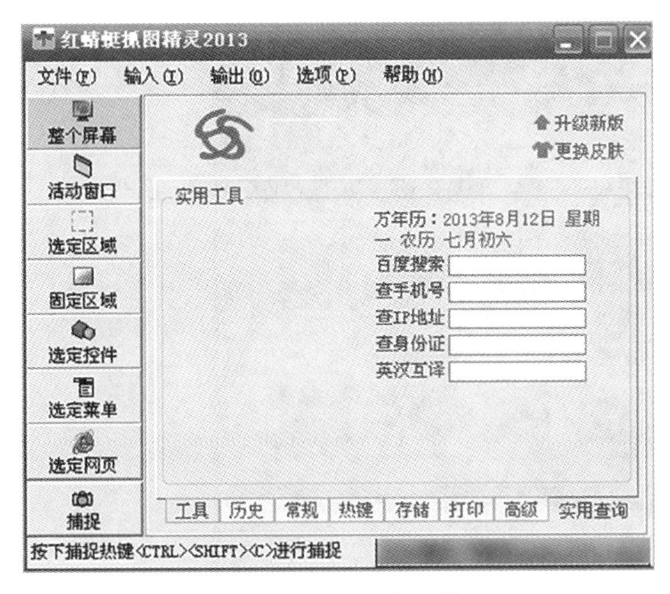

图 2-4-2　红蜻蜓抓图精灵操作界面

红蜻蜓抓图精灵是一款国产的、完全免费的入门级屏幕捕捉软件(如图 2-4-2)。虽然功能不算特别强大,但是其简洁的界面、简单的操作,在国产截图工具领域仍然牢牢地占有一定的用户群,拥有一批忠实的粉丝。

(四) HyperSnap

HyperSnap 是一款专业级的、快捷便利的经典屏幕抓图工具(如图 2-4-3)。虽然名气没有 SnagIt 那么响亮,但截图功能却丝毫不输给它。其将截图操作、图片编辑合二为一的界面设计,使得用户操作起来更加的贴心和自如。特别是它的看家本领神秘绝招——“视频截图”,可以说比 SnagIt 还要强。

图 2-4-3 HyperSnap 操作界面

（五）SnagIt

SnagIt 是一款国外老牌屏幕捕捉软件（如图 2-4-4），支持各种形式的图像及视频捕捉，软件还附带了一个超强的图像编辑管理工具，用来对捕捉到的图像进行后期处理。

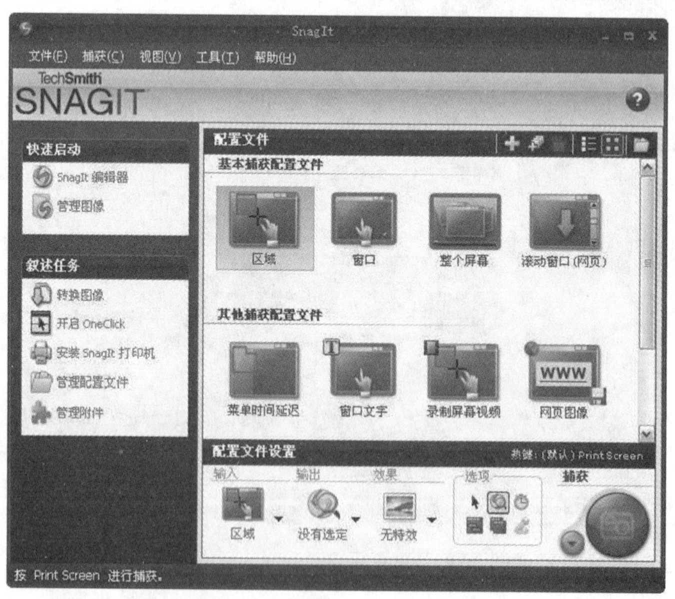

图 2-4-4 SnagIt 操作界面

（六）FastStone Screen Capture（FSCapture）

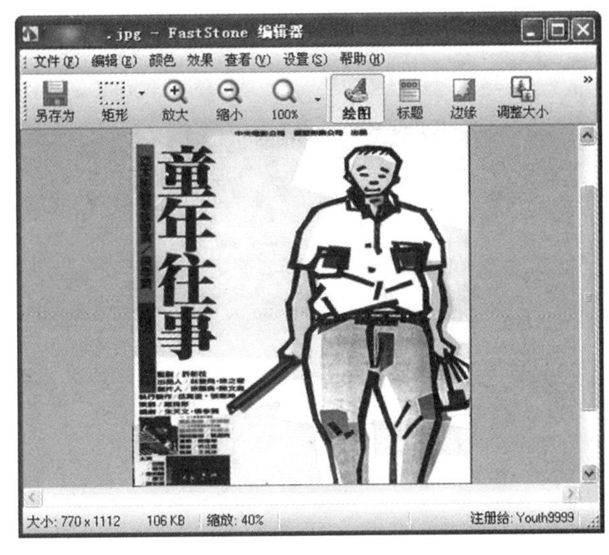

图 2-4-5　FastStone Screen Capture 操作界面

FSCapture 本质是一款图像软件（如图 2-4-5），具有图像浏览、编辑和抓屏功能，支持包括 BMP、JPEG、JPEG 2000、GIF、PNG、PCX、TIFF、WMF、ICO 和 TGA 在内的所有主流图片格式，其独有的光滑和毛刺处理技术让图片更加清晰，并提供缩放、旋转、剪切、颜色调整功能。只要点击鼠标就能随心抓取屏幕上的任何东西，拖放支持可以直接从系统、浏览器或其他程序中导入图片。FSCapture 是一款非常好的屏幕截图软件。该软件拥有不规则抓图、滚动抓图、活动窗口抓图、图片简单处理、屏幕录制等多种实用功能。软件为绿色版，没有任何限制，并且文件很小，不到 2 MB。

（七）超级捕快

超级捕快（视频捕捉和录制超强）可以捕捉视频，可以屏幕录像，还可以播放视频和音频，非常方便。此外它还支持对视频的简单编辑，添加文字、水印以及添加日期等，兼容性好。超级捕快是国内首个拥有捕捉家庭摄像机 DV、数码相机 DC、摄像头、TV 电视卡、电脑屏幕画面、聊天视频、游戏视频或播放器视频画面并保存为 AVI、WMV、MPEG、SWF、FLV 等视频文件的录像软件。（如图 2-4-6）

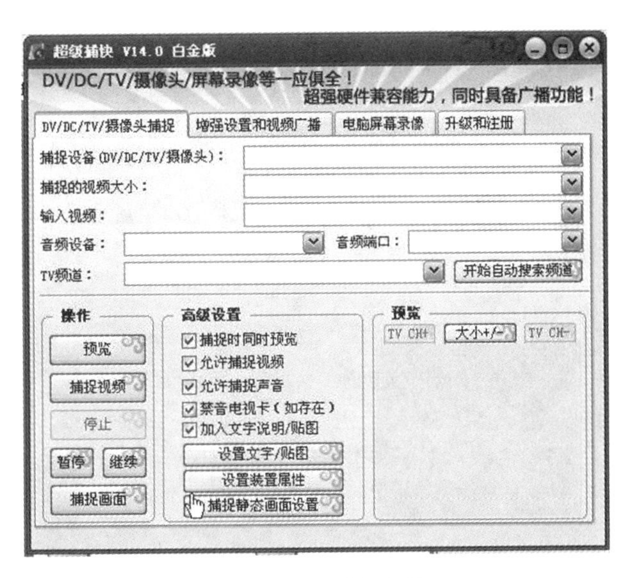

图 2-4-6　超级捕快操作界面

二、声音制作工具

任何流经我们计算机的音乐、语音、游戏音效，都能够通过录音软件保存下来。日后我们可以慢慢欣赏这些音乐，或者制作成手机铃声、个人空间的背景音乐以及在网络视频制作中使用这些音乐素材。

（一）桌面录音 Free Sound Recorder

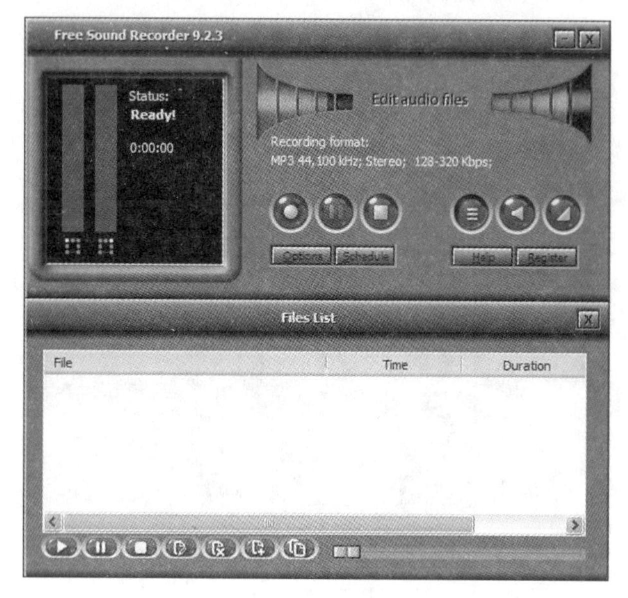

图 2-4-7　Free Sound Recorder 操作界面

不管你是在打游戏还是看电视，Free Sound Recorder（如图 2-4-7）都可以直接从声卡里取出数据，直接保存为 MP3、WAV、WMA 格式。因此无论是麦克风、CD，还是语音电话，统统逃不过 Free Sound Recorder 的“魔掌”，而且 Free Sound Recorder 录音的质量高，因为有内置的强悍的编码解码引擎支持。

（二）桌面录音 Free MP3 Sound Recorder

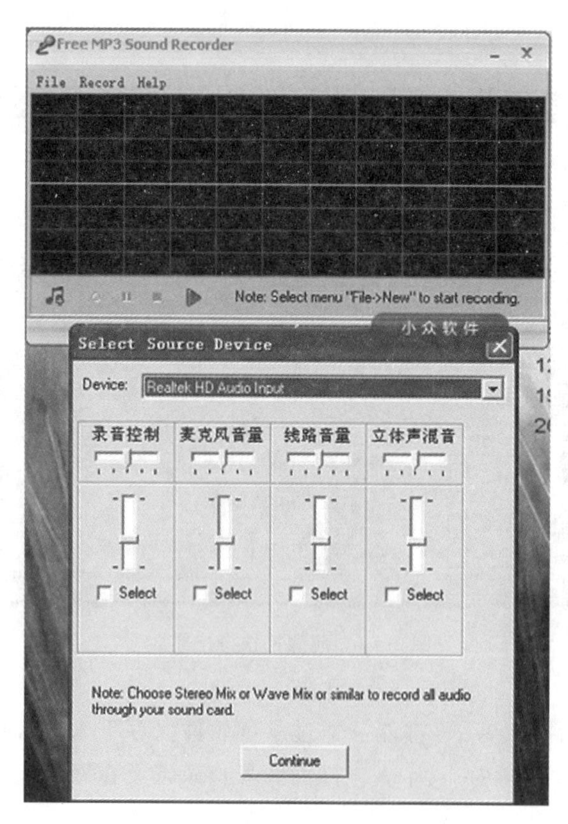

图 2-4-8　Free MP3 Sound Recorder 操作界面

Free MP3 Sound Recorder 是一个免费的录音工具（如图 2-4-8），支持从麦克风、网络音频流（如在线观看的电影和收听的网络电台），各种音乐播放软件（如 WinAMP、千千静听），各种电影视频播放软件（如 QQ 影音等）中直接录制音乐数据。该软件可以自由设置保存音乐的频率、比特率、声道数和音质质量。Free MP3 Sound Recorder 支持直接从声卡取出音频数据。

（三）桌面录音 Focus MP3 Recorder pro

Focus MP3 Recorder pro 是一个专业的录音软件（如图 2-4-9），可以把你听到的任何音乐保存为高质量、高品质的 MP3、WMA、OGG、WAV 文件。借助 Focus MP3 Recorder 可以轻易地从麦克风、Internet 的流媒体音频，或其他诸如 Winamp、Windows Media Player、Quick Time、Real Player、Power DVD 等播放器以及 Flash、游戏中录制声音。Focus MP3 Recorder pro 还提供了在以上多种格式之间任意转换的功能。此外，Focus MP3 Recorder pro 还支持把录制好的音乐分割成任意大小片段，做成手机铃声，或者把几个 MP3 合并成一个串烧。

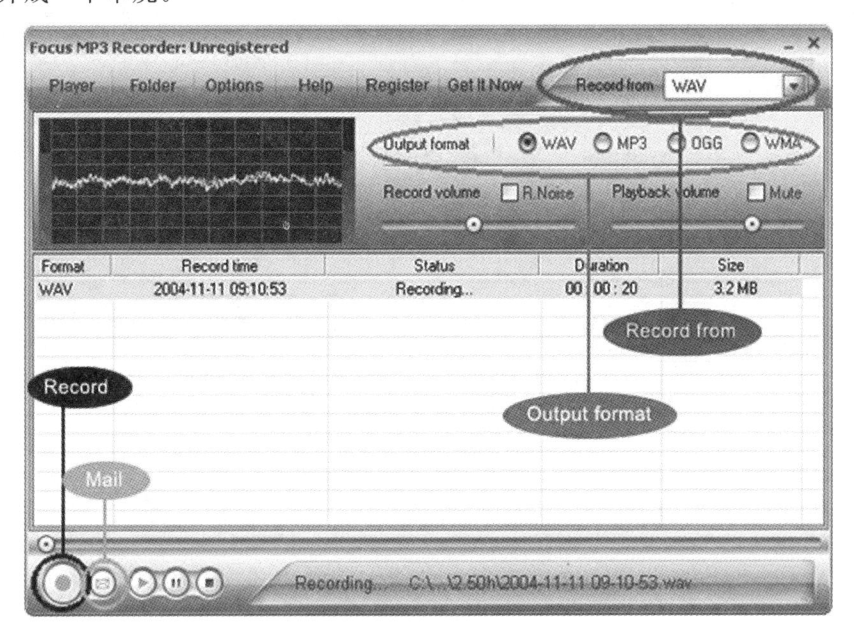

图 2-4-9　Focus MP3 Recorder 操作界面

（四）专业音频编辑 Adobe Audition

Adobe Audition 是一个专业音频编辑和混合环境，原名为 Cool Edit Pro，被 Adobe 公司收购后，改名为 Adobe Audition。如图 2-4-10。

Audition 可提供先进的音频混合、编辑、控制和效果处理功能，最多混合 128 个声道，可编辑单个音频文件，创建回路并可使用 45 种以上的数字信号处理效果。无论是录制音乐、无线电广播，还是为视频配音，Audition 可提供灵活的工作流程并且使用简便。

Audition 从 CS5 开始就取消了 MIDI 音序器功能，而且也推出苹果平台 MAC 的版本，可以和 PC 平台互相导入导出音频工程。Audition CS6 可以配合 Premiere Pro CS6（或更高版本）编辑音频使用。相比 CS5 版，CS6 还完善各种音频编码格式接口，比如已经支持 FLAC 和 APE 无损音频格式的导入和导出以及相关工程文件的渲染。目前 Adobe Audition 的最新版本是 Adobe Audition CC 2016。

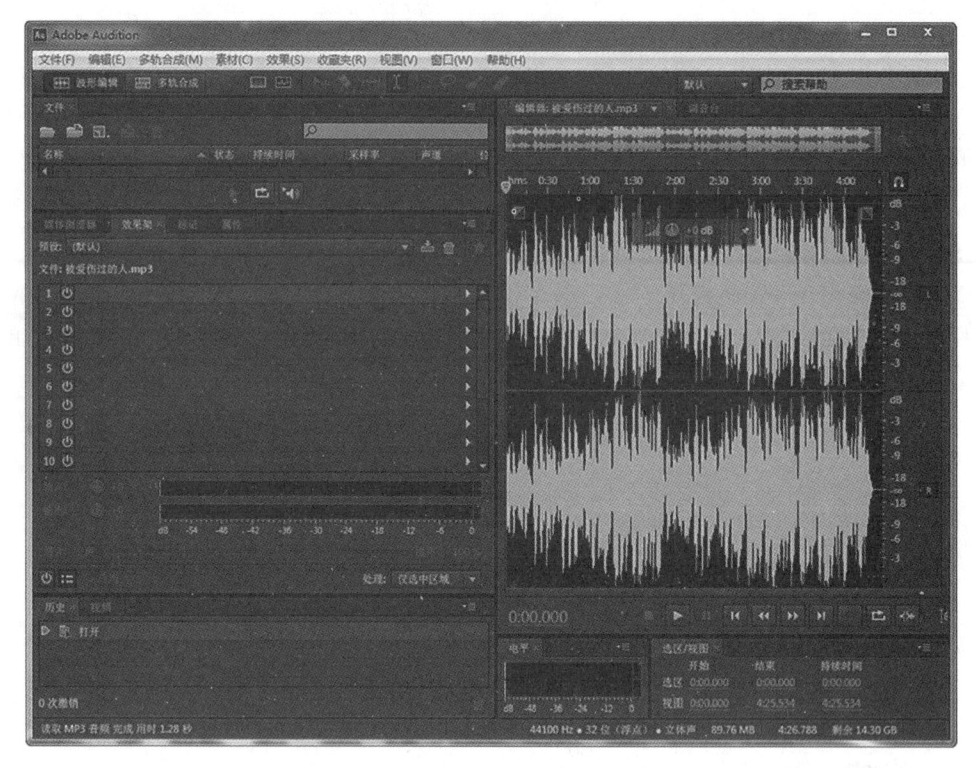

图 2-4-10 Adobe Audition 3.0 操作界面

（五）音乐编辑 GoldWave

GoldWave 是一个功能强大的数字音乐编辑器，是一个集声音编辑、播放、录制和转换的音频工具，它还可以对音频内容进行转换格式等处理。它体积小巧，功能却不弱，可以打开的音频文件相当多，包括 WAV、OGG、VOC、IFF、AIFF、AIFC、AU、SND、MP3、MAT、DWD、SMP、VOX、SDS、AVI、MOV、APE 等音频文件格式。也可以从 CD、VCD、DVD 或其他视频文件中提取声音。内含丰富的音频处理特效，从一般特效如多普勒、回声、混响、降噪到高级的公式计算（利用公式在理论上可以产生任何你想要的声音）。

三、格式转换工具

在网络视频制作中必定会使用到视频格式转换类的软件。由于网络带宽的限制，视频在本地播放和在网络中播放的文件格式通常是不一样的，网络视频制作完成的成片文件通常是最佳质量，而要上传到网络的时候，都要经过压缩和转换，以适应网络转码后播放。

（一）格式工厂

格式工厂是一款免费的多功能的多媒体格式转换软件（如图 2-4-11），适用于 Windows XP/7/8。该软件可以实现大多数视频、音频以及图像不同格式之间的相互转换。转换可以设置文件输出配置，增添数字水印等功能。该软件支持 MP4、3GP、AVI、MKV、

WMV、MPG、VOB、FLV、SWF、MOV 等格式，新版支持 XV、RMVB 等格式(需安装 RealPlayer 或相关的解码器)。该软件还可设置文件的输出配置，如屏幕大小(分辨率)、每秒帧数、比特率、视频编码；音频的采样率、比特率；字幕的字体与大小等。

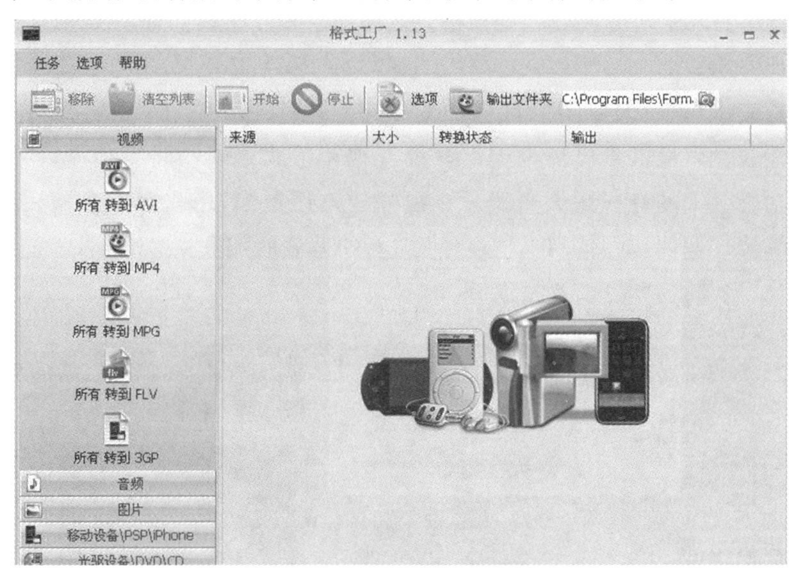

图 2-4-11　格式工厂操作界面

(二) Windows Movie Maker

Movie Maker 是 Windows 系统自带的视频编辑工具(如图 2-4-12)，因其由 Windows 系统自带提供，可谓是普通家庭电脑最为常见的视频转换器。由于系微软开发软件，其支持的视频格式主要为微软相关格式，如 AVI、WMV，因此兼容能力有限。但因普通电脑皆具有，这对于格式转换要求不高的人十分便捷。

图 2-4-12　Windows Movie Maker 操作界面

（三）狸窝全能视频转换器

狸窝全能视频转换器是一款功能强大、界面友好的全能型音视频转换及编辑工具（如图 2-4-13），可以在几乎所有流行的视频格式之间任意相互转换。如将 RM、RMVB、VOB、DAT、VCD、SVCD、ASF、MOV、QT、MPEG、WMV、FLV、MKV、MP4、3GP、AVI 等视频文件编辑转换为手机、MP4 机等移动设备支持的音视频格式。

狸窝全能视频转换器不仅仅是提供多种音视频格式之间的转换功能，同时又是一款简单易用却功能强大的音视频编辑器。在视频转换设置中，用户可以对输入的视频文件进行可视化编辑。例如：裁剪视频，给视频加 LOGO，截取部分视频转换，不同视频合并成一个文件输出，调节视频亮度、对比度等。

图 2-4-13 狸窝全能视频转换器操作界面

（四）魔影工厂

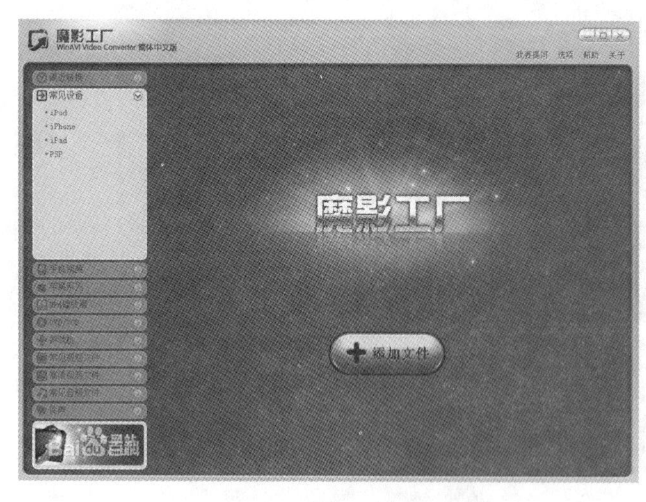

图 2-4-14 魔影工厂操作界面

魔影工厂是一款简单实用的全能格式转换工具（如图 2-4-14），它是海外流行的视频格式转换软件 WinAVI 面向中国用户推出的官方中文版，对中国用户的使用习惯做了大量的调整，完善了移动设备支持，界面轻松上手，视频格式支持广泛。它支持几乎所有流行的视频格式，如 AVI、RM、RMVB、WMV、VCD/SVCD、DAT、VOB、MOV、MP4、MKV、ASF、FLV 等。

（五）RealProducer Plus

RealProducer Plus 是由 Real 公司官方出品的新一代 Real 格式音频、视频文件制作软件（如图 2-4-15），它可将 WAV、MOV、AVI、AU、MPEG 等多媒体文件压制成 Real 影音流媒体文件（RMVB、RA、RM、RAM 等），以利于网络上的传送与播放，支持 Real8、Real9 和 Real10 格式。还可以对压缩的 Real 格式文件进行剪裁、设定多种采样率等。附带的 Real 媒体编辑器更是可以切割、合并 Real 媒体文件或修改剪辑信息，非常方便。

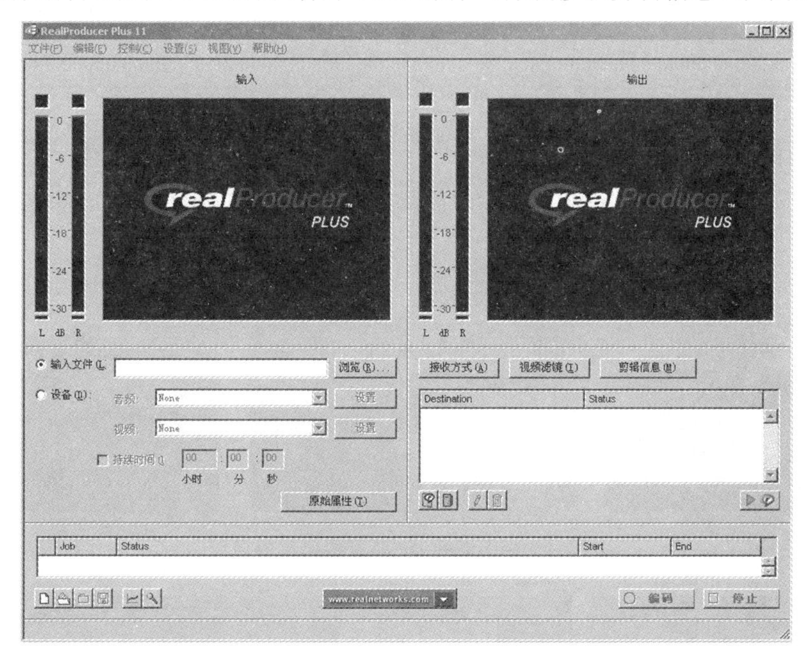

图 2-4-15　RealProducer Plus 11.1 操作界面

（六）Adobe Media Encoder

Adobe Media Encoder 一直以来都是作为 Premiere Pro 的一个附属编码输出端存在，可以将素材或时间线上的成品编码为其他音视频格式，如 MPEG、MOV、WMV、RM、RMVB 等。其实它就是一款编码转换工具。而在 CS4 之前，主要的编码输出端在“输出到影片”，与程序默认预置相关的主要 AVI 影片编码都在这里进行编码输出。Adobe Premiere Pro CS4 的显著变化使 Adobe Media Encoder 成为独立软件。

四、微视频工具

随着智能手机和 iPad 等移动终端设备的普及，人们逐渐习惯了使用客户端上网的方式。不仅如此，随着移动互联网的兴起，越来越多的互联网企业、电商平台将应用（Application，简称 App）作为主战场之一。自从 Vine 火爆以来，微视频应用领域消息不断。Facebook 旗下的 Instagram 于 2013 年 6 月发布了其微视频功能。Yahoo！也于 2013 年 7 月收购了微视频应用 Qwiki。在国内，爱奇艺推出“啪啪奇”，新浪上马“秒拍”，美图秀秀出品“美拍”，腾讯重金推广“微视”等。

【应用案例 1】用 iPhone 5s 拍摄广告[①]

高大上的宾利汽车的最新广告竟然也没有使用专业相机拍摄，而是只用了一部 iPhone 5s；没有用 iMac 做剪辑而用了一部 iPad Air。这段宾利广告在纽约拍摄，通过黑白视频风格介绍了价值 30 万美元宾利慕尚(Mulsanne)。拍摄广告的是一台 iPhone 5s，不过使用了特殊的镜头、支架和保护壳来使拍摄的结果能与专业设备相比(如图 2-4-16)。最后，使用 iPad Air(如图 2-4-17)和 iMovie 完成了视频编辑，配合使用的还有键盘保护壳。此外，编辑过程是在一台宾利后座上完成的，展示了苹果设备的移动能力。

图 2-4-16　iPhone 5s 加装辅助拍摄设备

图 2-4-17　利用 iPad Air 后期剪辑 iPhone 5s 拍摄的镜头

图 2-4-18　经过改装后拍摄中的 iPhone 4

宾利的这则广告是使用苹果设备拍摄和制作的最新广告，但并不是第一个使用苹果设备制作广告的公司。早在 2013 年，巴宝莉就宣布与苹果合作，使用 iPhone 5s 录制时装发布会，在 2013 年 2 月获得奥斯卡奖的纪录片《寻找小糖人》也使用 iPhone 拍摄了部分画面。而早在 2010 年，韩国知名电影导演朴赞旭(Park Chan-wook)就用苹果 iPhone 4(如图 2-4-18)拍摄了一部短片。

①来源：影视工业网转载。

据悉，该短片是由韩国 iPhone 运营商韩国电信赞助的系列知名导演 iPhone 电影中的一部。该片长度为 30 分钟，类型为奇幻恐怖，该类型也是朴赞旭擅长的题材，片名为《波澜万丈》(*Paranmanjang*)，拍摄成本总计约为 85 万人民币，拍摄费用由韩国最大的电信运营商韩国电信、《朝鲜日报》及朴赞旭个人三方募集，由 80 人的摄制团队总共花费 10 天完成。

宾利汽车这则广告的传播点在哪里？使用了 iPhone 5s，并且把整个广告的拍摄经历和后期制作过程都放在了广告后，也就是说"用 iPhone 5s 拍汽车广告这个过程本身成了广告"，这应该算是病毒式营销广告的一种。

【应用案例 2】手机拍摄"子弹时间"①

《黑客帝国》②中尼奥躲子弹的 360 度全景式的镜头(如图 2-4-19)是一种特效镜头，名叫子弹时间(Bullet Time)，是一种使用在电影、电视广告或电脑游戏中，用计算机辅助的摄影技术模拟变速特效，例如强化的慢镜头、时间静止等效果。它的特点是不但在时间上极端变化(观众可以看到一些在平常不能见到的景象，如子弹飞过头顶)，而且在空间上极端变化(在慢镜头的同时拍摄角度也围绕场景旋转)。

在《黑客帝国》中采用过的这个"子弹时间"镜头是由 100 多个照相机有序地架设在绿幕片场周围(如图 2-4-20)，每台照相机拍摄一帧，大约 30 帧组成一秒的动态影像，其次再由电脑填补空缺的部分。

图 2-4-19 电影《黑客帝国》中尼奥躲子弹的镜头

图 2-4-20 《黑客帝国》中子弹时间镜头的制作绿幕现场

2014 年 9 月，140 台 vivo Xshot 手机将《黑客帝国》经典镜头——"子弹时间"震撼重现，vivo 联合 Qualcomm 中国、中关村在线将这一震撼场面搬到街头，在北京朝阳公园蓝色港湾邀请网友和用户一起体验拍摄。

现场除了被邀请的科技界达人和中关村在线邀请的数十名网友和表演者之外，大量游客也积极参与和体验了由 vivo Xshot 搭建的子弹时间拍摄环境(如图 2-4-21)，并留下了

---

①来源：中关村在线。

②《黑客帝国》是讲述网络黑客故事的动作、科幻电影。由安迪·沃卓斯基执导，基努·李维斯、凯莉·安·摩丝、劳伦斯·菲什伯恩等主演，电影于 1999 年 3 月 31 日上映。

创意十足、炫酷时尚的视频，大家可以通过访问 http://mobile. zol. com. cn/topic/4749027. html 观看并了解由 vivo Xshot 创造的子弹时间视频。从现场拍摄的视频来看，搭载了高通骁龙 801 处理器和专注拍照体验的 vivo Xshot 拥有着非常强劲的处理能力和拍摄能力。

据悉，该拍摄环境由 vivo 提供的 140 台 4G 智拍旗舰 vivo Xshot 搭建而成（如图 2-4-22），Qualcomm 中国和中关村在线给予技术支持，历时 30 天，并经过上千次调试和上万次拍摄，其手机支架完全由 3D 打印机打印而成。通过瞬间拍摄 140 张不同角度照片，实时生成 720°旋转视频，实时重现《黑客帝国》中“子弹时间”的经典镜头。而据相关人士介绍，当时国内外类似视频均由后期制作，此次 vivo Xshot 已经实现了无须后期、实时生成，达到了顶尖水准。另外，140 台 vivo Xshot 同时拍摄并实时生成，或许也将继 vivo Xplay 挑战世界最大手机乐团的世界纪录之后，再次挑战并创造最多手机同时拍摄的世界纪录。

图 2-4-21　活动用户参与体验“子弹时间”拍摄

图 2-4-22　140 台手机组成的“子弹时间”拍摄环境构造

拓展阅读 2:GoPro 应用体验[①]

我是在 2014 年初开始使用 GoPro HERO3+ Black Edition 的,该系统俗称“黑狗”。

App 联动功能让我感到兴奋,可以通过 Wi-Fi 连接手机,再通过手机 App 完整控制 GoPro HERO3+ Black Edition ,从快门到参数设置,还可以实时同步取景,这些功能在实际使用中发挥着非常强大的作用。实际体验中我用 wp8.1 版本的 App,拍摄视频时发现无法实时预览。如果需要拍摄时监视的话,建议买个 LCD Touch BacPac™ 就可以看到实时画面,不过会增加耗电量。

在近半年的使用中,“黑狗”的整体表现还是很令人满意的。出色的便携性和性能完成了许多一般摄像机难易完成的任务。

(1)航拍。

本次商业宣传片采用了轻型直升机搭载摄影器材的方式航拍,而我把 GoPro HERO3+ Black Edition 带上了飞机,“黑狗”超宽广角视角很适合航拍大场面。由于直升机飞行成本高的局限性,所以航拍前对飞行的时长、取景等都需要提前做好准备。(如图 2-5-1 和图 2-5-2 所示)

图 2-5-1 重庆某地产航拍视频截图

图 2-5-2 使用“黑狗”航拍大学校园

“黑狗”拍摄的画面出现镜头畸变,后期可以用 GoPro STUDIO 修正鱼眼镜头效果。

(2)摩托越野拍摄。

个人平时喜欢骑行摩托穿越林道,用单反、手机难以固定拍摄。“黑狗”的防震、防摔和容易固定在车上的优点成为拍摄记录装备首选(如图 2-5-3)。不足之处是当骑行在路况不好的路段时画面晃动强烈。

图 2-5-3 用“黑狗”记录骑行

① 作者:詹家鸿;来源:重庆师范大学创意力工作室。

图 2-5-4　GoPro HERO3＋ Black Edition 在水下拍摄

(3)潜水。

Go Pro HERO3＋ Black Edition 套装里包含了 40 米防水保护盒,可轻轻松松带下水玩(如图 2-5-4)。它配合腕带可以固定在手臂上或者固定在头上,也可以用带浮力自拍杆进行拍摄。

(4)装载稳定器。

前面说到拍摄视频晃动的问题,现在就来介绍怎么解决这个问题。最直接的方法就是加个稳定器。飞宇 G3Ultra 是一款为 GoPro 量身打造的三轴手持稳定云台(如图 2-5-5),轻便、小巧、易于携带,稳定效果很好,户外运动时带上它能拍出顺畅的视频。

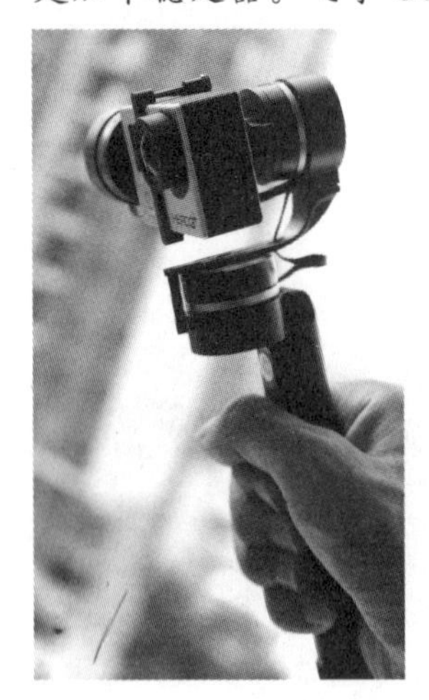

图 2-5-5　飞宇 G3Ultra 三轴手持稳定云台

在实际使用中,其视频的稳定效果很好,加上结构小巧轻便,拍摄的灵活性很强。GoPro 机身装载结构不合理,如果想装载带有 LCD 触屏控制的就无法实现了。

“黑狗 3”使用总结:

小而精干,玩法多样;App 作为前端控制 GoPro ,官方后期软件简单快捷。

不足之处:

机身容易发烫,如果带上防水盒,使用时间一长就容易起雾,影响拍摄。

拍摄中场景变化大时,它会出现闪烁和白平衡变化的情况。

用手机控制时,它有 2 秒左右的延迟,改变拍摄模式时操作起来也不顺畅。这想必会在下一代产品中得以解决。

拓展阅读 3:4K 应用①

世界杯即将开幕,包括爱奇艺、乐视、百事通、优朋普乐等互联网电视内容服务商以及创维、康佳、TCL 等电视机厂商都纷纷打出“4K”牌,值得期待的是,今年的世界杯用户可以看到 4K 电视转播了。据了解,今年 4K 电视的渗透率会在 15%～20%之间,中国市场会有接近 1000 万台的 4K 电视面世。但鱼龙混杂,关于“伪 4K”的质疑也随之甚嚣尘上。甚至有专家尖锐地指出:即便用户买到真 4K 电视,由于没有足够的应用场景,4K 电视基本是个摆设。

4K 到底是一场狐假虎威的促销,还是事有必至的技术革新?

为揭开当前 4K 应用及发展的真相,记者探访了创办中国首家 4K 研究院的优朋普乐

①原标题:4K 破冰,内容关键还是技术关键? 作者:优朋普乐;来源:《影像时代》2014 年第 6 期。

科技有限公司，该公司内容引进合作部张总监和首席技术官江四红分别从内容和技术实现两方面，对如何将4K落地做了详细解读。

真正的4K大片到底在哪里？

张总监介绍说：目前4K影片来源于两个方面：首先是4K摄像机拍摄的影视剧。好莱坞IAMX的大片全部都是4K甚至8K片源，每年的大制作影片（如《神奇蜘蛛侠》《环太平洋2》《蝙蝠侠》《X战警》等）都会用4K设备拍摄。在美剧方面，《反恐24小时——复活》《黑名单》《纸牌屋》等也都是采用4K技术拍摄的。其次是对经典影片的修复，如《教父》《星球大战》系列等。这种修复绝不是国内只满足像素数量要求的伪4K，而是真彩修补，从色彩还原到清晰度都符合4K标准。这种实打实的4K影片，与优朋普乐常年合作的索尼、华纳、环球、派拉蒙、福克斯这五大出品公司共有300部左右的存量，每年还会有100部左右的新增修复。而所有的好莱坞院线大片每年优朋普乐都有引进，今年秋季档的美剧也会引进。同时今年优朋普乐还将进一步深化与好莱坞的合作，引进迪士尼和美国第三大传媒公司维亚康姆。因此4K内容对优朋普乐来说，不仅不匮乏，而且绝对优质。

优朋普乐从2007年开始和好莱坞签约合作，至今已逾8年，是好莱坞在华第一家的合作的新媒体公司，好莱坞对优朋普乐在互联网电视领域发展4K业务的态度是鼎力支持的。“4K影片在互联网电视这样的新媒体上受追捧，对好莱坞来说也是利好的，他们甚至主动伸出橄榄枝，愿意在优朋普乐的平台上，为中国用户打造4K专区。”张总监如是说。

既然内容准备是充足的，4K落地是否只是技术层面的问题？优朋普乐首席技术官江四红对此进行了剖析。

内容→编码→传输→终端，后端到前端的打通一个都不能少。

江四红介绍说：要做4K就要从后端到前端整个路径都打通，在有了4K内容的前提下，从后端来说，首先是编码。一部完整的4K源片码率至少100 M，以前采用H264进行压缩编码，码率会大一些，一部4K压制完成码率大约30 M。而优朋普乐现在对4K影片的压制采用H265编码，15 M左右效果就非常好了。因此可以说，优朋普乐对4K的研究，编码方面已经完成了。

这就涉及了第二个环节——传输。基于H264的压缩，用户在线看4K影片需要40 M带宽，而基于H265的压缩，在线观看也需要20 M带宽。而中国现在平均带宽只有3.5 M，整体来说，大部分用户的家里是放不了在线4K影片的，需要下载播放，影片先缓存到本地硬盘。

这又涉及了第三个环节——终端。针对高带宽家庭用户的解决方案，优朋普乐已经找到几家厂商做了基于H265的适配，但占比较小，仍需要敦促更多终端厂家升级解决。而H264编码也在做，因为现在的4K盒子及电视终端大部分只能支持H264，但H264的高码率是大问题。

针对低带宽家庭用户，也设计了下载播放的方式。但这种方式会涉及对缓存内容的加密处理和时间期限的限制等更严格的版权保护要求，对下载空间也要有一定的限制，因为电视机的缓存空间是有限的，而这些工作也需要跟终端方面做适配开发。不过好消息是，优朋普乐基于这种播放方式也已经有几款电视机型适配完成，近期就会呈现在消费者面前。

江四红坦率地说，4K真正落地需要从后端到前端，内容→编码→传输→终端的全面打通。在优朋普乐4K研究院的测试环境下，这个流程已经全部贯通，没有任何问题。面对当前4K电视的高渗透率下的中国市场，中间环节依旧薄弱。但优朋普乐作为互联网电视内容和技术平台服务商，已经解决了内容、编码的问题，伴随电信运营商的宽带提速、终端厂商的硬件升级，4K从服务高端用户到普及千家万户，还是指日可待的。

现在有可以在线收看4K视频的网站吗？

有，北美在线影片租赁提供商Netflix就提供视频在线收看业务，他们将4K内容压缩到十几兆，家庭用户只要20 MB的宽带就可以在线观看4K的视频了。虽然质量不是太好，但是不管怎么说，这实现了在线观看4K视频的创举。

扩展阅读4：微视频App①

随着智能手机和iPad等移动终端设备的普及，人们逐渐习惯了使用应用客户端上网的方式，而目前国内各大电商，均拥有了自己的应用客户端。不仅如此，随着移动互联网的兴起，越来越多的互联网企业、电商平台将应用（Application，简称App）作为主战场之一。自从Vine火爆以来，微视频应用领域消息不断。Facebook旗下的Instagram也按捺不住，于2013年6月份发布了其微视频功能。Yahoo！也于2013年7月收购了微视频应用Qwiki。加拿大的微视频分享应用Keek最近融资一亿美元，且用户超过了5800万人。

与国外的火热相比，国内的微视频应用领域则冷清许多。目前比较知名的有陈士骏创办的AVOS发布的玩拍，爱奇艺发布的啪啪奇，以及酷旺科的乐播。

国人的使用习惯以及数据流量的限制，都对微视频应用在国内流行造成一定阻碍。但这并没有打消国内的学习者们的热情，反而促成了产品在某种程度上的创新。

2013年，各种微视频分享服务开始出现，很多大型互联网公司纷纷推出了自己的微视频分享服务，这些服务都大同小异，区别只是功能性、拍摄视频长短和体验上的。

启动 & 登陆

微视和秒拍的图标很相似，都是简单的圆形构成，前者的设计很简约，只有一个圆点代表拍摄，而后者则有摄像的图标，分割与iOS 7融合得很好。微可拍的图标元素更多一些，与Instagram相似，都是一种虚拟的相机，只是整体看上去更扁平，更简约。三款App的启动速度都很不错，目前，除了秒拍针对iOS 7优化外，微视和微可拍都还没有进行完全的适配。（如图2-5-6所示）

图2-5-6 微视、微可拍、秒拍App标识

微视启动后两只手做出取景的动作，是一张很唯美的静态图。随后App开始出现登录界面，微视支持QQ、微信、腾讯微博和QQ邮箱等各种腾讯自家的服务，不支持新浪微博登录。此外，微视的登录类型分为两种，如果iPhone上安装了微信和QQ，点击下面的快速登录会自动开启相应的App开始授权。微可拍启动后界面会开始变化各种美图照

①原标题：国内热门微视频App对比；来源于http://www.macx.cn/thread－2116395－1－2.html

片，采用动态的效果吸引用户，支持新浪微博和微可拍账户登录，最后还有邮箱注册的快捷方式。作为新浪官方的秒拍，只支持新浪微博，秒拍进入登录界面后是动态的云朵变换场景，这种设计与 Vine 相同。此外，支持使用新浪微博的微可拍和秒拍都可以通过 iPhone 上安装的新浪微博客户端快速授权登录。（如图 2-5-7 所示）

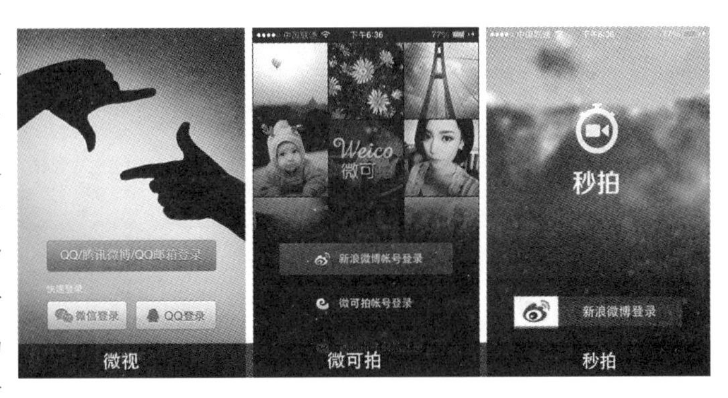

图 2-5-7　三款软件的启动登录界面

主界面

三款 App 的整体设计大同小异（如图 2-5-8），都采用了 TabBar 设计，底部是 5 个功能图标，最重要的拍摄功能放在了中间，除秒拍外，微视和微可拍的图标还是 iOS 6 风格，看上去质感和阴影很丰富。三款 App 的功能也很相似，除了拍摄外，四个其他功能分别都是可以查看好友作品的主页，查询好友操作的动态，发现更多好图片的发行以及查看个人信息的“我的”功能。

图 2-5-8　三款软件的主界面

内容上看，除了微可拍中大部分属于图片，微视和秒拍全都是微视频内容，两款 App 都会在用户浏览内容时自动播放，当然自动播放功能可以在设置中禁用。内容源查看界面中，我们可以看到各种评论、分享、赞等功能，这些设定三款 App 没有太大的区别，对于内容的载入速度，微视明显要更快一些。在内容源的设计上，三款 App 都没有采用 edge-to-edge 设计，这种设计可以让内容最大限度地呈现出来，在 Instagram 上的整体感觉比较好。

微视、微可拍和秒拍采用的深色设计，此外三款 App 的图标都是简单的线条构成，与 iOS 7 的风格有些相似。当然，顶部状态栏和键盘 API 的调用还是没有与 iOS 7 适配。三款 App 的拍摄功能图标都显得非常突出，方便用户更快地识别，拍摄出美好的瞬间。

发现 & 动态

发现和动态页面是微视频分享应用查找更多有趣内容和了解好友最新情况的地方（如图 2-5-9），作为内容生成服务，发现界面的好坏直接影响用户是否能被 App 内容所吸引。除了秒拍外，微视和微可拍在内容发现界面都显示了很多视频片段和图标，很快吸引用户眼球。这些图标根据内容进行了分类，微可拍还有热门照片和年度照片等分类，让用户快速发现唯美照片。两款 App 都采用了方格设计，微可拍的图标更大，内容更好一些，只是大部分是图片内容。

图 2-5-9　三款软件的发现和动态页面

三款 App 都支持搜索功能，对于视频分享服务，主要是能搜索到视频的标签和标题，不过相关性不是很大。秒拍的发现界面采用简约的图标进行分类，整体看上去虽然很简约，但是没有吸引用户进一步点击的感觉，看着太朴素，不够吸引人。

图 2-5-10　三款软件的好友消息

微视的动态界面设计与主页很相似，都是将内容作为主体，占据大部分屏幕空间，这种感觉更方便用户熟悉 App 的整体设计。微可拍动态页面最重要的功能是查看某个好友做了什么，相关的内容也会展示出来，此外这个界面还可以查看私信和我的信息功能。秒拍目前没有独立的动态界面，智能查看系统消息和个人私信内容，界面和效果上没有微视和微可拍那样吸引用户。从动态和发现界面看，秒拍的重要任务是内容创造而不是内容消耗，这款 App 是作为新浪微博的衍生品出现的，更多内容可通过新浪微博应用查看。（如图 2-5-10 所示）

拍摄

视频拍摄功能是微视频分享服务 App 最重要的功能，毕竟将场景更好地拍摄出来才会有意向分享出去。微视和秒拍都调用了定制的拍摄界面（如图 2-5-11），支持按住屏幕上的任意一点进行拍摄，由于微可拍的重点不是在视频拍摄，所以开启之后首先默认的是拍照界面，功能也是最少的。微视和秒拍在拍摄一段时间后就可以将视频分享出去，我们可以从进度条上看到风格标记。微可拍的进度条上并没有标记，只是在可以分享时右下角的对钩图标会有高亮显示，拍摄过程中需要用户点击底部的拍摄功能键，不支持点按屏幕进行拍摄。

图 2-5-11　三款软件拍摄界面

微可拍的拍摄界面整体上看着很像 iOS 原生的拍摄功能，没有太多的亮点功能。微视的拍摄功能是最全的，包括延时拍摄、网格、对焦和删除重拍等，虽然微视 App 没有针对 iOS 7 进行优化，但拍摄界面的图标和界面元素都是扁平化处理的，给人的第一感觉很好。顶部的功能图标包括摄像头切换和闪光灯。微视也是这三款 App 中拍摄体验最好的，微可拍的功能太少，似乎没有针对拍摄功能进行优化，而秒拍经常会出现对不上焦的问题。

秒拍的所有功能都放置在屏幕的底部，包括闪光灯的开启以及摄像头的切换，其余功能只有网格和滤镜，滤镜模式可以实时应用，不过微视和微可拍可以在后期处理时增加滤镜效果。微视频拍摄和分享的乐趣在于可以点住拍摄几秒，然后等待美好的瞬间继续拍摄，最后的成品要比普通照片更丰富，此外还要比传统的视频更小，加载速度更快，更适合分享，节省时间，只看精华部分。

后期处理

下一步就是对精心拍摄好的视频进行一些美化和优化处理了，通过这个界面（如图 2-5-12）用户还可以对拍摄好的视频进行处理。微视的主要功能依然全部在底部，包括主题功能、配乐、水印和滤镜功能，顶部的工具条可以选择存在本获得地或者发布到网络上进行分享，微视的配乐、主题和水印功能的体验很不错，可以更好地个性化视频，让视频看上去更有趣。不过 App 增加的预置滤镜比较少。此外，很多预置的水印语言都很有趣，比如“坏莱坞”“22 世纪穷克斯”等，预设的音乐效果也很有代表性，都是大家熟悉的音乐，不过不能选择自己的音乐加入视频。

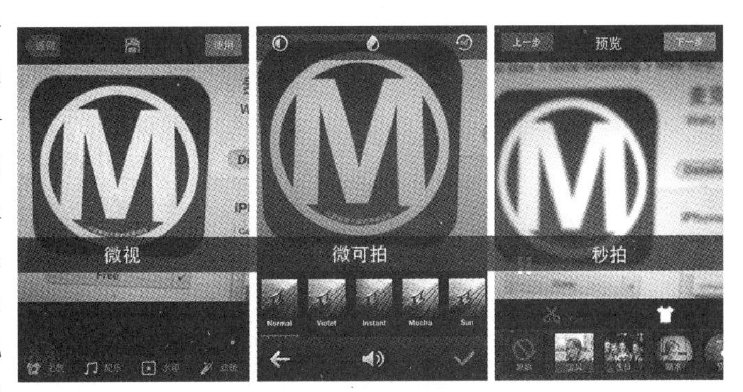

图 2-5-12　三款软件的后期处理界面

微可拍除了顶部的两个小功能外，最重要的就是各种滤镜效果，这些滤镜效果看起来很漂亮，是这三款 App 中最优秀的，当然与 Instagram 相比还有些差距。秒拍的后期处理只有剪辑和主题功能，本来就是微视频，剪辑功能的实用性并不是很大，不过有时需要扣掉视频的某一秒还是很方便的。因为在拍摄界面有滤镜功能，所以后期处理没有增加滤镜，这样给用户的选择并不是很多，实时滤镜虽然能在拍摄时直接看到效果，但没有后期增加滤镜的可定制性高。秒拍的主题功能中规中矩，没有微视的精彩。

发布 & 分享

完成处理后的视频就可以发布到网络了，微视和秒拍分享界面（如图 2-5-13）的设计很不相同，都是视频描述、视频截图和需要分享的网络。微视自然支持各种自家的服务，秒拍除了支持新浪微博外，还有对腾讯微博和人人网的支持。两款 App 剩下的差别就是

图 2-5-13　三款软件的网络发布界面

iOS 7 优化上的了。微可拍的视频发布界面设计最好，将视频的预览图作为分享界面的背景，#和@能很方便地调用，此外，微可拍支持分享的网络也是最多的。唯一不足的就是目前还没有针对 iOS 7 进行优化。

个人 & 设置

图 2-5-14　三款软件的个人设置界面

三款 App 的个人信息设计相似(如图 2-5-14)，都是头像、昵称以及各种相关的视频数据。微可拍和秒拍的功能少一些，界面上相差不多，头像的图片也一样。微视的个人界面增加了新朋友发现、关注和扫一扫功能。从微视的名称上就能看出，这款产品想要走微信路线，吸引更多用户，成为独立的产品。除了顶部的状态栏，微视的界面与 iOS 7 的适配程度还算不错。

微视频应用中最重要的功能设定就是自动播放，微视的设置界面主题风格与 App 保持一致(如图 2-5-15)，提供自动播放设置和缓存清除等功能，由于支持分享的账户只有腾讯自己的服务，所以没有平台绑定相关的选项。微可拍设置界面功能很多，可以绑定的社交平台包含国内外各种知名社交网络，包括推特和脸书等。虽然拨动开关和界面还是 iOS 6 风格，但内容非常多。微视的设置界面是 iOS 7 风格，最重要的功能是社交网络绑定、自动播放和缓存清空。

图 2-5-15　三款软件的设置界面

继 Instagram 发布滤镜拍摄后，推特旗下的 Vine 推出了微视频分享服务，经过 1 年多的发展，微视频拍摄 & 分享服务受到了更多用户的喜爱。相对于图片，微视频能融入更多的功能和音乐。微可拍的重点并不在微视频分享，不过有着图片分享的底蕴，相信未来会有更好的发展。腾讯出品的微视和新浪的秒拍目前实力相当，微视在拍摄和后期处理上的确更胜一筹，秒拍经常存在对不上焦的情况，不过秒拍对 iOS 7 的优化更进一步，内容展示率由于微博的存在也更多一些。

第三章
网络视频的制作流程

【知识目标】

☆网络视频制作的一般流程。

☆网络视频制作的主要环节。

【能力目标】

1. 能画出网络视频制作的流程图。
2. 掌握网络视频制作主要环节中一些关键的技术动作。
3. 熟悉剧本格式。
4. 能绘制简单的故事板。
5. 理解网络视频制作和运作的区别。

【应用案例】

应用案例3:一部网络剧的指导记录。

应用案例4:《语路计划》制作流程剖析。

【拓展阅读】

拓展阅读5:对话"11度青春系列电影"幕后推手。

拓展阅读6:解密互动网络剧《苏菲日记》。

用智能手机拍摄一段视频,然后分享到朋友圈或上传至视频网站,一个简单的网络视频生产流程就算基本完成。但是,专业的、高品质的网络视频的生产没这么简单,它有一套基本的制作工艺流程,特别是一些具有一定运营目的的网络视频,即便采用手机拍摄,也需要严谨的制作流程来保障其专业水准。

第一节　网络视频制作的一般流程

本节我们从网络视频制作的一般流程出发,深入不同类型网络视频的制作流程,弄清每个流程环节的具体实施步骤以及注意事项。

一、网络视频制作的主要环节

无论你是为了分享你的所见所闻，还是为了吸引大众眼球，或者是以点击率换取广告费用的商业营销，网络视频的制作都包含一些媒介清晰的工作流程。所谓媒介清晰，就是要适用网络平台，区别传统媒介，具有很多新媒体的特征。网络视频的制作，是为网络而生产的，不同于电影、电视剧的制作初衷是为了传统的电影院和电视机而生产的。一般来说，网络视频的制作有六个主要环节：

(1)策划与创意：对承接的任务或个人创作冲动进行理性思考与分析。

(2)文案：把策划与创意的结果进行梳理，形成文本。

(3)制作筹备：为保障拍摄的质量和效率进行人力与财物的必要准备。

(4)影音素材获取：录制影像素材和声音素材。

(5)后期制作与合成：对影音素材进行编辑、音效处理和字幕合成等。

(6)发布与期待：当视频发布到网络之后，还有一个环节即传播与期待。这是网络视频的特性，如果缺少传播这一环节，就只能叫视频，而不是"网络视频"。

很多初学者以为后期制作是万能的，可以通过后期制作来实现各种效果；很多年轻的制作者在拍摄现场每每遇到拍摄难题时，也经常会说，不管细节了，我们可以通过后期校正。对于网络视频的制作而言，我们对初学者的建议是，把更多的时间和精力花在前期，那样你在后期制作阶段会轻松许多。视频作品最终的效果，要在项目制作启动之前，做到心中有数。后期制作的重心更多是偏向视频的外观和外包装，因为内容的设计已经在你项目策划创意阶段、摄制阶段完工，后期制作阶段只是把你前期阶段的视频音频加工合成，包装成精美的产品，然后供给网络上线。

在此，我们可以借用工程领域的 CDIO 模型①来归纳网络视频的制作流程。CDIO 即构思(Conceive)、设计(Design)、实现(Implement)和运作(Operate)。策划与创意，即构思阶段；形成文案，即设计阶段；制作筹备、影音素材获取、后期制作与合成，即实现阶段；网络发布与传播期待，即运作阶段。

二、网络视频的构思

当前，制作网络视频的技术门槛已经很低，网络视频质量参差不齐，大量的视频淹没在网络海洋底下不为人知。为了让自己的网络视频脱颖而出，有创意的构思就成了专业网络视频的核心竞争力。在构思阶段，创意和策划是必不可少的。

(一)网络视频的创意要素

(1)熟悉"片海②"；

---

①CDIO 工程教育模式是近年来国际工程教育改革的新成果。从 2000 年起，麻省理工学院和瑞典皇家工学院等四所大学组成的跨国研究获得 Knut and Alice Wallenberg 基金会经过四年的探索研究，创立了 CDIO 工程教育理念，并成立了以 CDIO 命名的国际合作组织。

②同类和相关的视频影片库。

(2)展现特色；

(3)锁定观众群。

（二）网络视频策划的“5W”

(1)Who:谁来主导？谁会观看？

(2)What:主题是什么？类型是什么？文件格式是什么？目标是什么？成本是多少？自己掌握了哪些资源？

(3)Where:在哪里拍摄？棚内拍摄还是实景拍摄？

(4)When:何时拍摄？何时发布？

(5)Why:客户为何会喜欢？观众为何会看？

三、网络视频的设计

创意的结果通常是一个“idea”,策划也往往是根据经验或数据来思考和决断一些问题。为了保证网络视频的后续流程能有序进行,必须对将要制作的网络视频进行整体设计,并形成必要的文案。创意策划书和剧本是网络视频的重要文案。

（一）创意策划书

写作创意策划书是一个正式的网络视频不可缺少的环节。这个环节是阐述该视频要表达的概念,概括创作的艺术特点,明确制作的技术手段。创意策划书把存在于头脑中的思想和点子变成可见的文字,这可以帮助你与客户、投资者和摄制组进行有效沟通。

创意策划书应包含如下内容：

1.网络视频表达的主题

主题就是一个视频最核心的概念,是关键词,如梦想、命运、探险等。

2.网络视频传播的预期目标

深入探讨网络视频的专业制作,要弄清楚的不仅仅是如何制作一个专业的节目内容,还应清楚选定的节目形式,以及它在怎样的情况下、通过何种方式和手段在网络上基本实现期待中的传播收效。否则,没有实现网络传播的视频就不能叫网络视频,即使再精美的作品没有实现传播,存放于网络却只能作为视频数据,所以我们一直强调只有实现传播目的的网络视频其制作意义才是完整的。

3.节目说明

抓住该网络视频的精髓,用只言片语使人领悟作品的重点。好的说明可用于视频创意推广。可参见DVD包装上写的内容和电影海报上写的内容。

4.确定网络视频的类型

按片长来分:长片、短片、微视频;按清新度来分:标清、高清;按内容来分:娱乐、新闻、电影、电视剧、动画、教育、体育、广告等。

5. 确定网络视频的时长

确定视频的长度，精确到秒，在网络上适合传播的视频时长在 1 到 8 分钟之内为宜。

6. 内容梗概

内容简介，言简意赅，50 字左右为宜。

7. 确定网络视频的表达方式

确定网络视频的表达方式，如整体风格、拍摄的风格、表演的风格、剪辑方法、音乐的选择、特效安排等。

（二）剧本

剧本分剧本梗概、文学剧本、分镜头剧本等。具体案例参照本章结尾的应用案例。

四、网络视频的实现

我们要把“好的创意”“好的文案”“好的设计”变成网络视频，还需要几个重要的执行环节，即制作筹备、影音素材获取、后期制作与合成，我们简称其为实现。

（一）制作筹备

制作专业的高品质网络视频，在拍摄前需要进行精心的筹备工作。筹备工作通常包括：筹建摄制组、拍摄场地勘察、制订拍摄计划、准备必要的文件等。

1. 筹建摄制组

理论上讲，一个剧组除了演员之外，摄制人员主要有导演、摄影师、灯光师、录音师、服装师、道具师、置景师、化妆师、制片人等。但是，以制作网络视频的一般预算而言，摄制组最好不要超过 5 人。所以，一定要想方设法控制摄制组规模。当然 1 个人的摄制组也不可取。网络视频制作的资深人士提出，一般应由 3 人组成摄制组（其中 1 名是当地人）。

由于经费限制，网络视频通常只能选择非专业演员。很多网络视频制作者会在网上招募演员，如赶集网、豆瓣网。通过这种方式，可以支付给演员较少的报酬，甚至找到免费的演员。本章应用案例 3 提到的网络剧《我的大学食堂生涯》就是学生们通过网络和校园招募，最终找到了免费的、适合需要的非专业演员。

为了保证与演员合作愉快，一定要明确演员的任务和时间安排，并对酬劳以实相告。对一些低酬劳和免费的演员，最好给予他们一些回报，如给他们多拍一些工作照，承诺在发布后赠送给他们一份完整的拷贝等。

为了做好上镜前的准备，美国网络视频制作的专业人士提出如下 8 条建议①：

（1）请至少携带一套备用服装；

（2）避免那些在镜头上不好看的图案，如人字格、直条纹或者其他图案；

---

①（美）哈灵顿，威瑟. 专业网络视频手册：网络视频的策划、制片、发行、推广和营利[M]. 张可，译. 北京：人民邮电出版社，2012：18.

(3)不要佩戴复杂的首饰；

(4)不要穿亮白色的衣服。演员可以穿奶油色、蛋壳色或者浅灰色的衣服。

(5)摄制组会提供上镜化妆，这将美化演员的镜头形象。演员也可以不化妆，但是这是网络视频行家(包括男性)的普遍做法。

(6)在镜头前，尽量避免使用列举方式说话或者使用“我之前说过”这样的词语。因为在后期剪辑时，制作人员可能只能使用一部分例句内容，另外，列举的方式容易使观众产生混淆。

(7)不要担心停顿和重拍。如果演员需要一点时间来整理思路，慢慢来。

(8)放松。制作人员是来帮助演员的，也希望演员表现出最佳状态。

当然，演员可以根据拍摄项目的不同来修改这些建议。

2. 拍摄场地勘察

正式拍摄前，到拍摄场地进行实景勘察是十分必要的。可根据勘察的情况来调整拍摄计划。如果时间和经费紧张，哪怕在拍摄前一天去现场走走看看，也能避免许多麻烦。场地勘察，应该从艺术创作和技术实现两个角度去考虑。进行场地勘察时，通常携带以下设备：

(1)数码摄像机——现场拍照；

(2)数码录音设备(可用智能手机的录音功能代替)——现场环境录音；

(3)指南针(可使用“阳光指示仪”类的手机插件)——现场方位；

(4)电路检测器——现场用电。

专业人士指出，当进行场地勘察和选择时，需要完成对以下要点的确认，这样才算完成了任务。网络视频制作的专业人士列出了一些拍摄场地勘察要点[①]，每完成一项，在表格里画“√”，未完成的画“×”。(如表 3-1-1 至表 3-1-5 所示)

表 3-1-1　室内拍摄场地勘察表

找到主电路箱和断路器。	
获得工程建筑师的联系方式。	
检查保险丝并确认电路的最大负荷值。	
检查墙面电源插口是否接地。	
利用电路检测器检查墙面电源接口是否有电。	
确认电线和其他线路铺设方法，并确定需要多少外接插线板。	

表 3-1-2　户外拍摄场地勘察表

确定拍摄日当天天气和阳光的方向。	
确定日出、日落时间以及清晨和黄昏的时间长度。	

---

①(美)哈灵顿，威瑟.专业网络视频手册：网络视频的策划、制片、发行、推广和营利[M].张可，译.北京：人民邮电出版社，2012：26.

表 3-1-3 影像录制场地勘察表

制订基本的摄影机机位和调度方案。	
确定一个基本的照明方案。	
确认需要新置哪些道具。	
制订基本的拍摄顺序和拍摄计划,并记录下来。	

表 3-1-4 声音录制场地勘察表

检查在拍摄当天是否会出现无关声音干扰。	
录下室内的声音以便对比分析。	
确定能够控制空调系统。	
根据现场情况确定拍摄当天声音环境的可控性。	

表 3-1-5 运输和后勤服务勘察表

确认拍摄用车的停放位置。	
确认设备的放置和安装位置。	
确认洗手间的位置。	
确认拍摄场地是否有饮食以及其他服务的配备。	
确认是否需要申请额外的拍摄许可。	
确认可以租借拍摄场地的时间段。	
该场地或附近能否上网。	

3. 制订拍摄计划

拍摄时间不但影响网络视频的拍摄质量,也关乎网络视频的制作成本。估算拍摄时间,专业人士提供了一个参考公式①:

拍摄时间=[(1*O)+(4*M)+(1*P)]/6

O代表乐观拍摄时间;

M代表最可能的拍摄时间;

P代表最不乐观的拍摄时间。

例:应用案例3中提到的的网络剧《我的大学食堂生涯》第一集按照正常拍摄进度预算是3天完成,结果因为场地限制,学生们每天只能在食堂非营业时间进行拍摄,导致最终花费了5天时间却并未完整拍完。

4. 准备必要的文件

(1)分镜头列表;

(2)摄制日程表;

(3)授权协议书。

①(美)哈灵顿,威瑟. 专业网络视频手册:网络视频的策划、制片、发行、推广和营利[M]. 张可,译. 北京:人民邮电出版社,2012:14.

（二）影音素材获取

视频网站的内容来源主要有：购买版权（信息网络传播权等）、购买信息网络传播权再分销、与版权方分账、音像版权附带信息网络传播权、与电视台等传统影视媒体建立战略合作、与其他具有版权资源的网站合作、节目交换、用户上传、广告商上传、网站自制、利用节目版权的期限特征进行老片的推广等。无论是哪种来源，影音素材是其源头。自制影音素材详见本书第四、五、六章。

（三）后期制作与合成

有影音素材，还需要编辑、混音、包装等后期制作，才能形成完整的网络视频。通常，网络视频的后期需要进行三次审片，结合审片意见进行必要的修改和处理。第一次审片：粗略的剪辑组合，没有特效和校色；第二次审片：比较完善的版本，有特效、校色和字幕等完整元素；第三次审片：得到最终意见的最终剪辑版本。

1. 粗剪

剪辑工作开始的第一件事就是建立好项目管理和文件分类，各种文件（AE视频特效工程项目文件、PS图像文件、AU声音修改工程文件……）最好一个分类建立一个文件夹，每样素材一是要注明内容名称，二是要注明日期，这样才能做到和场记记录一致。

在后期制作流程中，并不总是一个人完成所有的工作。工程序列文件中的素材多得数不清，清晰的文件分类管理是提高工作效率的办法。每个剪辑阶段结束时，应做好剪辑记录。剪辑员罗列出剪辑时遇到的所有问题，可能是拍摄时导演或者演员忽略的问题，也可能是道具的错误、服装搭配的失误，或是光线不衔接。这些问题都必须及时地反馈给摄制组。现在很多的制作项目，并不是都在拍摄结束后才开始进行后期制作，而是边拍边剪辑，后期制作与摄制阶段同步进行，合为一体化流程工作模式。

2. 第二次审片

制作完成基本成型的版本以供第二次审片。这个版本需要定稿视频长度、结构、特效，以及配音和音乐。

在粗剪的基础上，视频的画面包括多个方面，如光线的处理——亮度、对比度的统一；色彩的处理——色调、影调的统一；特效的处理——实拍、抠像、动画的合成。上述方面，一般的剪辑软件Premiere、Edius、Vegas、Aviad等能基本完成，它们一般都有颜色调整和特效插件的工具，也有特别流行的校色插件如魔术子弹LOOKS，另外还有专业校色软件如Final Cut Studio里的Color，遍布全世界的达·芬奇调色系统以及AE。

对于风格和特效选择，首先取决于拍摄内容，如果是纪录片，就不适合浓墨重彩的色彩模板和炫目的特效，不然会影响内容的表达。所以，不是每个节目都需要特效或者调色的。

3. 第三次审片

第三次审片一般是成片版本，是已经可以发布的版本，包含了全部的图片、影像特效合成、颜色校正和字幕等定稿。

不能忽略字幕的工序。这是一个非常注重规范的工作，字体选择要慎重，很多发布平台或者播出机构对字体都有明确的要求，如简黑体是国内主流的字幕字体；字体大小也有技术规范，高清版和标清版的字体大小是不一样的；不同播出机构对字幕的位置也有不同要求，到底画面居中，还是画面居左，不要凭想象做事；字幕的添加有专门的字幕软件，最重要的是字幕不能有错别字。

最终版本的视频格式，不仅要分清视频格式，还要注意声音格式，不同的制作软件输出的格式必须手动设置。

后期制作既要涉及一些编辑系统的操作技巧，也要遵循画面编辑和声音合成的一些基本原则，详见本书第七章。

五、网络视频的运作

图 3-1-1　微电影《老男孩》海报

微电影《老男孩》(如图 3-1-1)一夜蹿红网络，点击率超千万，而电影院线版的《老男孩之猛龙过江》[1]也在 2014 年 7 月 8 日正式上映，超过 2 亿的票房。《老男孩》是中国电影集团和优酷网共同出品的“11 度青春”项目系列短片之一，升级为电影版的就这一部。从作品的解读里我们可以找到更多支撑其成功的理由，但是在这里，就一个视频放在网络上然后成功的历程来看，当初项目运作的本身意义显然大于作品本身的优劣，也就是说，一个视频，制作得再好，放在网络上不一定会火，但是如果能够很好地运作甚至推广，加上作品自身很好，就会得到好的传播价值和经济效益。

由此可见，网络视频的制作流程里，前期应该对项目的策划注重宏观运作的系统性，同时要注意创意本身能够真正吸引受众；执行制作时，一定要保证创意的完成度是否达到预计；而在网络发布前后，有步骤、多手段的系统推广是实现传播收益的必要环节，才能保证制作的完美呈现，不同程度的受阻传播都会导致所有努力的工作付诸东流。

(一)《老男孩》的起始

《老男孩》由中国电影集团联手优酷网共同出品，科鲁兹全程支持，汇集了最鲜活的青春奋斗力量。“11 度青春”电影行动，推出了中国互联网历史上第一部专业制作的同主题网络短片系列。

第一步：确立了主题，也就是说是谁到底想拍什么，并且确定由谁出钱来拍。这点跟传统电影一样，制片厂和商家出钱，那是商业电影，个人出钱自筹资金那是独立电影，独立制片。

第二步：确立了制作人。出品方项目负责人选择了由肖央担任《老男孩》导演、编剧和主演之一。

---

①《老男孩之猛龙过江》是由北京儒意欣欣影业投资有限公司、乐视影业(北京)有限公司、优酷出品，三方联袂打造，由肖央编剧、执导，香港导演李仁港监制，筷子兄弟肖央、王太利联手出演，是一部致敬李小龙的喜剧动作电影。

第三步：确立了故事创意。《老男孩》的故事根据原型改编，剧本编写花了两个月时间。

微电影《老男孩》是“11 度青春”系列短片之一，影片以肖大宝、王小帅为主线（如图 3-1-2），讲述他们的过去和现在：多年前，两个穿校服的男生心怀音乐梦，弹着吉他，苦练迈克尔·杰克逊（MJ）的招牌霹雳舞，参加校园选秀却最终碰壁；多年后 MJ 去世的消息，让他们再拾青春梦，作为最大龄的草根筷子组合参加电视选秀大赛，歌声和舞姿均受到肯定，虽然最终止步于 50 强，却对生活有了新的理解。

图 3-1-2 《老男孩》中主演肖大宝和王小帅剧照

（二）《老男孩》的运作

“11 度青春”系列电影（如图 3-1-3）项目策划始于 2010 年上半年，启动仪式是 2010 年 6 月 3 日，出品方的首次看片会是在当年的 10 月 14 日，也就意味着，从剧本成型到拍摄制作完成的时间也就两个月时间。《老男孩》的拍摄成本总投资为 70 多万元，可能我们不能想象一部 40 多分钟的网络电影，竟然拍摄制作成本达 70 多万元，这其中商家的资金只占少数，肖央本人个人出资了大部分，多少有点独立电影的味道，这对于一般的发烧友来说是玩不起的。《老男孩》实际拍摄用了 16 天，采用的是 5D MARK Ⅱ 单反相机拍摄的，后期使用了苹果工作站剪辑系统。

图 3-1-3 “11 度青春”系列电影一共 10 部短片

2010 年 10 月 27 日《老男孩》在优酷上线，一周累计的网络点击率超过千万，成为“11 度青春”系列里最火的微电影。2010 年的《老男孩》不是第一部正式把微电影概念提出来的电影，但一定是影响力最大的一部。真正的功夫在《老男孩》包括其他几部短片上线之前的助推和推广阶段，出品方（项目方）通过各种手段的预热和话题制造，保证了活动网络关注度；影片上线后，又四处做落地看片活动，把影片真正推到受众面前，并能再次在网络中形成反馈性话题，形成“长尾①传播”。

第二节 制作网络视频的“规定动作”

网络上的一些自拍秀，特点就是简单、随意，想拍就拍，拿起手机，拍下各种见闻，经过特效、美肤……用户从手机直接上传到网络，然后就等着好友点赞或评论。而专业的网络视频，如微电影、网剧、广告、纪录片等，其制作流程就复杂得多，并且有一些“规定动作”。

一、剧情类网络视频的“规定动作”

（一）规定情境

在戏剧表演、导演的专用术语中，有一个专用名词叫“规定情境”。这一术语由苏联的表演艺术大师斯坦尼斯拉夫斯基首先提出，他在《演员自我修养》②中解释了“规定情境”的含义：“规定情境”和“假使”一样，是一种假定，是想象的虚构。“假使”总是先开始创作，“规定情境”就去发展创作。此话可理解为“假使”总是在创作开始的最前，假使了怎样一个情境，然后，角色在“规定的情境”中就该怎样顺应去发展创作。

对于剧情类网络视频的制作如何开始，我们之所以引入“规定情境”这个概念，不是因为我们必须从学习戏剧开始，而是这类视频的制作规律正好可以套用这个概念，我们可以在“规定情境”中去完成“规定的动作”，这样也方便直观地学以致用。

在戏剧舞台上，规定情境包含两个方面：外部的和内部的。

“外部的情境”就是戏剧剧本的事实、事件，也就是剧本的情节、格调，剧本生活的外部结构和基础。比如：发生了什么事？人物关系是怎样的？是在什么环境、背景和情况下发生的？剧情类网络视频的“外部情境”都是“剧本”，而且都有相应的规范，所以只要按照规定的格式就能够依葫芦画瓢地完成“规定动作”。

在戏剧舞台上，“内部的情境”是指角色人物的精神生活情境，包括人的生活目标、意向、欲望、资质、思想、情绪、情感特质、动机以及对待事物的态度等，它包含了角色精神生活与心理状态的所有内容（人物的、而且是具体的，关于人物内在的一切。比如：人物的性格、思想、生活态度、目的、世界观、价值观、道德观等）。内部的规定情境是演员创作所要依据的一切主观条件的概括，也是展示人物性格的各种内因的根据。而对于不同类型的网络视频制作而言，内部的规定情境则是指向了视频制作者。

---

①长尾（The Long Tail）这一概念是由《连线》杂志主编 Chris Anderson 在 2004 年提出。简单地说，所谓“长尾理论”是指只要产品的存储和流通的渠道足够大，需求不旺或销量不佳的产品所共同占据的市场份额可以和那些少数热销产品所占据的市场份额相匹敌甚至更大，即众多小市场汇聚成可产生与主流相匹敌的市场能量。

②本书是斯坦尼斯拉夫斯基最重要的作品之一，为日记体形式，主要探讨体现创作过程中的自我修养，其中所涉及的各个方面都是经过深思熟虑的，在历史上被证明了的，通过了试验，被演员职业检验过的东西，是斯坦尼斯拉夫斯基表演体系的精华所在。

（二）剧情类网络视频的"规定动作"：一切从剧本开始

剧情类网络视频的制作起始于项目策划，一旦立项之后，一切都从剧本下手，之后的一切步骤都是在"规定情境"中去完成"规定动作"。

对于初学者而言，写作剧本首先要从格式下手，提笔写剧本的时候，首要的不是想法，而是规范，必须清楚剧本的格式到底是什么样的。

1. 剧本格式

(1)以《大话西游》[①]电影剧本为例：

场景69　**城墙头，傍晚夕阳下，户外**

夕阳武士和紫霞仙子站立城墙上。

夕阳武士：看来，我不该来！

紫霞仙子：（生气的表情）你还想走？

孙悟空在围观的人群中惊讶地望着城墙上对立的二人……

(2)以《肖申克的救赎》[②]电影剧本为例：

内景，法庭，白天，1946

陪审团像是一排在橱窗中展览的模特，脸色苍白，神情茫然。

地方检察官

（画外音）迪弗雷纳先生，请描述一下你妻子被害当晚你与她的遭遇。

安迪·迪弗雷纳站在证人席上，双手交叉。他身着西装，打着领带，头发也精心地梳理过。他开始讲话，语调温和而慎重。

安迪

非常痛苦的经历。她说她很高兴我什么都知道了，她说已经厌倦了像这样偷偷摸摸。她说想和我去雷诺离婚。

地方检察官

你有何反应？

安迪

我说我不会同意的。

地方检察官（指着手中的记录）

等不到去雷诺你就会进地狱的。据你的邻居们所做的证言，这就是你当时说的话，迪弗雷纳先生。

安迪

也许是吧。我真的记不清楚了。我当时非常难过。

地方检察官

你和你妻子吵架之后又发生了什么事？

---

①《大话西游》是由周星驰彩星电影公司和大陆西安电影制片厂1994年合作拍摄的电影。

②曾获奥斯卡奖七项提名、被称为电影史上最完美影片之一的《肖申克的救赎》（又译《刺激一九九五》）。

安迪

她打点行李，去投奔昆廷先生了。

地方检察官

格伦·昆廷。乡村俱乐部高尔夫教练。你最近发现的她的情人。（安迪点点头）你跟踪她了吗？

两种格式区别明显，到底选用哪种，视自己的阅读和写作习惯而定。编剧也是一个普通的工种。既然是一个工种，就有自己的规范。微电影、网络剧的剧本跟传统电影的剧本、电视剧的剧本没有根本的差异，格式上是一致的。

2. 长短决定结构

长短直接决定了微电影和网络剧的戏剧结构和叙事模式的设计。微电影、网络剧在内容时间长短上决定了其剧本同传统电影、电视剧剧本之间的结构差异。作为具备叙事逻辑的视听形式，这两类视频必须具备独立完整的叙事意义。由于传播平台的特点，网络通常适合短小精彩的视频传播，以满足网民碎片化的观看方式和习惯，所以，我们平常看到的微电影通常在 20 分钟乃至 10 分钟以内，而网络剧则一般是每集 15 分钟以内，如《万万没想到》①一般每集的长度没有超过 10 分钟。

一个故事，从开端到发展再到结束，要在规定的 10 分钟内去讲述完成，这直接影响到视频的叙事结构和视听节奏。对于讲述单元连续剧情性质的网络剧而言，如果每集是 15 分钟的话，只占传统电视剧每集 45 分钟的 1/3，这么短的时间内就不可能再像电视剧一样去讲述更多的情节，也无法铺设更多的戏剧冲突，人物也不能出现太多，不然观众记不住；电视剧通常每 5 分钟一个情节转折点，对于网络剧而言，可能就必须每 2 分钟，甚至每分钟一个转折点，才能顺利地实现规定的情节讲述和剧情编排。

二、网络视频广告的“规定动作”

广告业界一向很少用“剧本”，通常到了拍摄制作阶段才会使用到工作台本，一般称为“脚本”。为从根本上保证网络视频的制作质量，上手网络视频广告的“规定动作”是：广告文案和故事板。

（一）广告文案

广告的目的是要把产品卖出去，这个道理浅显易懂，但是大多数广告从业人员都容易忽略这一点。我们在讲如何学习广告视频制作，难道制作一支广告还要从学习如何成为文案写手开始？当然不是。单纯地制作一支广告，在很多情况下，文案和脚本早已由团队里其他成员完成，并且已经获得了客户和制作团队一致认可，剩下的工作只是如何拍摄和完成后期制作。如果你只想了解如何拍摄，那么我们会在下一章节具体讲到制作环节每个工序的技巧，从摄影、导演到剪辑和声音等。

---

①2013 年由优酷出品、万合天宜联手打造的 Mini 剧《万万没想到》推出后火爆网络，被网友称为“网络第一神剧”。该剧制作阵容强大，集结了叫兽易小星、cucn201 白客、刘循子墨、cucn201 小爱、老湿、葛布、至尊玉等一线新媒体影像代表人物，被网友誉为真人版日和。

（二）故事板

在正式拍摄以前，通常要将广告文案转换成“Audio/Video”（简称 A/V）脚本格式。这种格式主要是将视频和音频内容并排展示出来。视频栏主要包括屏幕上会出现的一切画面内容，可能是录像、标题、动画、照片或者特效；音频栏则包含我们在视频中听到的一切内容——对话、独白、旁白以及音响、音效、音乐等。

表 3-2-1　A/V 脚本格式

画面（Video）				声音（Audio）				
标题	内容	特效	动画	对话	屏幕叙述	旁白	音乐	音效

A/V 脚本与分镜头表格的区别在于针对的是场景段落。对于精细制作，还必须使用动画草稿，即故事板（Storyboad）（如图 3-2-1）。在本书第六章中，我们会详细探讨视频制作中导演的工作与分镜头故事板的设计。

图 3-2-1　故事板

完成了 A/V 脚本或者绘出分镜头故事板之后就有了拍摄的工作依据。如果你就是制作人，那么也可以对视频的长度和预算做出合理的参考，之后就能够进行对具体拍摄任务的分解和筹备工作了。

三、纪实类网络视频的“规定动作”

除了“微电影”外，网络上还流行一个词叫“微纪录片”。微纪录片从根本上与传统意义上的纪录片没有区别，除了篇幅时间长短。微纪录片以微小而著称，比起传统纪录片必然会对制作提出更高的要求。跟其他任何事物一样，当你把它做得越来越小巧之后，必然会因为精细化的程度不同而对制造者的技术提出更高的要求。

（一）选题

找到选题是一个纪录片的开端，选题价值是一部纪录片成功的一半。要回避别人已经做过的选题，起码要保证内容的原创性，不会被观众诟病为炒冷饭。热播的纪录片系列《舌尖上的中国》[1]第一部的制作周期是 13 个月，第二部的制作从创意萌发到制作完成的

---

①《舌尖上的中国》为中国中央电视台播出的美食类纪录片，主要内容为中国各地美食生态。通过中华美食的多个侧面，来展现食物给中国人生活带来的仪式、伦理等方面的文化；见识中国特色食材以及与食物相关、构成中国美食特有气质的一系列元素；了解中华饮食文化的精致和源远流长。

周期也超过一年，在选题的发掘阶段，花费的时间都超过了6个月，占用了制作周期总时间的一半以上。这是目前中国一流的纪录片制作团队的水平和经验。

对于一部微纪录片的选题发掘，获取途径可以是多方面的，在策划的初始阶段应搜集大量的素材和数据。一般而言，选题并没有一个明确的主题，需要制作人去发掘。对于《舌尖上的中国》，分开看每一集的选题，天南地北的食材，各有各的特点，每种食材都可以长篇大论一番，涉及的每个人物故事都各有看点，所以每一集都有自己的小标题，但却因为一个共同的主题"舌尖上的中国"被有机地缝合在了一起，这就是主题意义的力量，体现出了一种有容乃大的神奇境界。

好的主题是引发观众共鸣的前提，一部主题不够鲜明的作品，观众的喜爱程度和关注度都会受到影响。主题还会限定观众群体，比如梦想的主题，可能更受当今的80后、90后甚至00后的青睐；再比如古建筑保护古文化的保护主题，一些专业和文艺人士对此偏爱有加，而一般的公众却可能漠不关心。由此可见，主题在一部纪录片作品中体现为两个方面：一方面是制作者自我的艺术表达，另外一方面则是作品与受众之间的情感联系纽带，受众对作品的认知度、关注度与作品主题密切有关。

找到主题后，剩下的工作就是通过各种手段去实现设定中的主题表达，形式的形成就是那些手段和方法的风格定型。这个过程就牵涉先前提及的时间长短、制作样式、外观风貌等。

（二）拍摄大纲和拍摄计划

纪录片一般都没有剧本，但是一定要有拍摄大纲和计划。不能像拍电影一样在现场刻意去编排情节或者将导演构思强加给拍摄对象，这样的纪录片和虚构作品有什么区别？

拍摄大纲就是制作者的拍摄指南，是一种可靠的工作预案，方便你在拍摄中有所准备，不会因为拍摄现场临时发生一些出乎意料的事情而失去现场控制。只要有拍摄大纲，就能基本地清楚一个现场有哪些内容是真正需要的，哪些内容是与所要表达的主题有关，哪些又是无关的。

拍摄采访，一定要提前列出采访提纲和提问，不然你无法发现受采访者是不是答非所问。到了拍摄现场，先按照采访提纲逐一进行，再根据现场情况收集一些其他临时的资料和内容。采访时还要注意周围的环境，不要出现影响和干扰被采访者在镜头前表现的任何细节，如晃动的物体、刺眼的颜色以及环境噪音等。

如果纪录人物正在参与某些事件或活动、现场遭遇了超乎拍摄大纲的意外事件，那就抛开大纲，先记录下来再说，有一点别忘了——跟紧你的拍摄对象，着重拍摄他在意外之中的各种应对情况。

好的制作计划是你控制成本的保证。纪录片跟虚构作品不一样，很多时候是你的拍摄对象规定你哪天可以去拍他，而不是你想什么时候拍就能什么时候拍。所以，你必须制作好一个合理的计划安排以应对临时变动的情况，作为制作人，还得好好学习统筹。

【应用案例3】一部网络剧的指导记录[①]

2014年4月到6月，作为“十分电影”[②]创作季的指导老师之一，笔者全程指导了学院广播电视编导专业大三学生3个团队的专业创作，其中有一个小组只有6位同学，是所有团队中人数最少的，还全是女生，一开始她们跟别的同学一样，尽管本次创作季设定了“向经典电影致敬”的主题，但是谁都不知道自己到底想拍什么，能拍什么……但在最后的颁奖典礼上，她们这个团队的短片获得了那次影展的“最佳创意奖”。

图3-3-1　颁奖典礼上《我的大学食堂生涯》主创团队合影留念

【指导记录】4月6日

《食分江湖》(第一次提案，主创六人小组的创意文案)

1.剧本方向和主题表达：

这个剧要的就是一个搞笑，从不同的学院的学生身上的特质来描绘发生在食堂这样一个江湖里的事情，新人小师傅所看到的吃饭奇葩们最后都竭力改掉自己的坏毛病，每个小故事让观众们都看到发生在食堂里的我们平时都能看到的一些不好的现象。在食堂里工作的这些叔叔阿姨们都很辛苦，要表达的不文明现象有第一浪费粮食，第二抽烟蛮横，第三不尊重工作人员，第四挑剔食物，这些事情能让我们看到对待别人的态度，和这些叔叔阿姨们对待我们的态度，最后利用传媒途径让人看到这些从而改变。

2.人物性格：

关于剧中角色，除了音乐系和空乘系要讲普通话之外，其他角色要求尽量说具有各种地方特色的语言。通过丰富夸张的人物形象和对白，从而表现这里真的是一个“江湖”。

3.片名分析：

我们这个片名儿之所以要取“食分江湖”，第一，这是发生在食堂里的事情；第二，这是发生在大学校园食堂里的事情，大学本来就是一个半社会半温室的地方，正是这样的一个

---

①作者：王力(重庆师范大学新媒体学院“十分电影”创作季指导老师)。

②十分电影(Ten Movie)是重庆师范大学新媒体学院联合爱奇艺(重庆)、时间碎片新媒体(北京)联袂推出的面向学院学生的原创影像创作季。同学们历经选题、剧作、分镜、拍摄、后期、宣推六个专业影像生产环节，在三方指导教师的联合指导下，创作片长十分钟的影像短片。获得十个卓越奖的影片将由时间碎片公司进行专业包装，并在爱奇艺平台进行专业发行。

环境才能看到各色各样的人身上的奇葩事儿;第三,这里是个很奇妙的地方,这里真的可以看到好多在其他地方看不到的甚至人情冷暖的东西,有君子有小人有挑剔的公主有穷酸的屌丝,就像个江湖;第四,与本次创作实践的主题“十分电影”相呼应。

“食分江湖”

正剧梗概:

故事由一个刚进入大学食堂工作的小师傅的视角展开内容,看到性格各异的学生之间在打饭过程中啼笑皆非的故事。一场血雨腥风在一声下课铃声后开始:

一个瘦弱矮小的男生在档口排队打饭,终于轮到他时他把碗放在小师傅的面前还没来得及说话,一个高大壮的体育学院妹子把碗先放在小师傅面前并说:“打六两米饭。”矮小弱生气地抬头准备斥责高大壮的插队行为,挽起袖子准备好好理论一番。高大壮凶着眉头仰起头用鼻孔来鄙视身高还不到自己肩膀的矮小弱。矮小弱刚才那股不是你死就是我活的架势立马弱了一点,但为了同不文明的恶势力斗争他硬着头皮冲了过去。结果,高大壮只用了一只胳膊顶住矮小弱的头,随他怎么折腾就是碰不到高大壮那只胳膊以外的身体。在“想打够不着”招持续时,小师傅已经给两人的碗里添好了饭。

“同学同学,别打了,你们的饭都打好了。”

高大壮和矮小弱松手各自拿着盛好饭的碗相互翻了个白眼走了。食堂里顿时又恢复了秩序,小师傅松了一口气。

小师傅独白点题。(插队不文明行为)每天像这样让人哭笑不得的事情还有很多。

一个来自文学院徐志摩打扮的男生,手拿一本厚厚的书,陶醉地边走边朗诵着“轻轻的……”,到了档口面前突然对着小师傅说“四两米饭……”“轻轻的……番茄炒蛋”。小师傅早准备好了。朗诵男又继续陶醉在自己的世界里,“我挥一挥衣袖,不带走一片云彩。”小师傅嘟囔着:“记得吃完饭把盘子带走!”

此时遮住小师傅目光的是带了条红围巾的(铺垫)音乐学院美声哥,美声发音对小师傅唱出“麻烦给我来四两米饭一份鱼香肉丝……”小师傅目光呆滞地看着美声哥,端出两个盘子,外加一份汤:“送的,对嗓子有好处。”美声哥点头答谢:“谢谢小哥……”

远远地走来三个穿着黑色背心,肩膀上纹着左青龙右白虎,手上还叼着烟的杀马特古惑仔,在越南版“错错错是我的错”音乐背景下慢镜头出场,所到之处烟气弥漫,四周吃饭的同学全部捂着鼻子。小混混模样的同学走到小师傅档口,面前经过一个吃完饭要走的软妹子,女孩从左走,古惑仔从右挡,女孩从右走,古惑仔从左挡,带头古惑仔猥琐地冲软妹子吹一口烟气,软妹子瞬间化身华妃,冷哼一下:“看来今天上的是香港电影课吧。”小混混惊讶了一下,嘴里的烟头落地:“你怎么知道?”软妹子冷哼:“别说本宫也选过香港电影这门课,就算没选过,本宫也见多了。倒是没见过你这样,上节课像捡了个元宝似的到处显摆,到底是没见过世面的小家子,居然还敢在这场合抽烟。我看还是今年的枫叶不够红,来人,赐他们一丈红。”小混混面前立刻扔过来一条红围巾,小混混看向软妹子的背影,相互抱头痛哭状,远远地飘来软妹子的一句话“贱人就是矫情”,旁边的美声哥作太监状扶着软妹子走远。小师傅看傻眼,作佩服状:“表演系的,服了!”

这时四个并排而来穿着制服的空乘专业妹子一脸标准的微笑一气标准的动作慢镜头走到小师傅档口前排好队,礼貌地点了饭。和小师傅一起站在档口里的老师傅轻轻地说一句:“天儿冷,多穿点儿别着凉。”空姐礼貌回应。

刚刚那四个貌美如花的空姐坐在一起细嚼慢咽地吃着饭,一顿饭像吃了一个世纪那么长(此时可以用快镜头表现周围人来来去去她们四个还在吃),旁边桌一个长相憨厚的大胖子在吃一碗小面,吸面时发出吸溜吸溜的声音,和旁边四个吃相儒雅的空姐形成鲜明的对比。还没吃多少,空姐们各个喊饱,胖子惊讶地一边吸着最后一根面一边看着还剩好多饭的盘子,咽了一下口水。在收集餐盘的时候四个人的饭菜还剩下很多,食堂回收盘子的大妈摇头看着剩下的饭菜,空姐们又整齐地走了。

小师傅这时看了周围的各种同学:

化学学院实验哥面前放着各种各样的量杯量筒实验器具,滴了一滴进量筒里,摇晃了一下,满意地低头迅速扒拉着饭;旁边的一位扮相水浒的武松哥大摇大摆地坐在一个位置上,挥手豪气喊道:“小二,上壶热酒,再来两斤牛肉。”小师傅赶忙端了一碗兰州拉面放在武松哥面前,“京城最好的拉面,放点醋进去,那酸爽,更够味!您就凑合着吃吧!”武松哥狼吞虎咽般地吃了起来。小师傅走回窗口,正准备解下围裙,看到远处角落里放着一个空盘子,小师傅走过去准备收拾盘子,见盘子里用花椒拼出四个字“花椒太多”,小师傅四处寻找,看到一个手拿画板、长发飘飘的艺术男,在出门时回头对着小师傅妩媚地眨眼笑了一下。小师傅嘴角抽搐了两下。

看着一盘又一盘的剩饭剩菜,忍无可忍的收餐具食堂霸主大一拍桌子,大声喊道:“都给我吃完,不许剩……”

吃饭的同学们都张大嘴惊呆了看着霸主,一溜烟都跑了。大妈看着眼前更多的剩饭菜垂头丧气。

一旁一直坐着的老师傅握着已被茶渍染过的杯子,叹了一声气起身对小师傅说:“去吃饭吧。”

端着一些剩饭剩菜上桌的食堂叔叔阿姨们坐在一起吃饭,偶尔说一句今天浪费得很多或好多了。(加点二胡音乐)这一幕正巧被传媒学院的单反妹看到:食堂师傅们为了提倡同学们不要浪费粮食,开始坚持每顿都吃学生们剩下的干净的饭菜。她回去把这张照片PO在了微博上。这一PO便一发不可收拾,一传十十传百地让食堂叔叔阿姨们火了起来,也带动了珍惜粮食热潮……

四位空姐来档口打饭,特意嘱咐小师傅少打一点饭,然后又把一些饭拨给了憨厚的胖子,回以一个微笑走掉。后面排队打饭的各个学院的同学打完饭后都报以感谢和夸赞给小师傅和老师傅。

结局以小师傅独白来点题。他所看到的这些不文明行为都是可以避免的,只要每个人都从自己做起从点滴做起。

“谁说江湖很无奈,我看江湖很有爱!”

片尾曲《江湖》(《武林外传》插曲)

未完待续……

指导意见：

1. 写作基本格式要规范：片名要用标准书名号，标题居中，还要注意标注页码，页眉也需要加注，你们小组名称、专业信息、指导老师等信息；

2. “选题方向”，不是“剧本方向”，所以要再多一个选题分析，阐述选题亮点，市场调研的数据，认真回答“5W”。

3. 片名分析不到位。

4. 建议是改名为“大学的食堂江湖”，或者叫“大食堂”“大食代”，都可以再议。要从选题内容出发取名字。

【指导记录】4 月 20 日

第二次正式提案：

新媒体学院 2014“十分电影”创作季

选题申报表

影片类型：校园　励志　喜剧

影片名：我的大学食堂生涯（又名《我也叫三顺》）The College Life

图 3-3-2　网络剧《我的食堂生涯》（又名《我也叫三顺》）首款概念海报

小组成员	剧组中的职务
王　倩	导演、编剧
陈　磊	导演（组长）
陈美君	副导演、剪辑、服化道
刘　靓	编剧、场记
刘雅玲	制片、副导演
冉雪非	外联制片、服化道

选题分析：

根据各大网站的搜索结果，我们发现与“大学食堂”题材有关的视频有：

1. 爱奇艺出品：

《深夜食堂》①。这是一部 10 集的日剧，剧情片，每集 25 分钟。每集都有不同的人物和不同的故事，用生活中的小故事来告诫世人处世的态度和人生观。

2. 优酷网出品：

《恶搞校园食堂》。剪辑多部电影片段后配音，没有故事，纯属恶搞。

《校园大咖——寻找美食之旅（二）校园食

①改编自安倍夜郎的《深夜食堂》同名漫画，讲述了发生在一个小餐馆的故事。这里的菜单只有猪肉味增汤套餐一种，但是老板可以根据客人的要求利用现有食材做出各种料理，而且他还会和客人一起带出一个个充满人情味的故事。来小餐馆的有各式各样的客人，有黑社会分子，有没名气的演员，还有上班族和 OL 三人组。本剧风靡日本和中国。

堂大比拼》。由记者带领的采访类短片。

3. 播视网出品：

《国外大学食堂的娱乐热舞》。仅仅是在食堂跳舞，表现的重点在提倡同性恋。

《BJ单身日记——大学食堂的回忆》。动画，吐槽食堂的饭菜脏质量差，相比较有新意。

4. 搜狐网出品：

《大学食堂曲伤心太平洋版》(MV)。改编歌曲的歌词，吐槽食堂的饭菜差。网友吐槽该片堪比越南洗剪吹。

根据搜索结果分析发现：国内以大学食堂为题材的微电影或新媒剧还是一片空白，多数视频均是吐槽食堂的饭菜脏质量差，一部分视频是以寻找各大高校食堂的招牌菜为主题。根据现能搜索到的国外相关视频节目，多数是借由食堂这个地方所做出的娱乐趣事，和食堂本身毫无关系。

相比较分析结果，我们此次的作品选题《我的大学食堂生涯》的亮点在于：

1. 片子以《我叫金三顺》[①]和《食神》[②]为原形参照进行创作，是一部集校园、食堂、成长、励志、爱情、搞笑为一体的系列剧；同时也是重庆第一部将大学食堂形象以正能量向观众展现的新媒剧。

2. 是重庆首部以大学食堂为背景的校园成长励志新媒剧，第一季共12集，以网络媒体为播出平台。

故事大纲/故事梗概：

一个大学食堂里的学徒—— 三顺，她的求学生涯以及她跟大学生之间发生的那些爱恨情仇。

主要人物：

三顺：蜀中唐门的小学徒，年方17，从小失去父亲，跟母亲相依为命，后被送到师父(她父亲的朋友)那儿学厨，母亲皈依出家了。在食堂蜀中唐门窗口做工打杂，是师兄们的得力助手，练得一手飞叉独门暗器。

蜀中唐门：唐门位于重庆境内大巴山中，占地百亩，良田千顷。府邸屋墙高耸，乌漆铜钉大门常年紧锁。外人无法望墙内风光之一二。门前有一座石牌坊。牌坊正中刻着两个朱棣大字“唐门”。蜀中唐门不是一个江湖门派，也不是一个秘密帮会，而是一个家族。这个家族已经雄踞川中数百年，以暗器为主。现代社会中，此门早已成为传说。而本剧中，“蜀中唐门”目前还只是一个食堂小小的一间炒菜窗口，一个神经质师傅带着三个学徒的店铺。

师父：蜀中唐门的掌门，大东、二林、三顺的师父，以前喝了假酒中毒，大脑出了问题，神志不清，经常出现幻觉有人抓他去洗脑。

二林：三顺的师兄，墩子工。喜欢三顺日子已久。

---

①2005年由韩国MBC电视台摄制。改编自池秀贤同名畅销小说，由金尹哲导演，金道宇编剧，金宣儿、玄彬、郑丽媛、丹尼尔·亨利等联袂主演。讲述平凡的女主人公金三顺勇敢、坚强地面对生活中的各种困难，最终找到自己幸福的故事。该剧在韩国连破当年的收视纪录，并以50.5%的超高收视率完美谢幕。

②一部1995年典型的香港贺岁片，由周星驰导演、主演。

大东：三顺的大师兄，蜀中唐门的主厨，师父眼中唐门的未来接掌人。

李馆长：大三学生，外号流川枫，篮球场上的风云人物，图书馆里的常客，校园里的话题人物。家庭条件优越，从没挨过打，第一次跟三顺相遇后遭其毒手，决意报复。

洗脑部队：三顺噩梦意识中经常出现的一个校园组织，佩戴五道杠，主要活动对象是给那些思想问题严重的学生洗脑，用洗脑器洗掉他们大脑里那些坏毛病，同时给他们的大脑里重新植入"大学之美"的美好意识，让他们重新开始美好的大学生活。

方枪枪(王二小)：洗脑部队的首领。脱掉墨镜后，跟学校保安王二小长得一模一样，或者说本来就是王二小在三顺梦中的意识投影。王二小外观憨厚老实，浓眉大眼，内里男人气概十足，随着对三顺的熟悉，越发地爱慕后者。

脑残水：洗脑部队开发的专用产品之一，市场上也有零售，专门用于整治人类问题，药物作用见效快，药力猛，也往往因人而异，不同人对待脑残水的药物反应强烈不同，总之，此药能使人脑残，至少能暂时脑残，因此少儿不宜，遵医少用为妙。

爱情水：洗脑部队开发的专利产品之一，可以让人类发生爱情幻觉的药水，任何人使用此水后，都会出现明显的爱情病症，此药还在实验中。

分集大纲：

第一集　一吻定情

洗脑部队抓走了师父和其他几个问题严重的学生，要把他们带去校园里的"一棵树"下洗脑，用类似"黑衣人"里的记忆消除器一样的手段。洗脑部队的"盖世太保"——方枪枪以及手下三人，每人背着"脑残水"水枪，对那些"临刑"逃跑的人都处以极刑。脑残水过，寸草不生。

这一批被抓的问题学生里有：重度网瘾患者、天天逃课、超级学渣、超级考霸、不男不女；三顺师父被抓的罪名是"炒菜不好吃！"他们每个人都身着囚服，胸前还挂着罪名牌，画着红叉。

号称(佩戴)"五道杠"的洗脑部队押着师父走过马鞭草草地，方枪枪正跟"问题犯人"灌输"大学之美"的思想。三顺一路尾随，跟二林和大东打电话求援，但是两位师兄在半路上遇到大学城隧道堵车。眼见方枪枪举着洗脑器就要对问题犯人洗脑，三顺只有果断采取行动。

"盖世太保"方枪枪向问题犯人们宣扬"五道杠"的洗脑大义，是要给大家一次重生的机会，让他们重新开始享受大学之美！

最后关头，三顺发出的独门暗器——飞叉却打偏了，她被方枪枪发现并活捉。三顺跟之前被押解的问题犯人一并被洗脑，其他人都被成功洗脑，就三顺要被加洗一次。面对即将再次启动的洗脑器，三顺使出吃奶的劲，挣脱了身上的绳索，发出了最后一把飞叉……

(前3分钟)

三顺从噩梦中挣扎而起，原来她在图书馆看书发困睡觉时梦见了上面营救师父的一幕。坐在她对面看书的李馆长受到三顺的影响，本想拿笔敲一下她，结果李馆长拿笔的动作很像手持洗脑器，刚刚醒来的三顺误以为他也是"五道杠"，于是随手就发出暗器飞叉。李馆长侧身一闪，单手收了飞叉，正回头一看，三顺已跃其身后，拿书朝他头顶一砸，李馆长侧头倒在书桌上，头上瞬时鼓起大包。三顺趁机溜走，跑出图书馆。

从小到大，李馆长从没被人打过，没想到今天却遭此毒手，他细看飞叉，上面刻有字号：蜀中唐门。

（前4分钟）

“蜀中唐门”是食堂里的一个窗口，是三顺在大学的家，也是师父、大师兄、二师兄和她的生计之所。师父常年脑筋有病，经常出现幻觉声称有人要抓他洗脑，三顺每天还要按时喂他吃药。目前，窗口全由大师兄主厨，二师兄二林帮厨（墩子工），三顺还只是个小学徒，负责洗菜洗碗打杂窗口卖饭。蜀中唐门的川菜味道非常独到，窗口已是食堂里的明星单位，他们还获得了去年学校的食堂厨艺大赛一等奖，向来备受学生欢迎，每天来这里吃饭的同学络绎不绝，中午时刻，更是生意火爆。

李馆长发现了三顺是“蜀中唐门”窗口卖饭的小妹，就是上午在图书馆打他的那个人。他专门去三顺那里打饭，把上午的那把叉子递到她面前，三顺顿时有一种不祥的预感。李馆长端着餐盘刚转身要离开时却发现了饭菜里有一只蟑螂！顿时引发学生围观，有人在人群中给人后背贴小广告。李馆长找三顺对蟑螂负责，三顺随手将旁边的二林暴打一顿，把蟑螂的事情推卸到二林身上，骂二林没有管教好自己的蟑螂弟弟小强。即使二林被打得流鼻血，李馆长并没有息事宁人。

食堂的经理赶来，想劝走李馆长并作赔偿尽快解决此事，以免影响窗口的生意和食堂的秩序。但是李馆长并不需要赔偿，他要三顺跟她当众道歉。三顺气急败坏，看似一表人才的李馆长居然为了上午那点小事跑到窗口来闹事！三顺果断从柜子下面拿出用愤怒小鸟水箱装的“脑残水”喷雾器，扒开人群走到李馆长面前，从头给他淋下，结果李馆长一把抢过了喷头，也给三顺当头喷下，于是两人都被淋成“落汤鸡”，头发脸上全是水。可是这水并不是三顺预想中的“脑残水”，而是“爱情水”。

两人头顶开始升腾热气，满脸通红，情不自禁朝对方走去，居然紧紧拥抱，慢慢地深情一吻……空中继续落下了水雾，萦绕在两人上空。周围全是吃客们各种惊讶的表情。全校的帅哥居然跟食堂小妹两人……

气急败坏的三顺放下勺子，冲出窗口，扒开人群，冲到李馆长面前却被李馆长按住脑门子，任她张牙舞爪也够不着对方，三顺气得哭了，声泪俱下。她跟李馆长解释上午是做梦时糊涂地打了李馆长，为此她郑重道歉，她愿意私下承担打人的一切后果，希望李馆长不能因为她一个人的错而让整个食堂受到牵连，大家生活艰辛不易。最后，于心不忍的李馆长就此罢休，递给了三顺一包纸巾，脸红地说出“对不起”三个字后离开了食堂。剩下委屈的三顺回到窗口里擦干眼泪，继续干活。

保安王二小来到窗口打饭，他跟洗脑部队的首领长得一模一样。

（到此10～12分钟，第一集完）。

【应用案例 4】“语路计划”[1]制作流程剖析[2]

图 3-3-3　贾樟柯担任监制

贾樟柯说，“语言，总有一种无法言喻的力量，那不仅仅是语言，那是根植于激情至上，思想与灵魂的光芒。一个人，一段话，不但带来希望，而且改变每一代人。”(如图 3-3-3)

苏格兰威士忌品牌尊尼获加[3]于 2010 年 11 月 16 日在北京正式宣布“语路计划”正式启动。“语路计划”旨在通过展示坚持梦想，在不同的人生角色中完成志向的代表人物的话语，鼓励一代人思考并分享自己的激情和梦想，共同点燃每个人的奋斗之路并向前进发。

此次的数十支影像作品是“语路计划”最大的亮点，贾樟柯以监制身份与尊尼获加合作，亲自挑选 6 位新锐导演和被采访对象，与他们共同完成此系列电影短片，记录并呈现来自各个领域人物追逐梦想的故事和影响他人的话语，同时以此鼓舞更多人参与到分享梦想和激励的队伍中来。

值得注意的是，“语路计划”虽然由尊尼获加全程赞助，却在所有的短片及文件资料中没有该品牌植入。

尊尼获加的“语路计划”是一个完整的公关案例，广告业界也把它当作一个典型的公关案例与广告。“语路计划”公关活动由上海奥美公关全程创意并执行，官方网站由奥美互动制作执行，活动中 12 支片子由 BBH[4] 领衔操刀拍摄制作。

整个“语路计划”的几个阶段：

第一阶段：谁想拍谁出钱。

这个计划不是贾樟柯想拍微纪录片，而是广告主尊尼获加。作为一个拥有近两百年历史的国际大品牌，始终秉持“Keep on Walking”(永远向前)的品牌精神，在各个层面上鼓励消费者的个人进步。

尊尼获加将自己的消费对象锁定在 25 岁以上的社会新力量以及社会中坚，它的目标顾客群大多为追求梦想和成功的，或者已经成功的人士。冒险对于他们来说是一种习惯。概括地说，目标顾客群是那些不断追求梦想的绅士，他们的理念是，走自己的路，任由他人

---

①“语路计划”旨在通过展示坚持梦想、在不同的人生角色中完成志向的代表人物的话语，鼓励一代人思考并分享自己的激情和梦想，共同点燃每个人的奋斗之路并向前进发。

②本文来源于网络，作者：佚名。

③JOHNNIE WALKER，尊尼获加，1820 年诞生苏格兰，是经典的调配型威士忌，两个世纪来一直保持优秀品质。

④BBH(Bartle Bogle Hegarty，中文名“百比赫”)是闻名世界，以创意和效率而著称的广告公司之一。该公司由广告界传奇人物 John Bartle、Nigel Bogle 和 John Hegarty 于 1982 年共同创建，追求策略性的手法，崇尚绝妙的创意。

评说。

长期以来，公司把目标顾客分为追求梦想的不同阶段：开始追求梦想，取得阶段成功，最终实现梦想。处于不同阶段的人，有不同的收入、不同的经历和不同的偏好，自然对威士忌也会有不同的需求。这也是与其他竞争品牌最大的区别所在。

但在中国大城市里，对大多数消费者而言，威士忌酒只是洋酒中的一种，在中国更是强化为夜生活的一部分，伴随着一种亚健康虚无的商品联想，而不是一种生活方式，更不会是一种人文精神和生活态度，因此也很难体现出不同品牌的内在差异。

制作广告的挑战在于：

(1)抛弃传统的产品说教和商业促销，在宣传上主打情感牌、文化牌，赋予品牌极其深度的精神内涵，固然很好，但也对我们传播的品牌内容和传播形式提出了挑战，否则消费者将难以理解；

(2)梦想与自我实现的理念如何真正落地，变成能与消费者亲身经历与社会现实统一的真实力量，能让其感同身受；

(3)目标人群对待媒体信息和传统营销手法有着独到的判断和观点，很难被说教式口号式的传播方式所说服。

第一步：确立营销目标。

本次传播并非传统产品信息告知以及商品促销，并非为了告诉消费者"酒好喝"或者直接拉动线下销售，而是旨在提升消费者对待尊尼获加品牌的认知态度，通过真实的案例将"Keep on Walking"的口号落地，挖掘并打动消费者内在的情感诉求。"语路计划"通过展示坚持梦想，在不同的人生角色中完成志向的代表人物的话语，鼓励一代人思考并分享自己的激情和梦想，共同点燃每个人的奋斗之路并向前进发。

(1) 提升目标用户(25 岁以上的 70 后、80 后男性用户)对尊尼获加品牌精神的认知程度；

(2) 成为品牌布道者，主动参与到本次活动的传播中来，成为整个"语路计划"的一部分。

第二步：确立策略与创意。

本案的核心创意为：每个人都有自己的梦想，每个领域，每个行业，每个阶层都是如此。真正的成功者未必是那些商业领袖、社会名流，而是每个和我们一样，面对现实永不妥协、"永远向前"、最终实现自我的普通人。

当前中国正面临巨大的结构变化和社会转型，中产阶级形成的过程漫长而痛苦，这批70 后和 80 后的男性是尊尼获加的主要消费者，他们在职场、事业、家庭和生活各个纬度都承受着巨大的压力和挑战，梦想与现实、激情与理性之间看似不可调和。

对于这些人而言，威士忌酒只是洋酒中的一种，在中国更是强化为夜生活的一部分，伴随着一种亚健康虚无的商品联想，而不是一种生活方式，更不会是一种人文精神和生活态度，难以体现出不同品牌的内在差异。

基于这样的洞察，放弃传统的产品说教和商业促销，转而以人文态度去讲述品牌故事。那些社会中坚是普通的大众，在不同行业，不同领域默默奋斗，他们不是高高在上的商业领袖和社会名流，但他们却是无所畏惧、"永远向前"这一理念在现实生活中最好的诠释者。

本计划主创团队希望找到不同行业的代表人物，用亲口讲述的方式描绘自己的奋斗之路，是为“语路计划”。这些人既包括从乡村里走出来的企业家，也有艺术家，有人民教师，也有环保工作者，有揭黑记者，还有艾滋病救助工作者。每个人都在自己的岗位上敢为天下先，哪怕它风吹日晒，哪怕它头破血流，也要直奔梦想的灯塔。

贾樟柯总监制希望挖掘这些看似普通人背后的精神力量，作为产品和消费者进行情感沟通的纽带，让人们相信这些充满力量的讲述比起充满商业气味的广告更能提炼尊尼获加的品牌精神。

在核心创意背后，客户没有选择电视广告和普通的展示广告，而是选择在影响力和内容营销上领先的互联网新媒体来进行整合传播，并鼓励消费者利用社会化媒体参与进来，成为整个传播计划的一部分。

第二阶段：执行制作。

第一步：谁来拍。

主办方邀请了中国最著名的第六代导演之一贾樟柯担任整个“语路计划”的总监制。作为第六代导演的代表性人物，贾樟柯一直区隔于其他商业导演，以用纪录片的拍摄手法记录中国最真实的社会和人物而见长。2006 年他拍摄的《三峡好人》[①]与商业制作《满城尽带黄金甲》[②]在贺岁档的 PK 令人印象深刻，其风格及性格标签与我们的传播理念极度吻合。

为了传递尊尼获加“梦想的布道者”这一形象，其从影经历已经成为激励年轻导演传奇的贾樟柯还邀请了 6 位优秀的年轻导演参与拍摄，他自己只是亲自执导了第一部和最后一部。

第二步：确立选题，拍摄制作。

“语路计划”把镜头指向了更多像贾樟柯这样的梦想布道者，最终制作的 12 支 3 至 4 分钟的网络短片，每支都是故事人物的讲述，最后以每个人物行走的画面结束，并配上尊尼获加“Keep on Walking”的品牌呈现。除此之外，所有短片没有任何的产品植入和商业呈现。

围绕主题，这 12 支短片确立的拍摄对象分别是：

罗永浩：老罗英语培训学校的创始人，风格独特的博客网站“牛博网”创办人；

周云蓬：盲人诗人、民谣歌手；

张　颖：中国第一个帮助艾滋病患者和艾滋病贫困儿童的非政府组织的发起人；

王克勤：《中国经济时报》揭黑记者 2003 年中国十大维权人物；

王一扬：坚守少量精致的本土服装设计师；

潘石屹：SOHO 中国创始人，个性鲜明的房地产企业家；

肖　鹏：定制度假服务公司创始人，多次创业经验，新一代坚持不懈的创业者；

黄豆豆：舞蹈家，中国舞的代表人物；

---

①2006 年，《三峡好人》最终以其深厚的人文关怀赢得了威尼斯电影节金狮奖殊荣；贾樟柯也成为继张艺谋后第二位获得金狮奖的大陆导演，也是首位获得三大影展最高荣誉的第六代导演。

②影片《满城尽带黄金甲》故事根据曹禺的话剧《雷雨》改编，由张艺谋执导，周润发、巩俐、周杰伦和刘烨等联袂出演，影片于 2006 年 12 月 14 日在中国内地上映。

张　军：当今昆剧青年演员中的领军人物，致力于年轻人中的昆剧推广；

曹　非：郑州“菜生活”网站创办人，有梦想的80后；

徐　冰：中国当代艺术家之一，中央美术学院副院长、教授；

赵　中：甘肃第一个民间环保组织“绿驼铃”的创办人。

每支4分钟左右的微纪录片的拍摄周期在3天左右，采用了DLSR数码单反相机拍摄，配置专业的录音和灯光，后期进苹果系统剪辑和调色制作而成，周期在10天左右。

第三步：网络发布前的话题预热。

在传播初期，通过新浪邀请其博客达人、独立的青年知识分子韩寒[①]参与“语路计划”，让韩寒引爆整个传播。

邀请韩寒拍摄了“韩寒梦想”（如图3-3-4）视频，提出“梦想是必需品还是奢侈品”的话题引发争议和讨论，同时让他以博客的方式完成了一次“语路计划”之韩寒问答，并在其博客以及新浪站点上共同推广。韩寒的文章针砭时弊，颇为锋利，代表了新一代年轻人的形象，是“语路计划”最好的品牌背书，在新浪博客模板上体现尊尼获加的品牌形象，在新浪博客内页弹窗进行博客推荐。另外还邀请了包括沈宏非、闾丘陆薇、李承鹏和洪晃等新浪名博撰写梦想博文，旨在吸引更多的网友参加梦想活动。

图3-3-4　韩寒与梦想视频

第四步：重点是微纪录片上线。

在中国最具影响力的媒体网站新浪网上搭建了“语路计划”站点，将全部视频分批推出，最终在网上全部呈现。主办方邀请所有观看短片的网友发表自己的语路计划与梦想论谈，并将优秀语路按照70后语路、80后语路、90后语路分类呈现，非常清晰地显示了不同年代目标人群的鲜明个性与人生理念，以及与尊尼获加永远向前理念的共鸣。使用当前最受欢迎的社交网络——新浪微博作为整个传播的重要阵地，通过尊尼获加官方微博以及新浪视频官方微博等账号进行内容的发布，鼓励微博网友主动分享与转发，参与到语路计划的传播中来，成为该计划的一部分，充分创造营销长尾。

主办方利用新浪娱乐的传媒影响力，邀请贾樟柯进行在线访谈，向市场介绍更多拍摄背后的故事，进一步整合新浪网媒体平台以及新浪微博社会化媒体平台的影响力。

所有媒体平台的展示广告均用于内容和账户的推广，也利用其他视频网站去做视频的扩散推广。“语路计划”在各个大网站均有广告投放，活动持续半年。如果不关心网站banner的网友，也可以在微博和豆瓣上找到它的身影。

第五步：收尾工作。

在所有短片正式公映之后，“语路计划”的气力用在推广这些影片上，一些短片在电视媒体投放。活动主办方还邀请消费者来写一句话给自己，作为关注参加此次活动的反馈，主办方会选择一位消费者来帮助他完成梦想，最终促成“语路计划”的圆满完整。

整个公关活动由上海奥美[②]公关策划执行，活动官方网站由奥美互动设计制作。作为

---

①中国作家、导演、职业赛车手。

②奥美集团于1986年率先进入中国大陆，以成为中国最大的国际整合传播集团为愿景，为品牌服务。

知名品牌冠名的公益公关活动，尊尼获加去“植入化”的勇气和做法值得钦佩和赞赏，整个活动的执行和作品品质都不失格调，作为2011年第一个“梦想牌”，打法和牌技都可圈可点，谈梦想，也许真的永不过时。

编者注：在本案例中，我们看到，在一个以明确营销目的商业行为中，网络视频的制作从属于整个活动文案，它只是我们创意文案中“一小步”，当然是最关键和核心的一步，关键只在于是否选择微纪录片形式，并以此形式呈现。“语路计划”明确地选择了微纪录片的形式，并通过各种步骤和手段让传播效果最大化地实现。

从此案例，我们还看到了传播期待明显早于网络视频内容本身，传播的手段与收效也明显大于网络视频的制作本身，也就是说，哪怕12支微纪录片是烂片，整个营销推广计划都能够按部就班地实现传播，但在以社交网络为主要传播的网络阵地里，如果这12支微纪录片制作本身具有很好品质保证的话，必然才符合整个品牌营销计划的品质，也才能实现网络传播效果的最大化，两个方面俱佳自然是相得益彰。

拓展阅读5：对话“11度青春”系列电影幕后推手①

（被采访者：潘沁，优酷“11度青春”微电影项目活动负责人）

网易：“11度青春”系列电影这个策划是怎么来的？

潘沁：其实我们当时有一个网络电影改编计划。中影那边正好有一个百年青年才俊培养计划，去年年底，我们开始跟中影接触，双方都比较有意向，我们在今年年初的时候正式将其作为一个项目进行推动。3月份，我正好到上海出差，与雪佛兰方面聊起了这个项目，正好他们也想做一系列以青春、奋斗为主题的内容，三方可以说是一拍即合。4月10号我们发布了一个优酷出品的发布会。这代表我们会做一些原创的节目，或者网剧、电影，主要以原创内容为主。“11度青春”的项目是优酷出品项目中第一个大项目。

网易：通用雪佛兰作为这次活动的赞助商，对你们的干预多吗？

潘沁：没有了，我们在跟通用方面沟通的时候，感觉他们非常尊重创作团队，很给我们创作空间。其实我们自己在做内容营销的时候，这样的客户凤毛麟角，第一他自己知道要什么，第二他会给你充分的创作空间。很多客户在要我们的内容的时候，可能还是对我们不放心吧。客户常常希望干预我们的内容创作，比如他的LOGO表现大不大，突出不突出，有多少字，甚至会要求你写进合同里。这个我会尊重他。如果对一个不规范的合作伙伴，他需要用这些东西约束，这个是最基础的。不过，这个过程当中，可能很多东西也同时被约束掉了。我觉得我们应该从通用身上去学一点东西。

网易：这个项目能够获得今天的成绩，你认为最关键的因素有哪些？

潘沁：我认为，首先是沟通，尤其是与内容创作团队的沟通，在创作上的一个引导。这次其实很像一次命题作文，我们先有一个主题，如何体现这个主题，如何使10部电影看上去像一个系列，如何体现网络电影的特点等。

其次，前期的预热、推广也很重要。除了我们与媒体、微博等建立起一个长期以来的

①本文来源：网易。

合作通道外，我们自己站内的推广是非常重要的。我们做了四档节目去包装、推广这档节目。《我系小跟班》用镜头带领网友前往“11度青春”系列电影拍摄现场探班，捕捉第一手NG花絮及幕后话题；科鲁兹“11度青春”电影行动中十位知名导演的独家号召视频及讲述自身奋斗历史，为“11度青春”活动和影片进一步造势；最后，优酷在雪佛兰科鲁兹“11度青春”活动的官网上，设计了网友奋斗故事征集活动，号召网友用文字方式上传自己的青春奋斗历程，讲述自己的感人故事……

这个过程对我们的团队也是一次巨大的锻炼。挖掘每个片子的点，把握网络的关注热点，从无到有地去推广，而且是一个跨度很长的内容。通过这一项目，我们的团队积累了丰富的经验。

网易：之前我在采访肖央的时候，听说你们要求在每部影片中插入一个金鱼在鱼缸中的镜头，为什么？

潘沁：其实它是一个抽象的符号，我们当时是觉得它比较符合影像艺术，是美感的一种表现。这也是我们与很多导演头脑风暴的产物。创作初期的时候，我们甚至设想所有的片子都从一个固定的场景开始，然后演绎出完全不同的结果。后来因为创作期的关系，导演没有在同一时间拍。由于很多非常个性化的原因，最后导演们都自己拍了开头，我们看完了之后觉得也挺好。

大家对于金鱼的使用、运用是完全有个人风格的，你就觉得很奇妙，比如说其中有一部片子就把人变成了金鱼，那个完全不是我们预料当中的。所以一个固定的命题被导演这样去解释，我们觉得还蛮好玩的。

网易：无论是金鱼，还是一个共同的开始，是否是为了让这十个片子看起来更像一个系列？

潘沁：没错。其实现在回头看，如果没有那样一个东西也无所谓。

网易：从《一个馒头的血案》开始，网络视频完全是一种草根状态，也没有人去刻意地推动、运作。但“11度青春”系列电影项目，我们看到了包括优酷、中影、雪佛兰的联手推动，似乎跟当时已经完全不一样了。今年甚至号称网络电影的元年。网络微电影没有任何固定的商业模式？

潘沁：其实什么概念不重要，但有一点非常值得一提，随着网络平台的成熟，尤其是视频网站的成熟，很多个人创作演变成为一种机构的行为，一种有组织的、可以潜心设计的一种创作。

就以《老男孩》为例，这个题材当初筷子兄弟是有原型故事的，他的原型故事仍然沿袭了筷子兄弟早期《男艺妓回忆录》《祝福你亲爱的》这种短片的个人风格。老男孩是在我们沟通过程后的再度创作。后来剧本的改编花了两个多月的时间，他重新写这个本子，包括后面的拍摄。其实我觉得这个项目是一个从个人创作变成一个机构集体创作，或者说整个原创创作群的集体行为，它是需要一个过程的，是需要一些时间的积累的。

如果今天不是优酷和中影牵头，我相信不会号召那么多有创作才情的青年导演做同一件事。第二，如果不是因为有这样一些影响，可能一个片子放进去就放进去了，很难取得今天的网络影响力。所以这个其实是需要平台去积累的。

网易:你认为,网络电影与商业如何平衡?

潘沁:这么说吧,我觉得任何一次成功的商业行为,都必须适应用户或者是接受者的消费心理,我不否认这次我的电影项目其实是一个商业项目,对吧。优酷作为一个独立运营的网站,我需要盈利,需要有好的口碑。我也需要为这个行业带来一些新鲜的元素,所有这些东西,跟商业的环境是分不开的。但我绝对不会为了商业去只适应商业。

有些客户希望表现产品部分,可能片子内容也还好,但肯定会有网友骂。但你明显看到这个片子一片叫好声,你可以看到它避免了有些东西被人骂,这是一个非常好的点。我们不愿意做一些伤害创作的事情。因为我自己清楚我是一个不一样的商业行为,所以我认为要有一些东西要去打动人心,就必须要有自己的思考在里面。

网易:不拒绝商业,但是要超出商业?

潘沁:对,你要引导。

网易:现在网络电影这块大概有几套比较成熟的商业运作模式?

潘沁:模式?我觉得没有任何固定的模式。你说淘宝成功不成功?苹果的模式和谷歌的模式,你说谁更好?每个模式都完全不同,很难讲。只要成功了就是一个好的模式。

网易:“11度青春”这个项目,你们盈利吗?

潘沁:首先我在这个项目里没有赔钱,这是确定的。第二,借助这个项目,优酷出品的品牌影响力、媒体的影响力、传播力大幅提升,我对团队的培养,包括我在创作圈子里面自己口碑的建立,这些全是我的benefit。当然从商业的角度来讲,我赚了多少钱,这个项目因为还没有结束,后面我们还有长片的部分,还不好说,但我能保证我这个项目是一个良性的运作。赚钱的部分我相信会由后面的东西带来。

网易:通过“11度青春”项目的运作,摸索到一些商业运作模式方面的经验吗?

潘沁:肯定会有。我们积累的经验非常非常多。包括商业部分的经验。因为说实话,我自己做传统媒体的运营,我有很多经验看到钱在哪里,但是你要让这个平台能吸收得进来,必须要一个过程。可能这个话听起来蛮抽象的,但它的确是一个事实。比如讲,我这么说,你说筷子兄弟这个项目他自己投了60多万,将近70万的成本,你觉得他的电影值多少钱呢?

网易:很难评估。

潘沁:没错。电影院可以用票房、电视版权等作估值,因为平台的不同,大家的估值会产生很大差异。你说这个内容本身有变化吗?其实没有太大变化,对不对?这个东西放在电影院,我确信它一样可以赚到钱。

就是说你这个平台上除了运营平台的人,还包括市场,对这个东西怎么样评估,现在有一个蛮大的落差。这个落差什么时候变小了,也就意味着我们商业部分什么时候才真正进入一个基本合理的状态。

因为视频网站今天面对的不是一个单纯自己的网络环境,是面对已经积累了十多年的一个网络环境,大家从来都是免费地从上面拿内容的。付费的习惯是要养成的,这个养成需要时间，并不意味着这个内容不值钱。

通过一些内容的付费收看，让这个落差变小是可以的，这个商业模式我们现在也正在做。但是它有没有可能以其他的方式来获得给作者一个更合理的空间？也还是有的。所以我觉得这个里面，市场不是一个人确定规则的，也不是一家媒体来确定它的价值的。

网易：像现在包括优酷、土豆等视频网站都在做内容原创。视频网站以后是否会成为网络短片的一种主流的推导力量？

潘沁：其实不会啦。我们注意到有很多传统的传媒集团，他们也在通过收购网站的方式创造内容。因为本身他们也拥有那种生产、制作的优势。这个平台应该是大家一起来做大。

拓展阅读 6：解密互动网络剧《苏菲日记》[1]

（被采访者：浦晓燕　华索影视总经理）

《苏菲日记》最初诞生在葡萄牙，之后迅速地被翻拍为英国、德国、巴西、智利、越南等多种版本，中国版《苏菲日记》（如图 3-3-5）以跨媒体互动网络短剧[2]的噱头走俏网络，该剧将镜头对准时下年轻"Y 一代"的生活，展现他们在成长中与家庭、学校以及社会的碰撞。虽然短短 5 分钟一集，但短而精彩，点播量火速上升。第二季也制作完毕，在东方卫视和土豆网播出。

图 3-3-5　网络剧《苏菲日记》海报

2008 年 10 月，由广电总局主办的第六届中国国际影视节目展在北京展览馆举行，华索影视数字制作有限公司的总经理浦晓燕做客新浪接受采访，下面是采访实录：

主持人：说到华索影视，我印象很深刻，这两天我都会路过你们的展台，然后会被你们的标语所吸引，就是"苏菲，由你决定"。

浦晓燕：对，可能刚开始我还想介绍一下华索影视，因为这个剧的形式跟华索影视公司的性质是很有关系的。华索影视是索尼国际电视部和中国电影集团的一家合资公司，我们作为这样一家本土的制作公司，我们在想我们应该有哪些特点，通过这次展会可以看出来，中国的电视制作业真的欣欣向荣，有这么多的制作公司。我们一直在努力寻找我们的特点，从众多的公司中跳出来。我们依托广泛的资源，我们想以它这个资源在中国做一个很特别的事情，这就是我们在这方面的一个尝试。如你所说，你的确可以决定很多东

---

①来源：新浪网。

②互动剧是一种用户能"玩"的交互式网络视频，是一种游戏化的视频，或者说视频化的游戏。用户在观看互动剧时，每触发一个情节点，都需要通过点击视频播放器内的选项按钮，来"选择"剧情的走向。

西，比如苏菲是18岁的女孩，她生活中充满了各种各样的困扰，也有各种各样挫折感，所以这时候需要大家的帮助和指点，然后帮助她下一步怎么走，怎么选择。

主持人：也许有一些网友朋友已经非常了解这个剧了，是不是在海外它已经先期跟海外的朋友见面了？

浦晓燕：对，其实苏菲在不同的国家有不同的名字，所以这个《苏菲日记》在海外已经是一个成功的模板，有西班牙版、葡萄牙版、巴西版、越南版、德国版、英国版，英国版是最成功的一个版本，它目前已经做到了第五季，而且它的第一集在英国发布的时候第一天的点击率24小时内就达到了一百万，对英国这么一个小人口的国家来说，这是一个很令人惊讶的数字。我们看到这在全世界，在众多世界范围之内成功的案例，我们想把这个成功移到中国来，因为中国也有很多跟海外一样的观众，尤其是中国的年轻观众，我们发现没有专门为他量身定做的内容，尤其在电视这个平台上。中国现代的年轻人成长的环境跟比较成熟的电视观众是不一样的，他们的成长环境就是对着电脑、手机，所以他们希望在这种新媒体平台上看到跟他们的生活息息相关的内容。《苏菲日记》中的这个苏菲，你可以在她的身上找到你的影子，找到你生活中很多相同的特点，所以会有感同身受的感觉。

主持人：在英国、西班牙、葡萄牙很多国家都掀起了收视狂潮，来到中国之后，我相信它更具有中国的文化气息，合中国孩子他们的欣赏口味，所以很想问问浦总，引进到中国来以后它会有一个怎样的变化？

浦晓燕：我想在海外成功的模式到中国来能成功，这是大家都非常关心的一个问题。本土化有两方面：一方面，如果它的本土观众还能产生有共同的接触点，他能感觉到这个主人公是中国的苏菲，英国的苏菲还是葡萄牙的苏菲；另外一个方面，这个模式在国外之所以成功是因为它有它独特的特点，我们把这个独特的特点在我们本土化的过程中保持下来。这是两个方面，所以我们一方面一方面来说。

第一方面，就是我们找了一位很有潜力的年轻编剧，他出版了一本网络小说，叫《残酷青春物语》，我们跟他一起来创作，这就保证了我们这个剧里所有的焦点，所有的问题、矛盾都是中国年轻一代所关心的。而且我们在剧本开始之初也做了很好的市场调研，真正地了解他们所关心的东西，所以这也保证了我们的编剧不是闭门造车，而是真的来源于生活。

从国际化的角度来说，我们找到一位导演，这位导演叫林浩然，他既有在海外的经验，又对中国的本土文化有很深的了解，所以他的镜头语言是时尚的，同时也是综合的，也是国际的，所以这就保证了我们的剧既本土化，同时又很国际。

主持人：《苏菲日记》已经进入了一个紧张的前期筹备工作，当然有一个很关键的问题，就是演员的选择。我不知道浦总会不会考虑说通过一些海选，或者网络征选的方式来挑选合适的演员？

浦晓燕：我们已经选出了十位非常优秀的女孩儿，她们都是中国Y一代的代表，她们有不同的个性，她们对苏菲有不同的了解，所以我们把这个决定权交给观众，交给Y一代，让他们来选出谁是心目中真正的苏菲，谁才能代表她。所以如果您感兴趣的话可以登录我们的网站，而且这次也是我们跟新浪视频网站共同合作的。

主持人：那我要赶紧上去珍惜我这一票的投票权，但是我觉得十个女孩各有千秋，每一个都有代表性，真希望十个女孩儿都呈现出来(笑)。

浦晓燕：很可惜，最后只能有一个苏菲，但是我想她身上集中了中国 Y 一代的特点。因为苏菲其实她是一个需要帮助的对象，但是她同时每天收到很多电话，说你能不能帮助我，苏菲，我今天面临了这个问题，你能帮我出主意吗？然后葡萄牙版当地的新闻界就说，这就是 Y 一代的典型特征，因为他们非常自我，他们更关注自己如何被帮助。每一个国家年轻人有不同的特点。

主持人：浦总刚才也特别跟我交流到，当这部片子《苏菲日记》跟广大观众朋友见面的时候，其实每一个朋友也可以拥有一个决定影片进展的权利，不光今天决定谁是苏菲，包括苏菲未来的生活当中所有的困难我们都可以一起来渡过。

浦晓燕：对，苏菲在有重大的人生抉择的时候需要大家的意见，比如每隔五天她就面临一个选择，然后请大家帮她做决定，周六、周日是网友帮她投票的时间，星期一出的版本就是根据大家投票最多的版本来进行的。

主持人：这种拍摄也是非常紧张的。

浦晓燕：对，所以这也是这个剧的一个特点，就是苏菲真实的一天，她的生活的一天，就是我们真实生活中发生的一天。苏菲真的是一个虚拟人物，她可能在世界或者网络里的某一个角落里生活着，她的每一天每分每秒都跟你是一样的。

主持人：我们什么时候可以看到苏菲呢？

浦晓燕：12 月初就可以看到苏菲，我们的官网已经启动了，在你们新浪平台上。

主持人：很想问问浦总，因为之前有一些操作方式是比较相似的，就是《丑女无敌》[①]，但是我想《苏菲日记》应该是另外一种方式，请浦总给我们介绍一下。

浦晓燕：《丑女无敌》还是电视系列剧的特点，但是我们这个是叫迷你网络剧，它最先出现在英国一个社交网站上，这个剧的播出帮助这个网站迅速地在它的竞争对手中确立了领先的地位，而且这个剧它还是有史以来第一次实现了网络内容被电视台购买。一般都是网络发电视台的内容或者发电影，这是很普遍的操作方法，但是这部剧的内容非常吸引人，因此点击率非常高。所以这个剧我觉得它最大的特点就是它是专门为年轻一代定制的，也像我刚才说的，现在年轻一代人他们消费信息的方式不太一样，首先他们消费信息的平台跟以前不一样，所以电视可能他很少看，因为他们总是在不停地行动运动之中，所以他们喜欢通过网络、手机或者是其他的一些新媒体来获取信息。而在他们的这个注意力的时间段上很短，可能他没有时间在那儿花半小时、四十五分钟每天去看很多的剧集，中间还有很多的广告，还有一个，他们对自己的事情有决定权，他们希望能够主动消费信息，他们的意愿还有他们的想法，他们观看的内容和消费的信息有一定的导向作用。我

---

①《丑女无敌》是由响巢国际传媒携手湖南卫视共同打造的中国版改编自风靡全球的美国都市喜剧《丑女贝蒂》，也是湖南卫视在 2008 年重资投拍的大型栏目剧，讲述的是丑女孩林无敌因为相貌的问题，屡次求职受挫。但她愈挫愈勇，凭借着一颗善良的心，最终进入了概念公司，帮助英俊潇洒的费德南拆东墙补西墙，过五关斩六将……

们这个剧就完全符合了他们的这个信息消费模式的变化。所以我们剧的长度只有五分钟，我们是每天都播出的，我们的播出平台是在网络、手机还有新媒体，比如说航空媒体、地铁、公交车，我们的概念就是说苏菲无处不在，你在任何地方都可以看到苏菲。

主持人：真是一个特别有吸引力的《苏菲日记》。最开始的时候浦总向我们介绍了华索影视创立的一个过程，接下来的一个发展方向是不是也方便透露一下呢？

浦晓燕：我想还是像我刚开始所说的，我们必须找出我们的特点。我们的特点，第一，我们有丰富的资源，我们可以把海外很成功的模式搬到中国来，然后我们因为又扎根在中国本土，所以我们有信心让海外的模式在本土化的过程是非常顺利的。还有，我们也会根据中国本土观众的口味着力打造高品质的本土内容，所以我们的重心是既关注中国电视，也关注中国电影业，因为中影集团也是我们的合资方。

主持人：没错，新媒体也是你们接下来发展的一个很重要的领域。

浦晓燕：对，你提醒了我，新媒体是我们非常想着力发展的一方面，所以《苏菲日记》我希望第一集能够很成功，然后我们会继续做下去，做出第二季、第三季，让中国的苏菲也能够不断地成长。在英国版的苏菲刚开始播出的时候她只有17岁，她在网络世界里度过了18岁，然后现在大家又在迎接她的19岁，大家看着她成长，然后渐渐就成了你生活中很真实的朋友。她有三条主线，就是她的家庭生活是一条线，学习生活是一条线，还有非常重要的一条线是她的校园生活。所以可以看到在我们真实生活中的每一个节日，对她的生活都会有影响，或者说我们生活中发生一些重大的事件对她的生活也会有影响。

第四章
网络视频的拍摄入门

【知识目标】

☆机位。
☆轴线。
☆景别。
☆曝光。
☆宽容度。
☆感光度。

【能力目标】

1. 掌握常用机位的布局。
2. 掌握基本的越轴方法。
3. 掌握基本景别的功用。
4. 掌握基本的曝光控制方法。
5. 动手实测数码影像设备的宽容度。
6. 动手实测数码影像设备的感光度。

【拓展阅读】

拓展阅读7：大师镜头之越轴的表意功能。
拓展阅读8：数码相机的宽容度。

专业的网络视频拍摄，是一个既有技术含量，又有艺术创作成分的工作。本章专题研讨网络视频的拍摄入门。

作为影视艺术创作和生产的新兴门类，各种新型视频拍摄设备已经为网络视频的拍摄带来了诸多革命性应用。在前面的章节中我们更多地从实用工具的分类入手，着重阐述了网络视频行业的动态、新科技革命背景下的视频应用前景以及各类网络视频制作的一般流程和规定动作。对于如何又快又好地开启网络视频拍摄的创作之门，我们不得不更多地从传统电影、电视艺术多年来成熟而优良的技术范型入手，以此“凿壁借光”。

第一节　机位选择

要观看一个物体或一个场面，我们会本能地移动到合适的地点以求有合适的视点和观看角度。同样，拍摄一个物体或一个场面，第一件要做的事情就是为替代我们眼睛的摄像机、照相机等设备寻找一个合适的位置，简称机位选择。表面上看，机位选择是一个很简单的事情，特别是当拍摄设备具有变焦镜头的时候，机位选择似乎更是小题大做，实则不然。我们认为，网络视频拍摄得专业与否，第一步就是从机位选择开始。因为，机位选择关乎拍摄距离、拍摄高度、拍摄角度等画面造型的基本要素，这些要素的不同组合会产生不同的画面造型效果。拍摄距离将在第二节中讲，本节重点谈谈拍摄方向、拍摄高度以及多机位拍摄。

一、拍摄方向

拍摄方向的变化是指拍摄视角在水平方向上的变化。拍摄者以拍摄对象为中心，进行水平圆周运动，寻找最理想、最能表现拍摄对象特征的角度。

（一）正面角度

被摄对象的朝向与镜头视向相对为正面拍摄形式，即正面角度（如图 4-1-1）。

图 4-1-1　微电影《山城之光》①视频截图，正面角度拍摄

正面角度的造型特点：

（1）全面揭示。正面拍摄形式能全面揭示被摄体的正面特征，如具有证明某人身份的画面，通常采用正面近景和正面特写。

（2）交流感。正面拍摄形式能形成观众与画面的交流，如主持人、演员对着镜头说话，采用正面近景、半身像，和观众的交流感强。

（3）均衡与庄严。正面拍摄形式容易产生均衡、对称、庄严、隆重、肃穆的效果，如正面拍摄教堂的全景。

（4）呆板。正面拍摄形式无论拍人还是拍物，时间一长，如果镜头缺少变化就显得呆板、不利于表现运动、透视关系不明显。

（二）正侧面角度

侧面角度分为正侧面和斜侧面。被摄对象的视线朝向与摄影机（摄像机）的光轴方向

①创意力工作室出品的温情公益微电影，王力导演，2012 年初摄制于重庆，2013 年 3 月 14 日白色情人节土豆网首页发布，并在重庆卫视星电影播出。

成直角即 90 度时，称为正侧面角度镜头（如图 4-1-2）。

正侧面角度的造型特点：

（1）表现轮廓。人物的正面表情或景物的正面特征不再明显，人物形象的轮廓表现鲜明。

（2）动感。正侧面角度适合表现运动、动感，如侧面拍摄飞奔的汽车、骏马奔跑、飞翔的鸟群等。

（3）立体感。侧面角度擅长表现人物形象的轮廓感，但是如果镜头中人物本身缺乏运动或镜前变化，那么人物形象的立体感会显得不突出。

图 4-1-2　微电影《山城之光》视频截图，正侧面角度拍摄

（4）交流感。不同侧面角度的镜头可以表现交流感与背离感。

（三）斜侧面角度

介于正面角度和正侧面角度之间的角度即为斜侧面（如图 4-1-3）。这个角度是影视作品镜头中最常见的角度。

造型特点：

（1）立体感强，透视感强。容易形成空间透视，对靠近镜头的对象有强调感，利于氛围营造。

（2）动感。能够很好地表现运动。

图 4-1-3　微电影《山城之光》视频截图，斜侧面角度拍摄

（四）背面角度

从被摄主体的背面拍摄的角度即为背面角度（如图 4-1-4）。

造型特点：

（1）凸显背影轮廓，人物的背影成为表现主体。

（2）参与感强。背面角度的镜头拍摄通常是背跟运动的镜头，往往是跟随被摄主体一起进入某个空间或领域，因而会产生强烈的带入感。在很多纪录片中也会出现很多人物的背跟拍摄镜头，会有强烈的跟随感和纪实感。

图 4-1-4　微电影《山城之光》视频截图，背面角度拍摄

（3）营造悬疑。由于背面角度看不到被摄主体的面部表情，因而该角度有悬疑效果，能调动观众的好奇和猜想。

二、拍摄高度

拍摄高度的变化是从生活中人的视点高度的变化演变而来的，将摄影机（摄像机）置于不同的高度进行拍摄，以满足观众变化视点高低观看事物的心理需求。拍摄高度的变化依据人们观察景物的视觉特点，一般分为平角度、仰角度、俯角度三种形式。在拍摄距离、拍摄方向不变的条件下，随着拍摄高度的变化，镜头中拍摄对象的空间关系会有很大改变，并且会导致画面水平线的变化和前后景物可见度、透视关系的变化。每种拍摄高度，都可以和不同的拍摄方式进行结合，如平角度拍摄可以分为正面平角度、侧面平角度、背面平角度拍摄。

（一）平角度

摄影机（摄像机）镜头与被摄物体的集合中心或被摄人物的眼睛处在同一水平线上，称为平角度拍摄（如图 4-1-5）。

图 4-1-5　网络剧《我的大学食堂生涯》[①]视频截图，平角度拍摄

造型特点：

（1）客观、自然。平角度合乎人们平常的视觉细看和观看景物的方式。如用标准镜头平角度拍摄，所得画面透视关系、人物景物的空间关系和大小比例都与人眼在现实生活中所看到的世界大致相同。朴实、平淡、纪实感强，适合表现生活氛围。

（2）拍摄以人物为主的场景时，特别要关注人物背景里的水平和垂直线条，这些线条会在视觉上分割画面，影响视觉的表达。

图 4-1-6　网络剧《我的大学食堂生涯》视频截图，仰角度拍摄

（二）仰角度

摄影机（摄像机）镜头处在被摄物体的集合中心或被摄人物的眼睛之下，从低处往上拍摄，称为仰角度拍摄（如图 4-1-6）。

造型特点：

（1）主观色彩。仰角度带有强烈的主观色彩，接近人的仰视视角，会把人物的被摄对象呈现得高大、有气势，有夸张的效果。

---

①2014 年，重庆师范大学广播电视编导专业 2011 级“十分电影”创作季获奖作品之一，最佳创意奖。

(2)仰角拍摄中，地平线主要处于画面的下部，仰角向上的线条或形成透视感。

(3)仰角拍摄能突出主体，避开杂乱的背景。

(4)仰角拍摄时，靠近镜头的人和物会显得特别醒目。

（三）俯角度

摄影机(摄像机)处在正常水平线之上，由高处向下拍摄，称为俯角度拍摄(如图 4-1-7)。

图 4-1-7　微电影《山城之光》视频截图，俯角度拍摄

造型特点：

(1)主观色彩。俯角度具有凝视的效果，像上帝在俯瞰众生。

(2)空间感。俯角度可以表现出深远的空间感，如申奥成功后，盛大的广场场面和欢乐的人群。

(3)地平线。俯角度拍摄中，景物的地平线处于画面上部，甚至没有地平线，画面中线条呈由远及近的发散状。

三、多机位拍摄

在一般人眼里，机位越多才是更专业的制作。在网络视频制作过程中，当确定了拍摄内容准备执行之前，还会面临着很多必须确定的问题。其中，关于如何拍摄，除了首先选择使用什么类型的影像系统外，还必须清楚，到底是用单机拍摄，还是多机位拍摄。我们先从多机位的典型案例说起。

据制作解密，《爸爸去哪儿》第一季的现场有超过 40 个机位(如图 4-1-8)。可能一般人会以为，大制作大投资都是多机位拍摄，只要我们有充裕的投资，进行网络视频制作的时候，我们也应该这么选择。实则未必，如果你站到制片人的角度换位思考一下，起码不至于这么武断。

图 4-1-8　真人秀电视节目《爸爸去哪儿》第一季现场的部分机位

《爸爸去哪儿》第一季的现场有超过 40 个机位，意味着现场有超过 100 人的庞大摄制团队，意味着后期制作有超过 1000 小时的节目素材，而节目要求是每期 90 分钟，那意味着 11∶1 片比，这等于是中等制作的电影平均片比。

对于初学者而言，首先要清楚的一条原则，不是所有的内容都适合多机位拍摄。在电影界，很多优秀的电影大师都选择单机位拍摄，因为那样导演在现场的注意力可以更好地集中，除非是特定场景的需要，比如爆炸、特效的制作镜头。更何况，在拍摄现场，受很多室内的场景和布景的限制，你根本没地方摆放多余的第二台摄像机。

多机位等于多角度多景别，为了加快拍摄进度和拍摄效率，为什么不可以多机位拍摄？

在专业的拍摄现场，除了摄像设备，还有录音设备、灯光设备和其他诸多设备。如果对灯光稍微有所专业学习的话，不同的景别的灯光布置是不相同的，尤其是特写镜头，灯光师为了表现特别的面部质感，现场可能会配置各种灯光以实现某一角度的光效，而那个角度往往只能满足一个机位拍摄，所以哪怕有多台摄像机在现场也是徒劳无用的。

《爸爸去哪儿》第一季为什么能采用40多个机位？首先，作为湖南卫视的一档亲子真人秀电视节目，采用的是摄录一体机进行节目拍摄，摄像师除了监听耳机外，全手持拍摄，大多拍摄外景的现场没有灯光和其他设备的干扰，场地允许多机位。其次，仔细分析一下那40台机器如何使用的，就会发现，其实那么多台机器也似乎不够用，为什么？

从节目内容构成分析，《爸爸去哪儿》第一季一共有5对父子（如图4-1-9），分别是林志颖和Kimi、王岳伦和王诗龄、郭涛和石头、张亮和天天、田亮和森碟，10个人，平均分配得到的摄像机每人只有4台摄像机。室内场地空间往往有限，同时也为了避免穿帮，所以就用了2台摄像机；门外必须留守1个机位，以衔接人物从室内走出门外；再远一点1个机位，以保证人物从室内跑出门外远景拍摄和长距离跟拍，同时又能保证后面的闲置机位跑位到再远处去衔接拍摄。如果现场编导还需要大远景，比如拍摄田园风光，只得动用航拍和调用其他多余的闲置机位……由此可见，40个机位是节目组合理安排之下最经济和优化的一种方案，而并非奢华方案。

图4-1-9 《爸爸去哪儿》第一季的5对父子宣传海报

综上，机位数量的选择问题，不是孰是孰非之选，还是要回到本书中一贯强调的理念：一切从节目内容的实际需求出发，不可一味奢华求多。拍摄的专业性并不体现在于机位的多多益善，而在于如何通过机位的优化配置，满足节目制作方案的需求。

哪些场景适合多机位拍摄？不同的节目类型，不同的现场，甚至不同的拍摄习惯，会有所不同，简单归纳如表4-1-1所示。

表 4-1-1　多机位拍摄的主要适用场景

节目类型	摄像机配置	适用场景
微电影	多机位	爆炸、不可复制的某个场景（火灾）、道具的损坏过程、某一特定妆容变化（变脸、哭戏）
综艺节目	多机位	活动、晚会现场，拍摄对象多和复杂，必须多角度才能满足拍摄、节目形式、音乐节奏构建需要
纪录片	多机位	拍摄对象不介意摄像机的情况
电视剧	多机位	现场灯光配置允许多机位拍摄的情况

关于多机位拍摄，另外还有一种特殊的情况——不是每个机位都用同样的设备！在美国好莱坞电影《极品飞车》的拍摄中，A 机用于拍摄演员和面部特写，摄制剧组选择了佳能 C500 电影摄影机，同时又选用了阿莱的 Alexa① 作为 B 机，用于高速车拍和高反差内容的拍摄。可见，多机位的拍摄与选择还要考虑不同设备的不同特点，同样是数字摄影机，各有各的优劣，这将是我们在实际拍摄应用中面临的诸多抉择之一，不容小视。

第二节　景别控制

机位的选择，决定了拍摄的方向和拍摄的高度，如果所用设备是定焦镜头，则也决定了被摄体在画面中的大小和场面的范围。这就牵涉出一个重要的概念：景别。景别控制是电影、电视剧的重要叙事策略和语法，对于网络视频的拍摄也一样具有举足轻重的地位。

一、景别的形成

摄入画面景框内的主体形象，无论人物、动物或景物，都可统称为“景”。景别是指由于机位与被摄体的距离远近或焦距不同，而造成被摄体在画面中所呈现出的范围大小的区别。

画面的景别，取决于机位与被摄物体之间的距离和所用镜头焦距的长短两个因素。机位与被摄体越远，镜头焦距越短，镜头就可以拍下更大的范围；反之，机位与被摄体越近，镜头焦距越长，镜头就可以拍下更小的范围。

值得注意的是，同一景别不同焦距拍摄的镜头画面效果会存在很大的差异。

（一）背景范围的差异

同一景别镜头的拍摄，使用短焦距镜头必须要靠近被拍摄对象。画面中被摄主体在

①德国 ARRI 公司生产的高清数字电影摄影机，具有超凡卓越成像能力和集成式工作流程。全新功能是可直接在机载 S×S 存储卡上记录 QuickTime 文件，包括苹果 ProRes 4444 和 422（HQ）两种格式。这些文件可以直接编辑（DTE），极大地加速制作流程。

同样面积、同样位置的前提下，画面的背景范围大，包容的范围广，视觉信息量大。这时，可借助环境烘托被摄主体，借助环境和背景的作用更全面地表现主题，使主题内容的表现有视觉依据。同一景别，使用长焦距镜头则要远离被摄体拍摄，焦距越长，镜头距离被摄对象就要越远，画面的背景范围就越小，视角就越窄，包容环境的物体就越少，相对画面的视觉信息量就越少。

在电视新闻的拍摄中，常用变焦镜头的短焦距端拍摄记者在现场出境时的镜头，一方面是出于画面稳定和现场的限制，更为重要的是，使用短焦距拍摄的画面背景范围大，信息量大，现场感更强。

（二）景深范围的差异

景深范围是指影像清晰成像的空间范围。景深范围的大小，取决于光圈大小、拍摄距离的远近和镜头焦距的长短。在其他拍摄条件不变的情况下，焦距越长，景深越小，焦距越短，景深越大。同一景别，使用短焦距镜头靠近被摄对象拍摄时，影像清晰的纵深范围就大，使用长焦距镜头远离被摄对象拍摄时，画面中被摄体的景深就小。

拍摄特写镜头时，如果是用变焦镜头的长焦端拍摄，特别是在大光圈的配合下，很容易就取得小景深的画面效果。这种小景深的画面既能虚化背景、突出主体，又能增强画面的形式美感。如拍摄花朵时把绿叶虚化，拍摄昆虫时把杂乱的背景虚化。

（三）视觉效果的差异

用短焦距镜头靠近被摄物体拍摄，画面透视效果好，被摄体与周围、特别是与远处的景物形成近大远小的强烈对比，人为加大了空间距离感。用长焦镜头远离被摄物体拍摄，画面透视效果差，被摄体与背景压缩紧紧贴合在一起，远处景物被明显拉近，而被摄主体被明显推远，画面中大小对比感弱。

在影片《那山那人那狗》中，父子在山顶边走边谈以及儿子边走边唱，采用了摄影机后退的跟拍方式，在微俯的角度下，除了被摄主体得到表现外，远山成为画面的背景，画面的纵深感很强；同时，作为背景的远山还有紧扣主题和推动情节的功能，它为后来儿子转述母亲的话——山里人住在山里就像把脚放在鞋子里一样舒服——奠定了深厚的感性基础。

（四）色彩饱和度差异

色彩饱和度是指色纯度，也指颜色的鲜艳程度。影响色彩饱和度的因素有很多，其中之一是不同焦距镜头对它的影响。同一景别，使用短焦距镜头靠近被摄体拍摄时，画面的色彩饱和度正常；使用长焦镜头远离被摄体拍摄时，由于镜头与主体对象之间的距离增加，空气介质也增多，拍摄出来的画面发灰，画面的色彩饱和度也随之降低。所以，在拍摄距离没法缩短的情况下，为了提高画面色彩的饱和度，最好选在雨后空气透视度高的情况下拍摄。

二、具体景别的划分

景别一般可分为五种（如图 4-2-1），由远至近分别为：远景（被摄体所处环境）、全景（人体的全部和周围背景）、中景（人体膝部以上）、近景（人体胸部以上）、特写（人体肩部以上）。

图 4-2-1　景别的划分

（一）远景

远景一般用来表现远离摄影机的环境全貌，展示人物及其周围广阔的空间环境、自然景色和群众活动大场面的镜头画面。它相当于从较远的距离观看景物和人物，视野宽广，能包容广大的空间，人物较小，背景占主要地位，画面给人以整体感，细部却不甚清晰。

远景通常用于介绍环境，抒发情感。在拍摄外景时常常使用这样的镜头，可以有效地描绘雄伟的峡谷、豪华的庄园、荒野的丛林，也可以描绘现代化的工业区或阴沉的贫民区。

电影诞生以来，卢米埃尔就发现并运用远景画面善于表现大的物象的特点。《工厂大门》①与《火车进站》②（如图 4-2-2）所表现的就是众多工人上工和火车到站时站台上熙熙攘攘的景象。格里菲斯 1916 年导演的《党同伐异》③（如图 4-2-3），制作了最雄伟的巴比伦宫殿布景，纵身达 1600 米，仅拍摄“巴尔泰萨尔盛宴”一个场面，就动用了 4000 多名群众演

---

①《工厂大门》是世界上的第一部电影，由法国导演路易斯·卢米埃尔执导，在 1895 年 3 月 22 日上映。

②1895 年 12 月 28 日，是世界电影史上值得纪念的日子，法国的卢米埃尔兄弟在巴黎嘉布欣大道上的咖啡厅地下室，公开放映了他们所拍摄的数部短片。此次放映时间加起来总共仅二十几分钟，入场观众必须付 1 法郎的播映费，被公认为首次公开放映的电影。而当天安排最先播放的影片《火车进站》，也就成为世界电影史上第一部公开放映的电影。

③由 D. W. 格里菲斯编剧、导演，是其最具创作野心的作品。影片由 4 段相隔数千年互不相关的故事连缀而成：《母与法》、《基督受难》、《圣巴多罗缪的屠杀》和《巴比伦的陷落》。故事虽不相关，但反映了一个共同的主题：祈求和平，反对党同伐异。格里菲斯描述他自己的构想：“四个大循环故事好像四条河流，最初是分散而平静地流动着，最后却汇合成一条强大汹涌的急流。”

员，摄影师坐在气球上拍摄。也只有运用大全景，才能摄入如此浩大的场面。

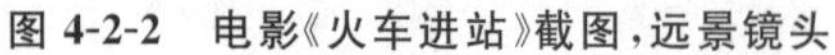

图 4-2-2　电影《火车进站》截图，远景镜头

图 4-2-3　电影《党同伐异》截图，远景镜头

随着宽银幕的出现，远景越来越成为电影营造视觉奇观的手段。一些气势恢宏的大场面出现在很多影片中。

远景的功用：

(1)可以提供较多的视觉信息；

(2)呈现出极其开阔的空间和壮观的场面；

(3)以景物为主，借景抒情；

(4)也是写人的景别；

(5)常用于开篇或结尾。

远景画面注重对景物和事件的宏观表现，力求在一个画面内尽可能多地提供景物和事件的空间、规模、气势、场面等方面的整体视觉信息。提供广阔的视觉空间和表现景物的宏观形象是远景画面的重要任务，讲究“远取其势”。

(二)全景

全景用来表现场景的全貌或人物的全身动作，在影视作品中用于表现人物之间、人与环境之间的关系(如图 4-2-4)。全景画面，主要表现人物全身，活动范围较大，体型、衣着打扮、身份交代得比较清楚，环境、道具看得明白，通常在拍内景时，作为摄像的总角度的景别。因此，全景画面比远景更能够全面阐释人物与环境之间的密切关系，可以通过特定环境来表现特定人物，这在各类影视片中被广泛地应用。而对比远景画面，全景更能够展示出人物的行为动作、表情相貌，也可以从某种程度上来表现人物的内心活动。

全景画面中包含整个人物形貌，既不像远景那样由于细节过小而不能很好地进行观察，又不会像中近景画面那样不能展示人物全身的形态动作。在叙事、抒情和阐述人物与环境的关系的功能上，起到了独特的作用。

全景的功用：

(1)表现一个事物或场景的全貌；

(2)完整表现人物的形体动作；

(3)通过形体动作揭示人物内心；

图 4-2-4　微电影《山城之光》视频截图，全景拍摄打斗的镜头

(4)表现特定环境下的特定人物；

(5)在一组蒙太奇镜头中具有“定位”作用。

全景画面有明显的内容中心和结构主体，重视特定范围内某一具体对象的视觉轮廓形状和视觉中心地位。全景将被摄主体人物及其所处的环境空间在一个画面中同时进行表现，可以通过典型环境和特定场景表现特定的人物。环境对人物是有说明、解释、烘托、陪衬的作用。全景画面还具有某种“定位”作用，即确定被摄人物或物体在实际空间中的方位。全景画面通过对人物形体动作的表现来反映人物内心情感和心理状态。人是表现的中心，完整地表现人物的形体动作即人物性格、情绪和心理活动的外化形式是全景画面的功用之一。

（三）中景

画框下边卡在膝盖左右部位或场景局部的画面称为中景画面，但一般不正好卡在膝盖部位，因为卡在关节部位是摄像构图中所忌讳的，比如脖子、腰关节、腿关节、脚关节等。中景和全景相比，包容景物的范围有所缩小，环境处于次要地位，重点在于表现人物的上身动作。中景画面为叙事性的景别。因此中景在影视作品中占的比重较大。处理中景画面要注意避免直线条式的死板构图、拍摄角度、演员调度，姿势要讲究，避免构图单一死板。还要注意人物不是静止的，是运动的，在镜头前的前后位置会有变化。

图 4-2-5　网络剧《我的大学食堂生涯》视频截图，中景镜头

中景是叙事功能最强的一种景别。在包含对话、动作和情绪交流的场景中，利用中景景别可以最有利最兼顾地表现人物之间、人物与周围环境之间的关系。中景的特点决定了它可以更好地表现人物的身份、动作以及动作的目的。表现多人时，可以清晰地表现人物之间的相互关系。如上文提及的网络剧《我的大学食堂生涯》的这个中景镜头表现的是一个多人合影留念的情景(如图 4-2-5)，既交代出环境——在孔子雕像前，又通过角色手中的奖杯和奖牌道具表现出他们获奖后喜悦的一面。

中景的功用：

(1)可以表现人物手臂的活动；

(2)表现物体内部最富表现力的结构线;

(3)在有情节的场景中表现人物之间的交流。

(四)近景

拍到人物胸部以上,或物体的局部成为近景。近景的屏幕形象是近距离观察人物的体现,所以近景能清楚地看清人物细微动作,也是人物之间进行感情交流的景别。近景着重表现人物的面部表情,传达人物的内心世界,是刻画人物性格最有力的景别。

如电视节目中主持人与观众进行情绪交流也多用近景。这种景别适用于电视屏幕小的特点,在电视摄像中用得较多,因此有人说电视是近景和特写的艺术。近景产生的接近感,往往给观众以较深刻的印象。

由于近景人物面部看得十分清楚,人物面部缺陷在近景中得到突出表现,所以在造型上要求细致,无论是化妆、服装、道具都要十分逼真和生活化,不能看出破绽。

近景中的环境退于次要地位,画面构图应尽量简练,避免杂乱的背景夺视线,因此常用长焦镜头拍摄,利用景深小的特点虚化背景。人物近景画面用人物局部背影或道具做前景可增加画面的深度、层次和线条结构。近景人物一般只有一人做画面主体,其他人物往往作为陪体或前景处理。"结婚照"式的双主体画面,在电视剧、电影中是很少见的。

由于近景画面视觉范围较小,观察距离相对更近,人物和景物的尺寸足够大,细节比较清晰,所以非常有利于表现人物的面部或者其他部位的表情神态、细微动作以及景物的局部状态,这些是大景别画面所不具备的功能。尤其是相对于电影画面来讲,电视画面的尺寸狭小,很多在电影画面中大景别能够表现出来的比如深远辽阔、气势宏大的场面,在电视画面中不能够得到充分的表现,所以在各类电视节目中近景使用较多,观众对近景画面的观察更为细致,这样有利于在较小的屏幕上做到对观众更好的表达。

在创作中,我们又经常把介于中景和近景之间的表现人物的画面称为"中近景"。就是画面为表现人物大约腰部以上的部分的镜头,所以有的时候又把它称为"半身镜头"。这种景别不是常规意义上的中景和近景,在一般情况下,处理这样的景别是以中景作为依据,还要充分考虑对人物神态的表现。正是由于它能够兼顾中景的叙事和近景的表现功能,所以在各类电视节目的制作中,这样的景别越来越多地被采用。

图 4-2-6 网络剧《我的大学食堂生涯》视频截图,近景镜头

近景的功用:

(1)近景画面是表现人物面部神态、刻画人物性格的主要的景别(如图4-2-6)。人物处于近景画面时,眼睛成为重要的形象元素,因此电视剧拍摄中对主要演员的近景镜头一般给以眼神光处理。近景画面中被摄人物面部肌肉的颤动、目光的流转、眉毛的挑皱等都能给观众留下深刻的印象,人物内心波动所反映到脸上的微妙变化已无任何藏隐之处，不仅人眼成为心灵之窗最传神的地方，而且观众与被摄人物之间的心理距离也缩小了，人物的表情变化给观众的视觉刺激远大于大景别画面。所以，我们说近景是表现人物面部神态和情绪、刻画人物性格的主要景别。

(2)近景画面拉近了被摄人物与观众的距离，容易产生一种交流感。用视觉交流带动观众与被摄人物的交流，并缩小与画中人的心理距离是电视画面吸引观众并将观众带进特定情节或现场的一种有效手段。如世界各国大多数电视新闻节目或专题节目的播音员或主持人多是以近景的景别样式出现在观众面前的。

(3)近景近距离地表现物体富有意义的局部。观众在电视画面的有限空间中通过大景别画面看不清楚的局部动作和细节，能够在近景画面中得到视觉满足。比如看一个杂技演员倒立反身以双腿过头的动作夹起一叠瓷碗时，人们的注意力自然会移到脚尖处。用全景显然难以将最富意义的脚夹瓷碗的动作表现出来，而近景画面则将画框接近动作区域，非常突出地表现了脚尖夹起瓷碗的完整过程。这种以景别的变化接近被摄体富有意义的局部，正是电视画面表现的特长。

(五)特写

画面的下边框在成人肩部以上的头像，或其他被摄对象的局部称为特写镜头(如图 4-2-7)。仅仅在镜框中包含人物面部的局部，或突出某一拍摄对象的局部，可称之为大特写。如，一个人的头部充满银幕的镜头就成为特写镜头，让演员的眼睛充满银幕的镜头就成为大特写镜头。大特写的作用和特写镜头是相同的，只不过在艺术效果上更加强烈，在一些惊悚片中比较常见。

图 4-2-7　微电影《带你追债带你飞》视频截图，人物特写镜头

特写镜头被摄对象充满画面，比近景更加接近观众。特写镜头提示信息，营造悬念，能细微地表现人物面部表情，刻画人物，表现复杂的人物关系，它具有生活中不常见的特殊的视觉感受。主要用来描绘人物的内心活动，背景处于次要地位，甚至消失，演员通过面部把内心活动传给观众。特写镜头无论是人物或其他对象均能给观众以强烈的印象。

在故事片、电视剧中，道具的特写往往蕴含着重要的戏剧因素，在一个蒙太奇段落和句子中，有强调加重的含义。尤其是脸部大特写(只含五官)应该慎用。电视新闻摄像没有刻画人物的任务，一般不用人物的大特写。在电视新闻中有的摄像经常从脸部特写拉出，或者是从一枚奖章、一朵鲜花、一盏灯具拉出，用得精可起强调作用，用得太多也会导致观众的视觉错乱。如果形成一个"套子"就更不高明了。

由于特写画面视角最小，视距最近，画面细节最突出，所以能够最好地表现对象的线条、质感、色彩等特征。特写画面把物体的局部放大开来，并且在画面中呈现这个单一的物体形态，使观众不得不把视觉集中，近距离仔细观察接受。特写画面有利于细致地对景物进行表现，也更易于被观众重视和接受。

尽管人物或是景物都是存在于环境之中的，但是在特写画面里，我们几乎可以忽略环境因素的存在。由于特写画面视角小、景深小、景物成像尺寸大，细节突出，观众的视觉已经完全被画面的主体占据，这时候环境完全处于次要的、可以忽略的地位。观众不易观察出特写画面中对象所处的环境，因而我们可以利用这样的画面来转化场景和时空，避免不同场景直接连接在一起时产生的突兀感。

特写的功用：

(1)排除多余形象，突出最有价值的细部。特写画面的画框较近景进一步接近被摄体，常用来从细微之处揭示被摄对象的内部特征及本质内容。特写画面内容单一，可起到放大形象、强化内容、突出细节等作用，会给观众带来一种预期和探索用意的意味。

特写画面通过描绘事物最有价值的细部，排除一切多余形象，从而强化了观众对所表现的形象的认识，并达到透视事物深层内涵、揭示事物本质的目的。比如一只握成拳头的手以充满画面的形式出现在电视屏幕上时，它已不是一只简单的手，而似乎象征着一种力量，或寓意着某种权力、代表了某个方面、反映出某种情绪等。在造型上特写画面内的形象呈现出一种突破画框向外扩张的趋势，仿佛将画内情绪向画外推出，从而创造了视觉张力。

(2)突出细部特征，揭示事物本质。细节描写是文学创作中的重要手法，也是影视节目表现生活、刻画人物的重要方法。特写画面将触角伸向事物的内部，注重从细微之处来揭示事物的本质特征。

(3)通过面部特写，揭示人物复杂多样的内心世界。特写画面在表现人物面部时，提示出人物复杂多样的心灵世界，并通过其面部表情和眼神变化形成一种区别于戏剧舞台的场面调度。在有情节的叙事性影视节目中，人物面部表情和眼神变化所反映出的思想活动和意念，在表现某些特殊场面时有着无限的可能性，并形成视听语言的一个戏剧因素。

(4)将画面内的情绪强烈地传达给观众。

(5)表现物体的质感。与远景注重"量"的表现相比，特写更讲究物体"质"的表现。特写画面表现景物时，可把近距离才能看清的极微小的世界放大呈现出来，而表现好物体的质感，可以调动观众的触觉经验，加强画面的感染力。所以更确切地说，特写是表现质地的景别。

(6)创造悬念。特写镜头除了突显局部细节价值外,包括画外空间的留白能够创造剧情需要的悬念。观众还没有看到的内容才是关键和重点。

(7)常被用作转场镜头。由于特写分割了被摄体与周围环境的空间联系,常被用作转场镜头。利用特写画面空间表现不确定和空间方位不明确的特点,在场景转换时,将镜头由特写打开至新场景,观众不会觉得突然和跳跃。

(8)在一组镜头中,特写常是表现重点。

总之,特写在镜头景别中如同诗歌中的"诗眼[①]",音乐中的"重音符",语言文字中的"惊叹号",由于其空间关系的独立性,可以很自然地成为画面语言连接的纽带和重心,是节目编摄者需着重注意、着力表现的一个景别。

三、景别的变化

从画面呈现的内容上看,景别越大,环境因素越多,景别越小,强调因素越多。关键是,不同景别的画面在人的生理和心理情感中都会产生不同的投影,不同的感受。摄影机和对象之间的距离越远,我们观看时,就越冷静;也就是说,我们在空间上隔得越远,在情感上参与的程度就越小。较远的镜头本身有一种使场面客观化的作用,这首先是因为远景镜头中的空间关系清晰明确。较近的镜头一般能比较远的镜头使我们在感情上更加接近人物。这是因为可以突出环境中的一小部分,它挑出这个部分不仅是为了强调与之有关的某种东西,而且还为了有意忽视其余部分。由于这样的镜头没有挤进来的和无关的东西,因此视觉的观察是比较简单的,我们对于出现在眼前的实际形象可以立即做出客观的解释,这就为我们留下了更多的余地,使我们可以在情感上做出反应。交替地使用各种不同的景别,可以使影片剧情的叙述、人物思想感情的表达、人物关系的处理更具有表现力,从而增强影片的艺术感染力。

(一)景别的变化是实现造型意图的重要因素

景别的变化带来的是视点的变化,它能通过摄像造型达到满足观众从不同视距、不同视角全面观看被摄体的心理要求。观众在看电视时与电视机屏幕的距离是相对稳定不变的,画面景别的变化使画面形象时而呈现全貌,时而展示细部;时而居远渺小如点,时而临近占满画框,从视觉感知上使观众或远或近地观看一个物体成为可能。不同景别体现出不同的意图,全景出气氛,特写出情绪,中景是表现人物交流特别好的景别,近景是侧重于揭示人物内心世界的景别。

(二)景别的变化是节奏变化的重要因素

不同景别之间的组接则形成了视觉节奏的变化。由远到近的组合形式,和画面越来越高涨的情节发展相辅相成,适用于表现愈益高涨的情绪;由近到远的组合形式,适于表

①诗眼是诗歌中最能开拓意旨和表现力最强的关键词句。

现愈益宁静、深远或低沉的情绪，并可把观众的视线由细部引向整体。观众不仅能在画面时空和视距的变化中感受到思维引导，而且也能在景别跳度、视点跳度的大小、缓急中具体地感受到整个内容在节奏上的变化。比如远景画面接大全景画面，再接全景画面，节奏抒情、舒缓；两极景别的镜头组接如全景接特写，节奏跳跃、急切。

（三）景别的变化使画面具有更加明确的指向性

不同景别的画面包括不同的表现时空和内容，实际上是摄制人员在不断地规范和限制着被摄主体的被认识范围，决定了观众视觉接受画面信息的取舍藏露，由此引导观众去注意和观看被摄主体的不同方面，使镜头对事物的表现和叙述有了层次、重点和顺序。对镜头景别的调度，实质上是对观众所能看到的画面表现时空的调度。运用不同景别有效地支配观众的视听注意力并赋予被摄主体以恰如其分的表现意义是影视主创人员的重要创造活动。

四、景别语法：实拍对话场景

对话场景拍得好是拍摄各种网络视频的起点。无论是电影、电视剧、纪录片，还是网络视频，凡是涉及拍人，即使是没有声音的默片，都涉及对话场景的拍摄与处理，包括人与人、人与动物、人与机器、人与天地……对话场景也将会是我们网络视频拍摄中必然面临的最为司空见惯、最为基础的拍摄内容之一。

在本章节中，我们就具体探讨景别作为视听语言中的基本叙事手段，在对话场景实拍中的基本语法。

在所有的对话场景中都有两个中心演员，无论是这个场景中只有两个人，或者有很多人，甚至成百上千的人，最终落实到叙事内容上，肯定会重点回到两个中心演员（主要表现对象）的两人对话上。

三个人的对话场景，其中一个人对另外两个人说什么话，这是观众看到的内容，但是作为拍摄者而言，我们如何拍摄三个人的对话？实际上，三个人的对话拍摄跟两个人的对话拍摄是一样的。为什么？不同拍摄者必然会有不同的拍摄方法，但是拍摄的基本语法必然是一样的！前面我们说了，三个人中一个人与另外两个人对话，在实际拍摄中的处理方法还是一个人与另外一个人的对话（就是简单的二元对立关系，说话者是一个，另外两个人实际只能算一个听话的人，无论是一对二，还是一对一），按照这种逻辑关系，一个人跟很多人对话，比如演讲的拍摄，实际上就是演讲者与听众二者之间的对话。实际拍摄的语法依然可以当作是两人对话的拍摄。

在一个对话场景的实拍中，两个中心演员之间的关系线是以他们相互视线的走向为基础的。当两个演员面对面站着，或者相对而坐，在他们之间划一条关系线是很简单的。但当演员躺着，他们的身体相平行或者向反方向伸展时，二者之间的关系线就似乎难以确定了。不过，只要记住两人谈话的主要支点是他们的头部，那就相当简单了。因为，不论身体位置如何，直接吸引我们注意的是头部，因为头部是人说话的来源，而眼睛则是人用来吸引注意或表示兴趣所在的最有力的方向指示器。因此，身体的位置不是问题，关键在于他们的头部。甚至在一个演员背向另一个，或者彼此背对背的情况下，也有一条关系线通过他们的头部。在所有的场景中，关系线必然是两个中心人物头部之间的一条直线。

在任何时候，单个演员的视线方向决定着他在镜头前的视觉表现。从他的眼睛到所注视的对象之间引出了一条关系线。甚至当我们还没有表现他所看到的物体，或者他只是茫然地凝视着远方时，也存在着这条看不见的关系线。人物不必保持静态，他可以写、画或者掏出手机看微信的朋友圈，只要他保持在原地就行。他的视线方向即成为关系线，甚至当他的头转向一侧时也是如此。一旦人物在场景里与对话对象之间建立了这条关系线，我们就容易拍摄和处理了。

相对的两个拍摄对象，可能使用到七种拍摄机位。

在对话对象之间的关系线一侧可以有三个顶端机位。这三个顶端机位实际上构成了一个底边与关系线平行的三角形。我们称之为对话拍摄的机位分布的“三角形布局原理”（如图4-2-8）。使用三角形机位布局原理来拍摄对话场景，从单个镜头来看，会形成两种基本拍摄角度。

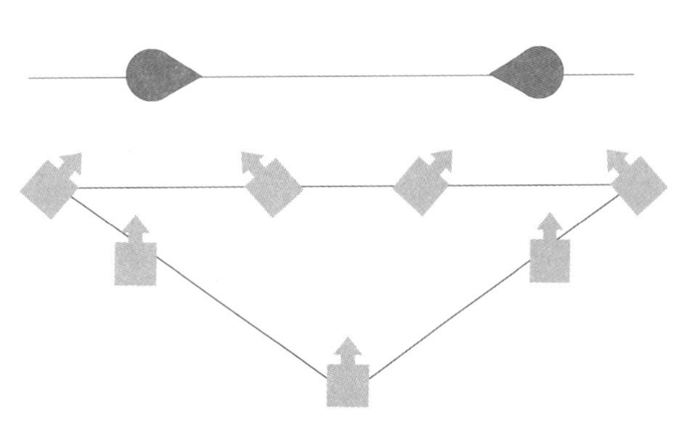

图 4-2-8　三角形机位布局原理

1. 外反拍角度

在三角形底边的两个摄影机位置都是在两个主要演员的背后，靠近关系线，向里把两人都拍入画面。面对面的谈话，最简单的处理是用一组外反拍镜头。当两个演员面对面地进行对话时，平行于三角形底边的外反拍机位比在三角形顶点的机位更富表现力。此时，面对摄影机的演员是主导的。在标准画幅中，讲话的演员一般占据了画面空间的三分之二，而其对话者仅占三分之一。前景的演员在外反拍镜头中鼻尖不应超出面颊轮廓线之外，即从这种角度看不到他的鼻子。一般情况下利用景深处理，将更有力地突出正在说话的演员。（如图4-2-9所示）

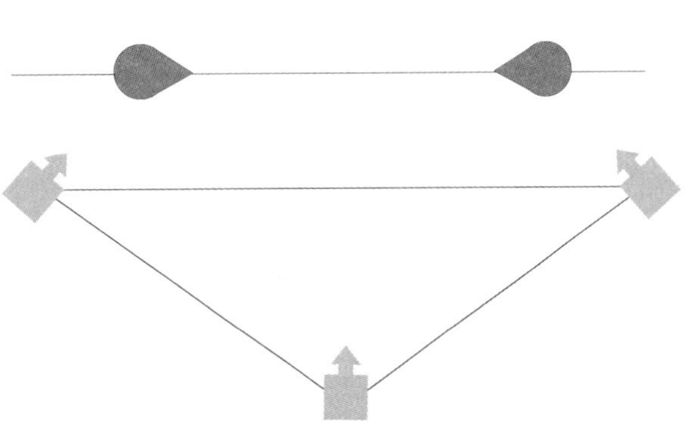

图 4-2-9　外反拍布局图

2. 内反拍角度

内反拍角度又有两种情况：第一种情况，机位在两个演员之间，从三角形向外拍，靠近关系线，但并不表现演员的视点；第二种情况，在三角形的底边上的任何位置，摄影机背对

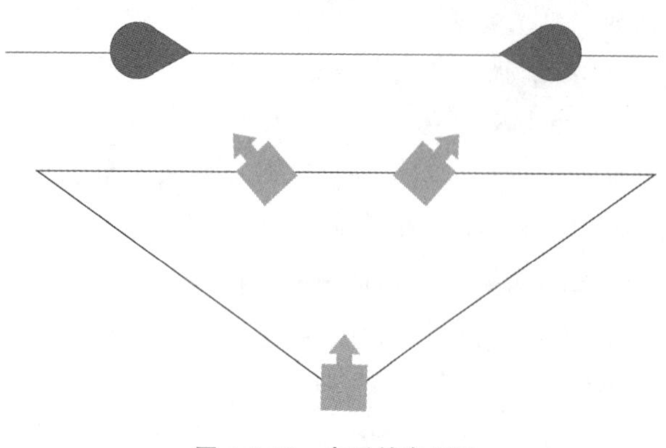

图 4-2-10　内反拍布局图

背，这一效果表现了镜头外的那个演员的视点。（如图 4-2-10 所示）

3. 视平线原则

所谓“视平线原则”就是根据对话双方视点的高低来安排机位，一般用两人的平均高度拍全景镜头，用仰拍摄视点高的人以反映视点低的人的主观感觉，反之，用俯拍拍摄视点低的人以反映视点高的人的主观感觉。

4. 轴线原则

你在电影或者电视剧的拍摄现场都能听到摄影师经常脱口而出的一个词：“越轴!”这个越轴到底越的是哪根轴？

“轴线”是神奇的，它是一条看不见摸不着的虚线，但又必须存在的一条具有原则指导意义的线。可不要小看这条并不存在的线，轴线是用以建立镜头内部空间关系、被拍摄主体位置关系呈现以形成空间方向感的基本要素，通常情况下还可以分为关系轴线和运动轴线。也就是在前面三角形机位布局原理中，人与人之间对话的那条看不见的关系线。

在实际拍摄时，摄影机围绕被摄对象进行镜头拍摄时，为了保证被摄对象在镜头画面空间中的正确位置和方向的统一，摄像机要在轴线一侧 180 度之内的区域设置机位、安排角度、调整景别，这即是处理镜头、控制景别必须遵守的“轴线原则”（如图 4-2-11）。

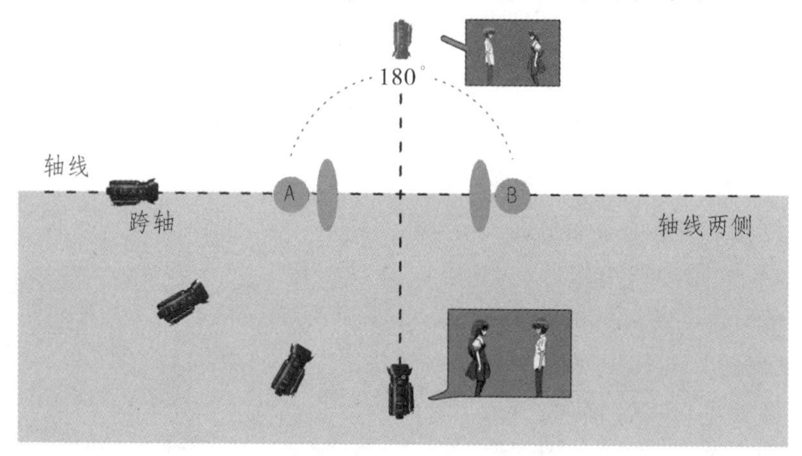

图 4-2-11　轴线示意图

轴线是形成空间统一感、构成被拍对象在视觉方位一致性的基本语法。如果拍摄过程中摄影机的位置始终保持在轴线的同一侧，那么不论机器的高低俯仰如何变化，镜头的运动如何复杂，不管拍摄多少镜头，从画面来看，被摄主体的位置关系及运动方向等总是一致的。

什么是越轴？

在遵守轴线原则的镜头中，被表现物体的位置关系及运动方向是一致的，是符合观众的视觉逻辑的，否则就产生越轴现象。一般来说，越轴前所拍画面与越轴后所拍画面无法进行组接。如果硬行组接的话，就将发生空间对位上的混乱。

在轴线一侧进行拍摄，能够保证两相组接的画面中的人物视线、被摄对象的动向及空间位置上的统一方向，就能保证画面之间相一致的方向性。影像叙事是一种立体化、多角度的造型艺术，正确表达物体的方向是实现空间中人物关系正确呈现的基本要求和语法。否则，你在剪辑上很容易就实现了另辟蹊径，但是前后镜头组接后，画面里被摄对象之间的方位关系就要发生混乱，情节内容和主题的传达就要受到干扰乃至误解。

5.避免镜头拍摄时越轴的方法

避免越轴，必须借助一些合理的因素或其他画面作为过渡，起到一种“桥梁”作用；合理地越过轴线拍摄，既能够避免跳轴现象，又能够形成画面语言的多样性和丰富性。以下，我们介绍几种合理越轴的常用办法：

（1）利用被摄对象的运动变化改变原有轴线。

在前一个镜头中，是按照被摄对象原先的轴线关系去拍摄的，下一个相连的镜头，则按照主体发生运动后已改变的轴线设置机位，这样一来，轴线实际上已被跨越了。

（2）利用多条轴线“越轴”。

在某些特定的场景中，可能存在多条轴线，我们通常利用其中一条轴线越过另一条轴线。（如图 4-2-12 所示）

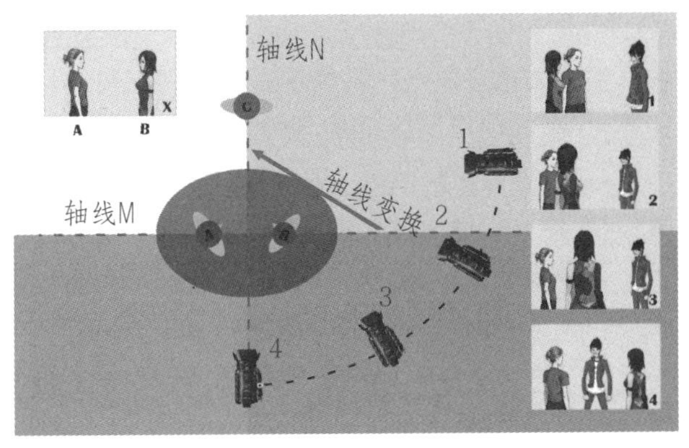

图 4-2-12　从 M 到 N，改变轴线

（3）利用镜头的运动来越过原先的轴线。

摄影机始终是拍摄现场场面调度、景别控制与处理最为积极主动的活跃的因素之一。虽然越轴镜头不能直接组接，但是摄影机却可以通过自身运动越过那条轴线，并通过连续不断的画面展示出这一越轴过程。由于观众目睹了摄像机的运动历程（长镜头），因此也就能清楚地了解这种由镜头调度而引起的画面对象的方位关系的变化。

（4）利用中性镜头间隔轴线两边的镜头，缓和越轴给观众造成的视觉上的跳跃。

图 4-2-13　网络剧《我的大学食堂生涯》截图，以中间角色的位置为轴线，这是一个中性镜头

中性镜头，即“骑”在轴线上拍摄的镜头（如图 4-2-13），画面中运动的

主体迎面而来或背向而去。由于中性镜头无明确的方向性，所以能在视觉上产生一定的过渡作用。当越轴前所拍的镜头与越轴后的镜头要相组接时，中间以中性方向的镜头作为过渡，就能缓和越轴后的画面跳跃感，给观众一定的时间来认识画面形象位置关系等的变化。

在网络剧《我的大学食堂生涯》的这个镜头中，画面中间这个角色左右两边都有其他人物正在打斗中，如果剧情需要左右两边角色发生相互的关系（呼救、互相帮助解决对手），分别拍摄左边某角色一个镜头，再拍右边某角色一个镜头，前后两个镜头直接组接的话就容易会发生越轴，但是插入了这个中性镜头后，就避免了越轴的可能。

（5）利用特写镜头改变方向，越过轴线。

这种方法与上述第三种方法相似，区别在于插入镜头的内容和景别有所不同。一般来说，用于越轴拍摄的插入镜头都是特写镜头。在相同空间的相同场景中，插入一些方向性不明确的被摄对象的局部或者道具的特写，使得镜头在轴线两侧所拍的画面能够组接起来。

第三节　曝光控制

根据表现意图进行机位选择和景别控制，对于自动性能（自动聚焦、自动光圈、自动增益等）很高的拍摄设备而言，是很容易的事。但是，采用专业的设备进行高品质网络视频拍摄，仅仅进行机位选择和景别控制是不够的，因为，影像的本质是光，对光进行有效控制，才能体现拍摄的专业水准，实现更高追求的艺术表达。

对光的控制，可从外部控制和内部控制两个方面着手。外部控制就是利用自然光或进行人工照明进行布光，这又是一个专门的工种，本书在讲解相关问题时只涉及简单的布光。本节重点探讨影像器材对光的内部控制，即利用拍摄设备提供的一些技术手段进行合适的曝光控制。

一、感光度

在摄影的概念里，感光度（也就是 ISO）指的是感光体对光线感受的能力。在传统摄影时代，感光体就是底片，而在数字摄影的时代，相机则采用 CCD 或是 CMOS 作为感光元件。感光度越高（也就是 ISO 值越高）时，拍摄时所需要的光线就越少，感光度越低时，对拍摄时所需要的光线就越多。

传统胶卷的感光度是通过改变胶卷的化学成分，来改变它对光线的敏感度，而数码相机（包括数字摄影机）的感光元件是不变的。数码相机普遍采用了电子信号放大增益技术，与 ISO 数值相对应的是电子信号放大增益值，比如设定在标准值时提供等同 ISO 100 的增益幅度，对应 ISO 200 和 ISO 400 的增益值可通过提高增益幅度实现。提供高感光度时自然需要提供相应的增益幅度，在输出影像信号前都必须做相应的信号放大，因为感光元件（CCD 或者 CMOS）的输出电平较低，尤其当环境光线黯淡时，为了使影像发生量变，放大器就按相应的 ISO 数值加大增益幅度。（感光度的提高有多种技术实现，放大增益只

是其中一种)

感光度对摄影的影响表现在两方面:一是速度,更高的感光度能获得更快的快门速度,这一点比较容易理解;其二是画质,相对而言,越低的感光度带来越细腻的成像质量,而高感光度的画质则噪点比较大。

二、宽容度

(一)什么是宽容度

宽容度是理解“正确曝光”中首要的一个概念。

在摄影中,宽容度是指感光材料(胶片)所能正确容纳的景物亮度反差的范围。能将亮度反差很大的景物正确记录下来的胶片称为宽容度大的胶片,反之则称为宽容度小的胶片。一般说来胶片的宽容度应该是越大越好。宽容度小的胶片,常会使景物明、暗部分在影像上得不到正确反映,损害影像的真实性。此外还有在使用上的曝光宽容度、显影宽容度等,都是指使用中的允许范围。

对于数字摄影机和摄像机而言,宽容度是指感光元件按比例正确记录景物亮度范围的能力。被摄景物表面由最亮部分至最暗部分的差别,可以用明暗间的比例数字来表示。假设:景物最亮部分比最暗部分要明亮 50 倍,那么它们之间的比例数字是 1∶50,这就是景物的明暗差别。黑白胶片的宽容度在 1∶128 左右,换算成曝光组合,黑白胶片的宽容度 1∶128 是 7 挡,彩色负片的宽容度在 1∶32～1∶64,彩色反转片的宽容度仅为 1∶16～1∶32,相纸的宽容度大约在 1∶30,摄像机的宽容度为 1∶32。

(二)摄像机的宽容度

长期以来,摄像机主要是针对电视领域的应用。根据电视信号的还原需求和电视机终端的呈现能力,一般的摄像机宽容度被限制为 1∶32(如图 4-3-1),远远小于高性能的专业数码相机、数字摄影机的宽容度。值得注意的是,摄制者的创作意图与器材的量化特性并无直接关系,利用器材设备有限的宽容度去捕捉摄制者感兴趣的亮度范围才是至关重要的。

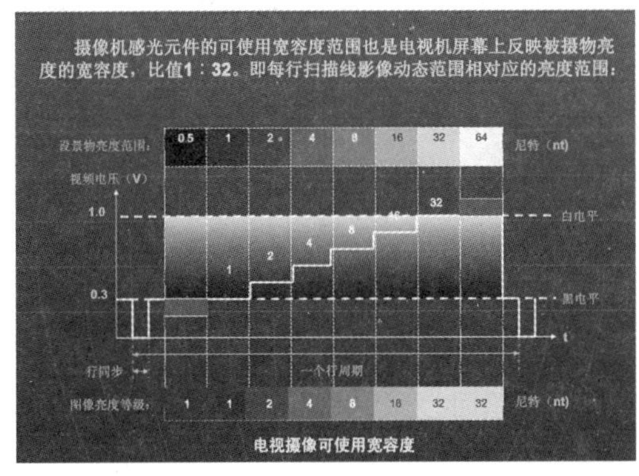

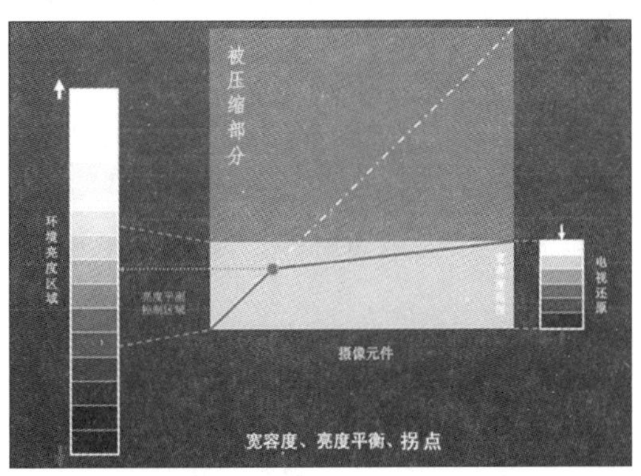

图 4-3-1 摄像机的宽容度与亮度平衡之间的关系

(三)什么是 LOG 模式

DSLR 或数字摄影机在记录影像时,会将自然世界的光线转化为 RGB 数据、亮度信息和这些色彩的对应关系，也就是视频或照片的 GAMMA 曲线，LOG 就是这样一种曲线，形态与对数函数类似，所以叫 LOG（如图 4-3-2）。一般影像设备有多种 LOG 模式可选，亦可手动设置。

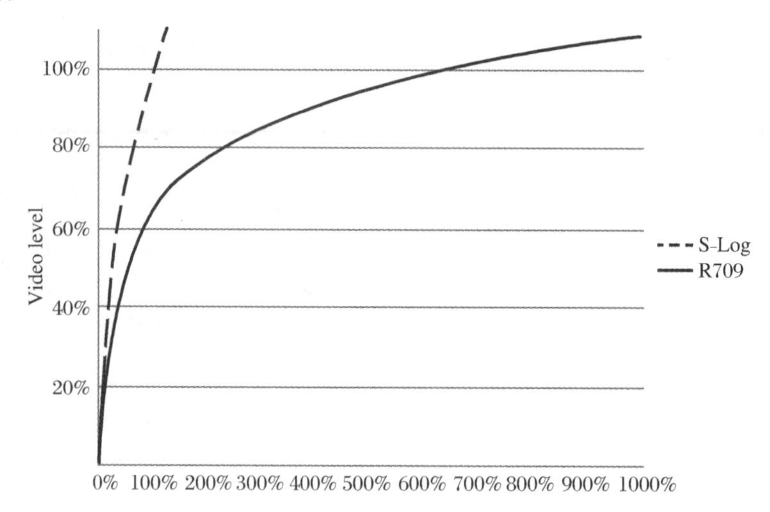

图 4-3-2　一条是 SONY F55 专有的 S-log 曲线，一条是 REC 709 曲线

在 LOG 模式下可以记录更多的亮部和暗部细节，需要注意的是 LOG 素材需要配合相对应 LUT 才能正确显示，不使用 LUT 在观看时图像很灰很平（如图 4-3-3）。LOG 模式图像结合使用一些胶片模拟 LUT，能迅速地达到不错的胶片质感的效果。

不同的生产商们设计出了诸多各自的 LOG 特性，并提供相应的数据，以便后期制作软件能够正确地解析各量化值所对应的原始亮度，以正确还原拍摄时的原始动态范围。在实际拍摄中，摄制者应该根据实际需要，做各种实验并尝试找到一种自己觉得最理想的视觉效果。

图 4-3-3　LOG 模式和 REC 709 模式拍摄成像画面直观区别

（四）什么是 LUT

LUT，全名 A Look Up Table，它能够提供广泛通用的显示及转换能力，也就是说，LUT 分为两种类型：显示和转换。

显示类型的 LUT 旨在不通过渲染的情况下，模拟显示播出放映设备（显示器、电影、电视等）的最终显示情况。模拟显示可以检查不同的设备下色域是否超标。

转换类型的 LUT 是指根据不同的色域进行数学转换。比如我们常用的 Blackmagic

Cinema Camera Film to Rec 709，当我们把 BMCC 摄像机[①]的 RAW 格式素材导入到达·芬奇进行工作时，通过对素材进行 Blackmagic Cinema Camera Film to Rec 709 设置，就可以很快地把素材无损转换成高清电视的色彩模式并应用后续操作及渲染输出常规视频文件。

三、正确曝光

（一）认识“18 度灰”

我们都知道，如果一个物体是绝对的黑色，那么它的反光率是 0，如果是绝对的白色，那么它的反射率就是 100%，实际上大自然所有的物体都在这两个极端范围之间。如果某一灰色影调的反射是 18%的光，它就是 18 度灰。如果把大自然中所有的物体的亮、暗、中间色调混合起来，产生的就是 18 度灰。

因此，现代照相机中的测光系统的最初设计就是以这种 18 度灰的亮度再现为目的。不管你把测光系统对准任何色调的物体测光，它总是“认为”被拍对象是中灰色调，并提供再现中灰色调的曝光数据，也就是说，你把照相机对准白雪测光，得到的曝光数据是把白雪还原成 18 度灰色的曝光数值，而如果你对着黑色的煤炭测光，得到的曝光数据也是把煤炭还原成 18 度灰色的数值，所以你会觉得白雪不够白煤炭不够黑，而为了白雪够白你必须得增加曝光，为了煤炭够黑你必须减少曝光，不然拍摄出来的画面都无法还原物体本身的亮度。

如果测光拍摄的对象的反射率恰好是 18%的中灰色调，包括测光范围内的综合亮度呈现 18%的中灰色调时，按测光读数推荐的曝光数值就能产生准确的曝光，能够最大限度地表现景物各种亮度层次。

数码相机的测光曝光系统和传统相机一样，在处理图像时，都有个从初始设计就定义好了的基本的准则，就是将所有被摄对象都按照 18%的中性灰亮度来还原，所以从相机的感光系统看，无论对象原来亮度如何，最后都应以中等亮度的影调展示。如图，白色、灰色和黑色（具有不同明度）的三张纸，对它们进行拍摄，此时，曝光表只会测得一个物体的数值，相机的曝光系统会自动地设定一个曝光量来拍摄物体，所以这三张颜色不一的纸张全部变成了具有中等灰度的照片，所以，为了获得拍摄的准备曝光，无论是摄影，还是摄像的拍摄现场，我们都可以拿 18 度灰卡作为亮度测光的参照辅助拍摄。（如图 4-3-4 所示）

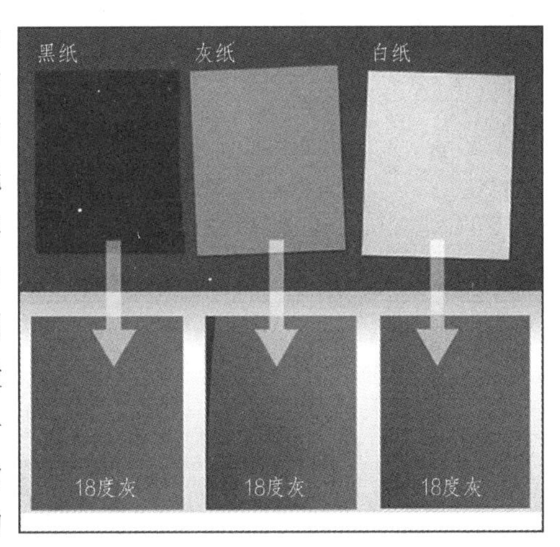

图 4-3-4 照相机对 18 度灰的自动认定都是准确的

---

①BMCC 是一款袖珍式专业数字摄像机。它内置 2.5 k 图像传感器，可拍摄 2.5 k 12 bit 的 RAW 无损格式，在 2.5 k 及 1080 p 分辨率下有 23.98、24、25、29.97 和 30 fps 等帧率可供选择。BMCC 支持 13 挡动态范围，在拍摄时可保留高光及暗部的细节，从而还原出具有胶片感的专业级画质。此外，BMCC 可兼容 EF 和 ZF 卡扣镜头，内置 SSD 硬盘实现数据存储。从目前售价来看，BMCC 无疑是一款性价比高的专业级数字摄像机。

（二）理解正确的曝光

图 4-3-5 远处已经完全过度曝光而变成一片白色

曝光状况可分为三类：(1)曝光正常；(2)曝光不足；(3)曝光过度(如图4-3-5)。这三种情况可能同时发生在一幅画面中，如透过一个拱门仰拍站在阳光中的人，作为前景的拱门很可能曝光不足，而作为背景的天空则曝光过度。

曝光正常不一定就是正确曝光，曝光不足、曝光过度也并非就一定是错误的曝光。因为摄影机对18度灰的认定关系，以及拍摄者在创作中的主观因素，可能故意需要曝光过度或者不足去控制拍摄画面的影像细节和层次。

那什么才叫正确的曝光呢？《摄影技术词典》将正确曝光定义为：把被摄物体的明暗、光亮比能正好纳入胶片的宽容度之内的曝光。对于摄影和摄像而言，我们这里所说的“正确曝光”是指创作者根据自己的主观意图，将不同的景物亮度，恰到好处地容纳在摄影、摄像设备的有效宽容度之内的曝光。

为什么不用“准确”一词？就因为18度灰的设计原理问题，可能对于摄影摄像器材而言，创作者根据主观意图获取的拍摄曝光值其实并不“准确”。

四、照相机的曝光控制

（一）曝光量

影像传感器得到光量的多少称为曝光量。曝光准确与否是决定最终影像质量的重要因素之一。曝光合适，即曝光量准确，最终再现的影像影调正常，明暗反差合适，彩色影像色彩饱和；曝光太少，即曝光不足，影像晦暗无力，画面沉闷，反差极低，画面暗部没有层次，甚至没有影像；曝光太多，即曝光过度，影像泛白，画面高光部分无层次，彩色不饱和。影像传感器曝光量的多少取决于拍摄时的进光照度及曝光时间，即：曝光量＝进光照度×曝光时间。

相机用光圈和快门分别控制进光照度和曝光时间，进光照度还受被摄体的亮度影响。影像传感器的感光度，决定着得到高质量影像所需要曝光量的多少。

（二）光圈控制

光圈是相机镜头中控制光线通光孔径的光阑装置，位于若干金属薄片之间，一般由镜头内两组或多组透镜组成，可通过镜头上的光圈调节环或相机机身上的调节机构，控制其所构成孔径——光圈孔径大小。

光圈系数是指镜头焦距与镜头入射光瞳直径之比，即：光圈系数＝镜头焦距÷入射光瞳直径。可粗略地将入射光瞳直径理解为入射光束直径。

光圈系数写作 f/数或 F 数，标准系列的光圈系数有 1、1.4、2、2.8、4.0、5.6、8.0、11、16、22、32、45 等(如图 4-3-6)。对一指定焦距的镜头，光圈系数的数值越大，所对应的实际光圈孔径越小(光圈系数与光孔直径、进光照度的关系)。

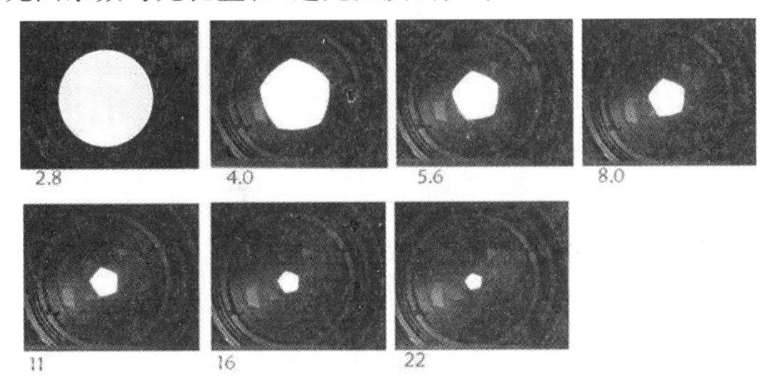

图 4-3-6　光圈系数与光孔大小

在标准系列的光圈系数中，任何两挡光圈进光孔面积存在的倍率关系，可用 2^n 计算，其中 n 为两档光圈之间相差的挡数，比如，f/2 与 f/22 之间相差 7 挡，f/2 进光孔面积为 f/22 进光孔面积的 2^7 倍。

镜头光圈系数的标度有两种例外情况：一是许多镜头的最小光圈系数不处于光圈系数的标准系列之中；二是许多变焦镜头最小光圈系数有一范围，如一变焦镜头焦距为 28～80 mm，最小光圈系数为 f/3.5～5.6，这个光圈系数范围中的前一数值是对应最短焦距的光圈系数，后一数值对应最长焦距下的光圈系数，即该变焦镜头在不同焦距下的光圈系数不同。光圈系数随焦距变化的变焦镜头，增加了摄影时手动控制曝光的难度。变焦时光圈系数不随焦距变化而变化的镜头，称为恒定光圈镜头，否则为非恒定光圈镜头，或称可变光圈镜头。

控制曝光量是光圈最主要的作用。在被摄物亮度和快门时间一定的条件下，光圈越大(光圈系数越小)，曝光量越大。

在相机上，光圈有两种调节设定方式。一种是对于各挡光圈系数刻在镜头光圈调节环外圆周上的相机，拍摄时要选择某挡光圈，只需转动光圈调节环，使该挡光圈系数值与镜头上的基线对齐即可，而且可将各光圈挡位之间的任何位置与基线对齐，从而可使光圈有 1/2 挡、1/3 挡的变化。(如图 4-3-7)

图 4-3-7　光圈的调节

另一种是在相机机身上设置，通过处理器电动控制镜头中光圈孔径大小。

单反相机通常采用预置式光圈，即在未按快门按钮释放快门时，无论置于哪一挡光圈，光圈孔径都开到最大，以便取景、聚焦、测光时有足够照度，只是在按下快门按钮曝光时，光圈孔径才收缩到所选定光圈系数对应的大小，曝光结束后光圈孔径又开到最大。

同一镜头不同挡位光圈的成像质量不完全相同，有“最佳光圈”之说，即某一挡光圈成像效果(主要是指清晰度)最好。不同镜头最佳光圈的光圈系数可能不同，从统计规律看，最佳光圈在镜头最大光圈收缩3～4挡处出现的概率最大。

五、摄像机的曝光控制

对于摄像而言，是借用摄影曝光的概念来描述摄像机感光器件的感光过程。曝光涉及光源、景物、镜头光圈、摄像机快门，以及电信号的读出技术等因素。在这些因素中，无论哪一个环节配合不恰当，都将造成曝光失误。

摄像机与摄影机在曝光控制上有共同点，也有很多不同点。最明显的不同在于摄像机一般都没有摄影机的感光度调节，曝光控制手段除了具有摄影机的光圈、快门外，还多了自带有中性ND滤色镜(高端摄影机也自带)以及增益手段。无论是摄像机还是摄影机，曝光的基本原则是“宁欠勿过”，也就是说宁可曝光不足，也不能曝光过度。因为在后期制作中，我们可以弥补前期少量的曝光不足，却无法修复曝光过度的镜头画面。

(一)摄像机的电子快门和光圈的配合使用

摄像机的快门速度是同一像素相继两次读出电荷的时间周期，也就是像素积累电荷所需要的时间。对于PAL制CCD摄像机，基本的快门速度是1/50秒。

高速快门的基本原理为，将成像区积累信号电荷的时间分为两部分，前一部分时间积累的信号电荷被释放掉，不形成信号输出；后一部分时间积累的电荷被有效地利用起来，形成信号输出。高速电子快门可以提高摄像机的动态分辨能力。

摄像机在拍摄快速运动的物体时，如奔驰的火车、飞流直下的瀑布等，图像容易模糊，即动态清晰度降低，而调节摄像机上的电子快门，就可以有效地提高动态清晰度。这是因为在快门调节时，感光元件(CCD或CMOS)只输出在快门期间产生的电子，其余的电子被排斥掉而成为无效电子。

当V.SCAN/Shutter ON/OFF的开关置于ON挡时，每次按动UP或者DOWN按钮，电子快门速度按下列周期变化：1/60、1/125、1/250、1/500、1/1000、1/2000。

1.快门关闭

当摄像机的电子快门关闭时，对于PAL制摄像机而言，相当于还是启动了1/50秒的电子快门。这是由PAL电视的扫描机制和电视信号的读出方式决定的。

2.快门的失效

如果菜单中的EVS(增强型垂直定义系统)功能是设定在ON上的话，则无法改变快门速度。

3.低速快门

现在很多数码摄像机配置了低速的电子快门功能，如1/25、1/12、1/6、1/3秒等。启动低速电子快门，应充分注意到低速快门对物体运动速度的改变，以及对镜头内画面的成像影响。

4. 照明或光圈的配合

快门的速度设定得越快，而光圈不变，则曝光量就会减少，画面则越暗。应根据寻像器的亮度或者标准监视器来调整所需要的曝光光圈。

5. 对运动物体清晰度的影响

在后期准备对拍摄运动物体的画面做慢放或静帧时，前期最好使用电子快门拍摄，这能有效提高运动镜头画面的清晰度。但在正常播放时，过高的电子快门速度使运动镜头画面出现可以察觉的不连贯。

6. 清晰扫描功能

摄像机的电子快门除了控制曝光量、运动物体的清晰度，还有清晰扫描功能。屏幕清晰扫描 CLS 功能，是一种特殊的电子快门方式，其原理是调解摄像机电子快门的速度，使之与计算机显示器的扫描频率一致，由此消除摄像机拍摄 CRT 屏幕时所产生的屏闪。清晰扫描频率可在寻像器内看到。当黑色条纹出现时，清晰度扫描频率过高；相反，出现白色条纹时说明清晰扫描频率过低。这时可用摄像机前面的 Up/Down 按钮调节。

不同摄像机，清晰扫描的调节范围可能是不一样的，如 DXC-537P 清晰扫描功能的快门速度选择为 1/50.3～1 秒、1/100.1 秒，有 157 挡；DXC-637P 清晰扫描功能的快门速度选择为 1/50.3～1/201.4 秒，有 234 挡。

（二）光圈、ND 和电子快门的结合

在正常的增益（ODB）下，摄像机输出电平的高低与镜头进光量及每帧画面的曝光时间成正比。为此在拍摄中应正确使用光圈、ND 滤镜及电子快门。一般来说，ND 用来调节较大光强变化，而光圈则用来调节较小的光强变化。在对景深范围有较高要求的情况下，光圈孔径的大小受到较大限制，这时，常用电子快门来弥补 ND 滤镜对小范围光亮变化调节的不足。

在光线照度比较高的场合，摄像机一般应把光圈减小，但有时也为了达到特定的艺术效果，如使背景变得模糊而突出主体，又必须使用大光圈制造浅景深的效果，采用中性滤镜 ND 插入光路系统，可以有效地解决这个问题，获得适合的光通量。

ND 滤镜的特点是，在可见光范围内，对各种波长的光都具有非选择性的均匀吸收率。

ND 滤镜的主要作用：

(1)在亮度较高的场景下准备控制曝光；

(2)配合光圈调节控制画面景深；

(3)与其他滤镜配合，拍摄特殊效果。

（三）摄像机在自动光圈下的曝光补偿

在自动光圈拍摄模式下，摄像机提供了标准模式、聚光灯模式和逆光模式。标准模式是照明条件均匀下的首选模式；聚光灯模式是镜头中拍摄主体在高光照明条件下，对曝光过度部分进行衰减；逆光模式则是在镜头中拍摄对象的背景很亮、主体呈现剪影或半剪影条件下，对拍摄主体曝光进行提升。

1. 合理使用增益功能

一般摄像机增益分高、中、低三挡。18、12、9、6、3、0db，这些数值可按使用者要求任意设置，照明不够时，光圈已开到最大，图像还是看不清，这时需要使用增益进行放大来提高图像的亮度。同时，增益越大，杂波越多，图像信噪比下降，一般是在没有办法的情况下，才使用增益。不像单反相机，此种情况下还可以调高感光度来提升画面亮度。

现在摄像机还有负增益挡位，表明在照明足够的情况下，使用负增益功能可以提高影像的信噪比。

2. DCC 对曝光控制的影响

DCC 功能即动态对比度控制（也称自动拐点控制），一旦拍摄的景物中有较亮的物体时，拐点自动降低，使出现的图像的亮部区域仍有一定的灰度层次，而不是死白一片。拐点降到 85%最低点时，DCC 功能将动态范围扩大到 600%。

自动拐点 AUTO KNEE 或 DCC 可以在拐点的基础上进一步降低图像高光部分的反差，增加该部分的亮度层次。在未设置之前，这部分内容通常超出了摄像机的宽容度而被“白切割”失去层次，对画面整体反差没有影响，其调节效果远不及主黑电平明显。

3. 摄像机的黑扩展和压缩的调整

本功能用于调整屏暗区的密度。其值从－16 到＋15，负值使这些区域变成较暗（黑压缩），正值使这些区域变得较亮（黑扩展）。

当感觉画面暗部过亮或过暗时，可以通过调整主黑电平来改变暗部反差。一般情况下，野外长焦距及薄雾天气拍摄容易缺少暗部，图像似乎蒙上了一层白雾，应该调低主黑电平。晴天室外正逆光或顶光拍摄，阴影部分容易过暗，暗部细节缺乏层次和表现力，可以调高主黑电平。

不同的摄像机调整主黑电平的方法不尽相同，较简单实用的做法是通过某些摄像机身上的主黑电平开关（BL. LEV）改变黑电平高低。一般这种调节级数较少，便于操作。另一种更常见的做法是通过寻像器内的菜单，用机身上的设定按钮对 M. MPED 项目进行调整，这种调整通常分为 256 级，从－127 级到＋128 级，在实际使用中，0 为标准主黑电平，负值为降低黑电平，正值为提升黑电平，这种方法调节级数较多，但是操作性不及前者。

4. 摄像机的伽马曲线校正

摄像机拍摄的画面没法比拟电影胶片画面的细腻柔和、色彩自然；后者的灰阶的过渡比较平缓，因此层次丰富，原因之一是因为两者的伽马曲线的差异。

摄像机的伽马曲线校正分三个步骤：

(1)在电视摄像机中关掉细节功能；

(2)适度调整主黑电平，如适当降低一些黑伽马电平，确保暗部足够黑；

(3)调整主伽马电平，以丰富直线区域的层次。

伽马曲线调整后，对色彩的还原有一定的影响，在饱和度上会产生变化，所以，调整后的设备需要重新进行色彩校正。

在现在的常规视频拍摄中，关于伽马曲线的校正更多的是放到后期制作的过程中通过校色软件的功能实现，一般不在拍摄设备上做前期的特定设置，这样给后期的余地更大。

第四节　实测宽容度与感光度

无论是拍什么，在网络视频的制作中也一样，无论是作为一个摄像师，还是一个导演，或者一个制片人，都应该清楚地认识到所选用的机器在实际拍摄前应进行必要的测试。因为，每台机器的感光元件都不一样，它们有不同的质量、宽容度、色彩空间范围、Log 曲线、色彩深度等等，以及过曝和欠曝的不同表现、伪像的表现、摩尔纹的表现，甚至像素点缺陷，而肉眼一般情况下是不能发现的。

各种数码摄像设备都有其优点和缺点，作为专业人员，尤其是专业摄影师，首要任务是找出所用摄影机的优点，并用自己的方法将这些优点发挥出来，而不是依赖别人告诉你机器的优点，同时你要避开摄影机的缺点，无论这些缺点是大是小，都不应该让它们影响你的画面。但优缺点有时也因每个人看法不同而有所差异，例如有人觉得压缩是缺点影响画质，但有人会认为压缩能产生他们需要的数码颗粒感。因而，在网络视频的制作筹备阶段，实测你所选用的机器是十分必要的一项工作。

一、宽容度的实测

宽容度测试是摄影机测试最重要的项目之一，因为对画面过曝是摄影师经常用到的一种主观的和个人风格化的表现形式。宽容度测试就是要测试摄影机所拍摄画面在过曝和欠曝到什么程度时依然可以被我们所用，也就是摄影机过曝上限和欠曝下限的表现。这项测试建议抛开矢量示波器、直方图、波形图等专业工具。作为摄影师应该训练用自己的眼睛去判断，而不是依赖这些测量高级设备。

（一）过曝测试

首先我们测试过度曝光。过曝测试是测试摄影机对高光的表现。将灰卡和标准色标板跟模特放置在同一个对焦面上。测试的构图方式采用满画幅构图，也就是模特在中间，两块标板靠近画框左右两侧边缘。这种测试可以用很多种布光方式。我们采用高照度的正前方布光，这样可以从小光圈（高 f 值）开始，然后按 1/3 挡递进逐渐开大光圈进行测试。

我们本次测试采用了佳能 EOS C500 电影摄影机为主要测试对象，将其感光度设置在初始值 ISO 320。进行测试的方法是以每开大 1/3 挡作为一个拍摄素材。1/3 挡对数字摄影机而言是最佳的选择。在胶片宽容度测试时是以 1/2 挡为递进标准，但数字机的 1/3 挡递进的表现跟胶片 1/2 递进的感觉很接近，因此采用 1/3 挡递进。过曝测试可以将光圈递进到过曝的极致。

在过曝测试视频中，我们对所有画面均未采取后期修正。C500 过曝的测试结果如图 4-4-1 至图 4-4-5 所示。

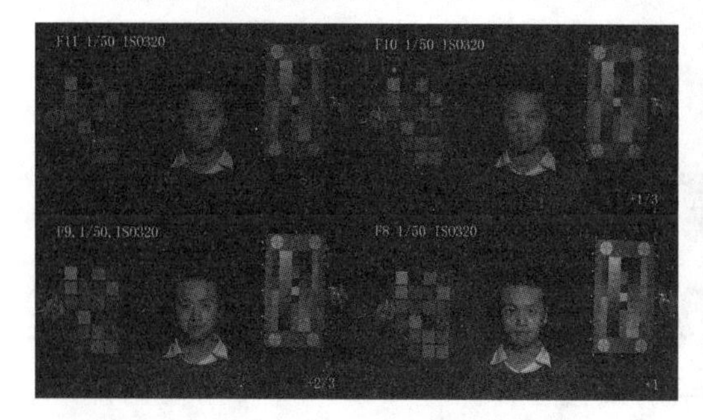

图 4-4-1　光圈 F11、F10、F9、F8，快门 1/50，ISO 320，EF 85mm f/1.2L Ⅱ USM

图 4-4-2　光圈 F7.1、F6.3、F5.6，F5.0，快门 1/50，ISO 320，EF 85mm f/1.2L Ⅱ USM

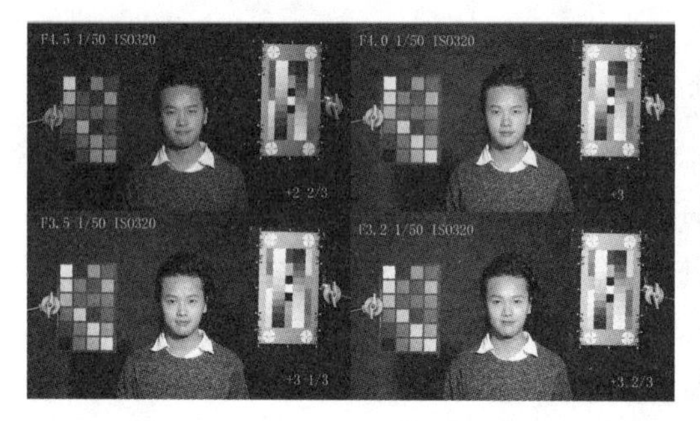

图 4-4-3　光圈 F4.5、F4.0、F3.5、F3.2，快门 1/50，ISO 320，EF 85mm f/1.2L Ⅱ USM

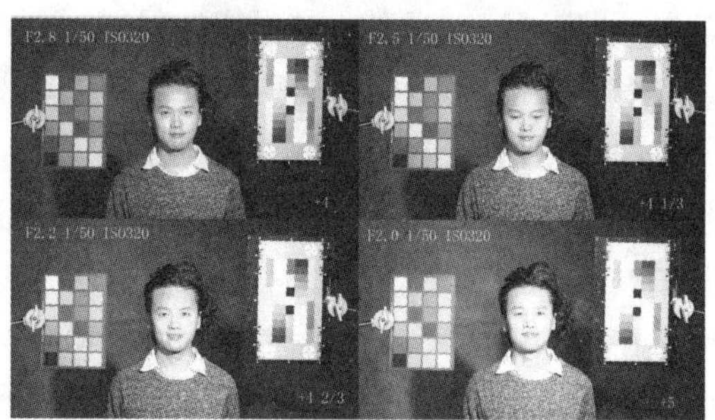

图 4-4-4　光圈 F2.8、F2.5、F2.2、F2.0，快门 1/50，ISO 320，EF 85mm f/1.2L Ⅱ USM

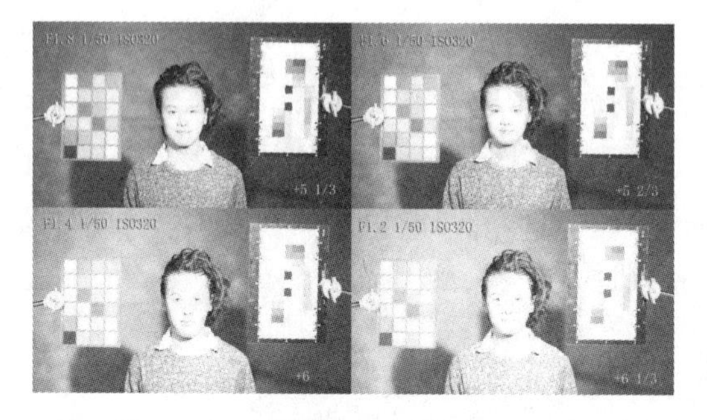

图 4-4-5　光圈 F1.8、F1.6、F1.4、F1.2，快门 1/50，ISO 320，EF 85mm f/1.2L Ⅱ USM

实测结论：C500 这款摄影机可以实现正六挡曝光成像。

（二）欠曝测试

第二个项目是对摄影机进行欠曝测试。欠曝测试用于了解摄影机对阴影或暗部的表现性能。同样，将灰卡和标准色标板跟模特放置在同一个对焦面上，模特在中间，两块标板靠近左右边缘。布光也是一样，正前方布光。每次拍摄以 1/3 挡递减曝光，会发现暗部细节在快速消失，整体画面开始暗下来，然后失去细节，最后完全黑掉。

C500 欠曝的测试结果如图 4-4-6 至图 4-4-9 所示。

图 4-4-6　光圈 F2、F2.2、F2.5、F2.8，快门 1/640，ISO 320，蔡司 T＊2/100

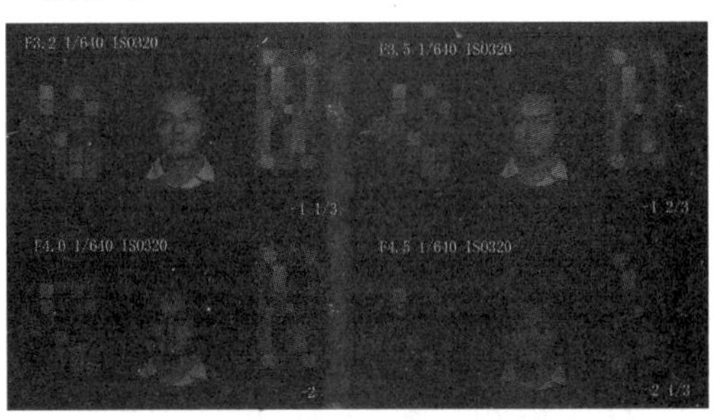

图 4-4-7　光圈 F3.2、F3.5、F4.0、F4.5，快门 1/640，ISO 320，蔡司 T＊2/100

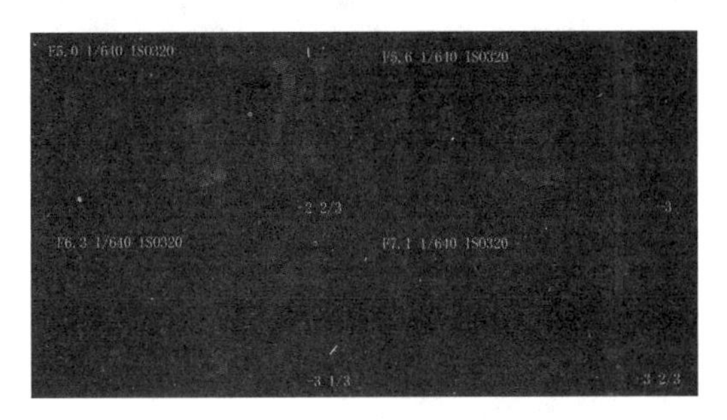

图 4-4-8　光圈 F3.2、F3.5、F4.0、F4.5，快门 1/640，ISO 320，蔡司 T＊2/100

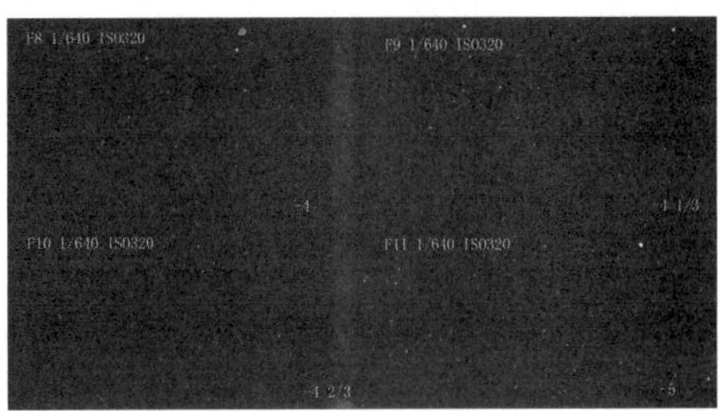

图 4-4-9　光圈 F8、F9、F10、F11，快门 1/640，ISO 320，蔡司 T＊2/100

实测结论：从最亮画面到最暗画面，佳能 C500 这款机器在视频拍摄中(初始感光度 ISO320)，可以实现超过正六负五挡的曝光成像，根据实际的拍摄对象，可以得出其宽容度在 11 挡以上的参考数值，显然超过了传统胶片的宽容度。

本次对 EOS C500 的宽容度测试存在一定的主观评价，根据测试者自身肉眼的判断，测试出曝光过度或曝光不足到什么程度依然可以接受。其实，在强大的数字影像后期处理工艺中，还可以见识到更多人肉眼无法判定的数据和细节。

(三)测试主辅光表现

做摄影机宽容度测试，除了正前方的布光，还可以用主辅布光。用主辅光做布光测试，可以先从主辅光照度相同开始做，也就是一个大平光。然后对辅光的照度按 1/3 挡进行递减，一直减到你能减的极值为止。(如图 4-4-10 所示)

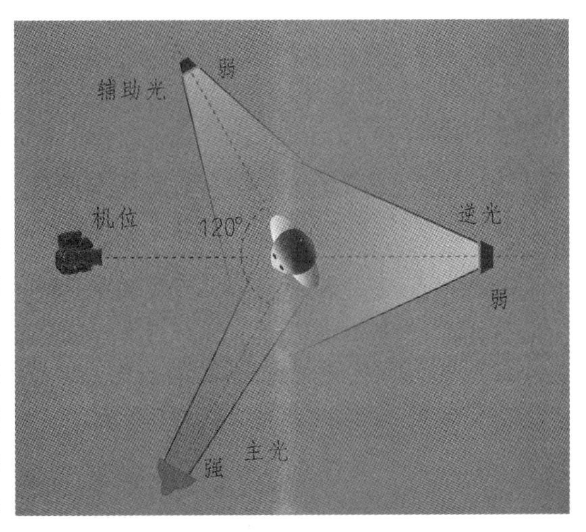

图 4-4-10　本次测试的主辅光的布光图

主辅布光可以了解摄影机对人物面部上主光和辅光照度差所形成的宽容度表现。了解这点非常重要，因为不同的主辅光比对同一人物和不同人物的表现都会产生画面感觉。

当用一个侧面的主光时，我们能清楚地看到人物面部阴影部分的表现。布光时，面部阴影处欠曝 $-2\frac{2}{3}$ 挡为最好，如果欠曝 $-3\frac{1}{3}$ 挡，影调偏重，如果需要强烈的反差效果，就可以考虑阴影欠曝－4 挡。

三个典型主辅光比的效果如图 4-4-11 至图 4-4-13 所示。

图 4-4-11　副光（$-2\frac{2}{3}$），主光（＋1/3）

图 4-4-12　副光（$-3\frac{1}{3}$），主光（＋1/3）

图 4-4-13　副光（－4），主光（＋1/3）

二、感光度的实测

我们以 5D Mark Ⅱ、5D Mark Ⅲ和 C500 为例对感光度进行实测。做好每个测试镜头的场记，把必要的参数信息都写在上边，这些信息对后期比较数据非常有帮助。

（一）镜盖测试法

“镜盖测试法”是盖着镜头盖进行测试的方法。镜盖测试法是了解感光件在每个感光度下噪点表现的最好办法。你将知道摄影机保证画面质量的 ISO 的实际上限，所以必须实测！

这个测试还能让我们知道感光件的原生 ISO（Native ISO），也就是最低噪点的 ISO，而不是感光度数值越低噪点越小的通论。

进行镜盖测试（以佳能 5D Mark Ⅲ为例），必须花点时间仔细做，确保不要出错。因为准确性是极其重要的。

第 1 步：设置机器的感光度；

第 2 步：做好拍摄参数的场记记录；

第 3 步：拍摄 5 秒信息板素材；

第 4 步：盖上镜头盖，拍摄 20 秒素材。

一个 ISO 测试素材完成，再重复第 1 步，做下一个 ISO。

实测结论：经过实测，你会找到佳能 5D Mark Ⅱ 的原生 ISO 在 160、320、640、1250 这几个 ISO 值有最低的噪点表现；感光度上了 ISO 800 之后的表现差强人意。（如图 4-4-14 至图 4-4-15 所示）

图 4-4-14　佳能 5D Mark Ⅱ 的 ISO 设置菜单

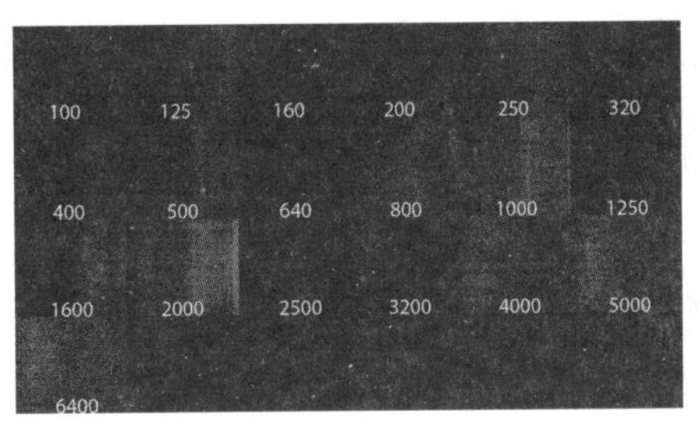

图 4-4-15　佳能 5D Mark Ⅱ 感光度测试结果拼图（有曝光校正比对）

观察感光度测试结果对比图（如图 4-4-16），A 图为感光度测试实际结果。为方便比对，我们将 A 图的曝光 EV 值增加 4.0 后得到 B 图，这样就能明显看到不同感光度下的成像差别。比较图 4-4-15 中 5D Mark Ⅱ 的感光测试图，我们可以看见 5D Mark Ⅲ 的感光度已经有了质的飞跃，尤其在高感方面的表现尤佳（如图 4-4-16）。如果没有实际环境里光线亮度差，在实测结果的截图中我们的肉眼很难区分感光度 ISO 5000 以下的黑色表现，这应该得益于机器性能指标的提升，5D Mark Ⅲ 的原生 ISO 已设定调高到 ISO 1600 至 ISO 3200 之间。

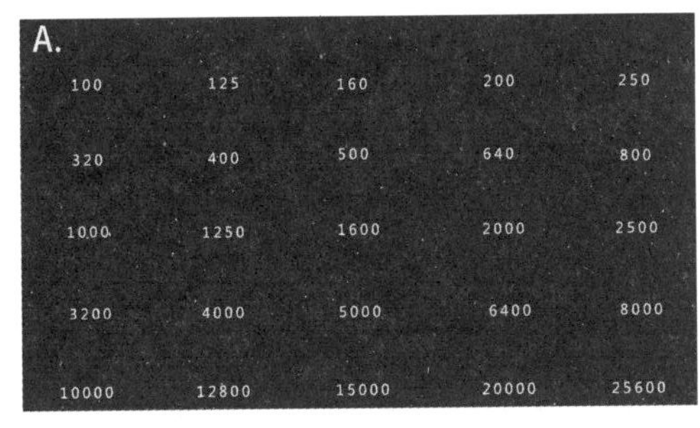

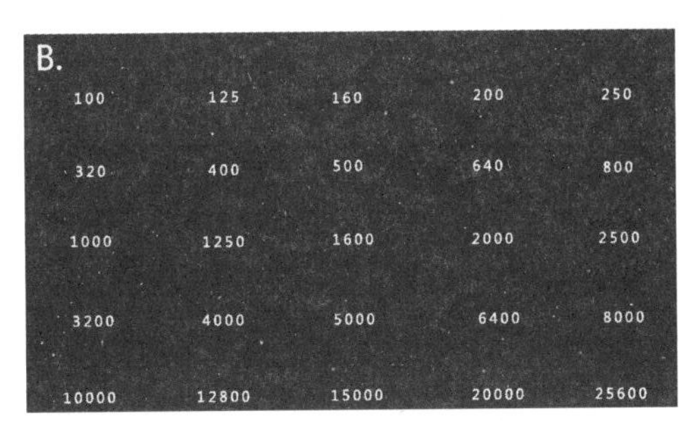

图 4-4-16　佳能 5D Mark Ⅲ 感光度测试结果拼图

实测结果：

（1）感光度在 800 以下，其优良表现先后顺序是：

160≈200＞320≈100≈640＞800≈400＞250≈125＞500，最佳值为 160；

（2）感光度在 1000 到 5000 之间，其优良表现先后顺序是：

1600＞2000＞2500≈3200＞4000＞5000＞1250＞1000，最佳值为 1600；

（3）感光度在 6400 到 25600 之间，其优良表现先后顺序是：

8000≈10000＞12800＞15000＞20000＞25600，最佳值为 8000。

经过综合比较，我们发现 5D Mark Ⅲ的原生 ISO 为 160、640、1600、2000、2500，最佳感光度为 ISO 1600。

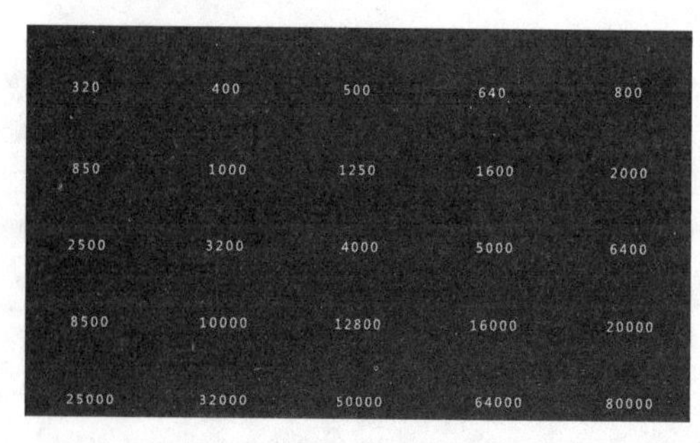

图 4-4-17　佳能 C500 的镜盖 ISO 测试结果拼图(曝光 EV 值+2.0)

佳能 C500 作为一款 EOS 系列的电影摄影机，感光度初始为 ISO 320，最高值为 ISO 80000（如图 4-4-17）。与 DSLR 明显不同的是，C500 完全没有 5D Mark 系列单反相机感光度的个别“跳脱”表现，最大的特点在于其数值在递进顺序关系中表现平稳，且过渡非常自然。需要特别说明的一点，我们测出 C500 的原生 ISO 是 ISO 320，而并非网络上的一些测试说是 ISO 850，我们的实测结果如下，基本分四个层次：

(1)感光度在 320～850，其优良表现先后顺序是：

320、400、500、640、800、850；

(2)感光度在 850 到 2500 之间，其优良表现先后顺序是：

850、1000、1250、1600、2000、2500；

(3)感光度在 2500 到 20000 之间，其优良表现先后顺序是：

2500、3200、4000、5000、6400、8500、10000、128000、16000、20000；

(4)感光度在 25000 到 80000 之间，其优良表现先后顺序是：

25000、32000、50000、64000、80000。

在上述的实测中，如果非要把 C500 同 5D Mark Ⅲ的感光度比较，前者作为专业 4K 级的电影摄影机，高感的优越性得到了进一步提升，在实际应用中，5D Mark Ⅲ的感光度超过 ISO 8000，拍摄出来的画面已经影响到观看质量，此时，C500 的感光度在 ISO 20000 也没那么差的成像质量。

（二）感光度的肤色表现测试

除了“镜盖测试”，真人实拍也很重要。我们要掌握不同感光度下阴影部分噪点的情况。用灰卡作为噪点表现的基本参照很合适，再加块彩色标板也不错。把两块标板跟模特脸部放在同一对焦面上，这样三者成像都很实。下面的测试，我们依然采用佳能 C500 电影摄影机，镜头是 EF85mm f/1.2L Ⅱ USM。（如图 4-4-18 至图 4-4-20 所示）

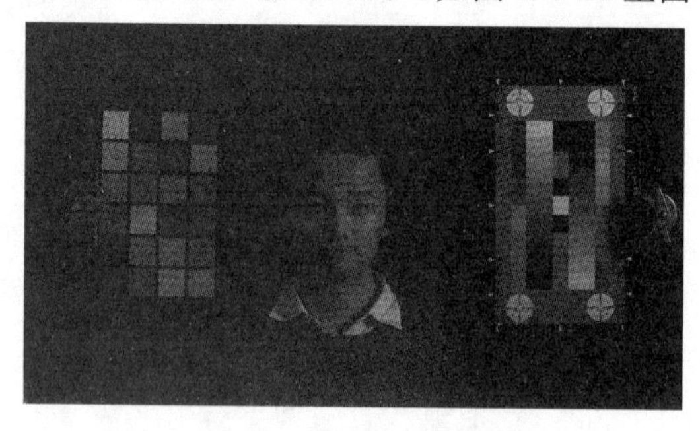

图 4-4-18　模特和标板

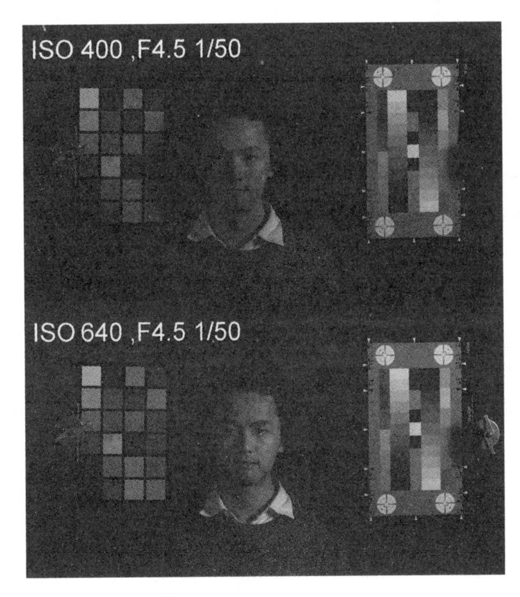

图 4-4-19　不同感光度下，肤色测试对比 1

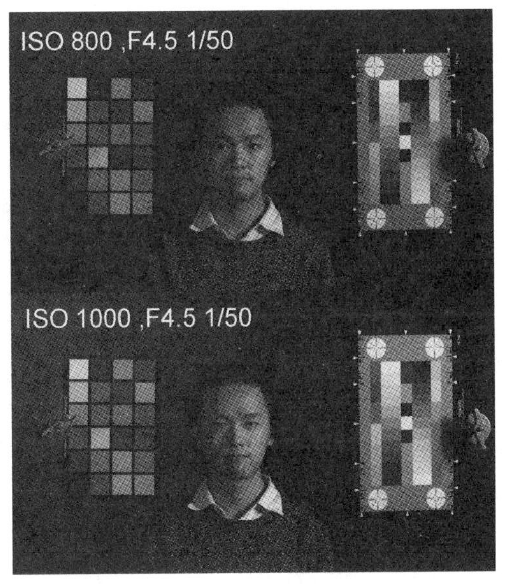

图 4-4-20　不同感光度下，肤色测试对比 2

（三）肤色测试的重要性

正是因为不同机器在不同感光度和其他不同的参数下，决定了不同机器对肤色还原的能力不同，所以必须通过实际对比测试，才能够找到什么机器对于要拍摄的项目才是适合的，可能有的机器在肤色表现方面特别优异，那么就可以拿来拍摄人物相关的近景、特写镜头。在本章第一节中，我们提到过好莱坞电影《极品飞车》摄制组，鉴于不同机器的实际表现性能，他们分别拿不同的机型拍摄不同景别的镜头。

总之，无论是电影还是网络视频的制作，“动手实测”这种科学的工作方式必然能使你事半功倍！

拓展阅读7：大师镜头之越轴的表意功能[①]

电影史上不怕越轴的都是些大师，远的如日本的导演小津安二郎，在他很多作品中都有越轴出现，近的如中国香港的导演王家卫，他在1994年的电影《东邪西毒》[②]中，对越轴的见解更是独到而创新，在很多地方故意越轴——让人物之间的视线错位、反向、背离，却神奇地实现了符合主题需要的情感表达。这又是怎样高明的导演手段？这里我们分析其中三个镜头，窥其斑斓。在电影《东邪西毒》中有一场离别戏，是梁朝伟扮演的刀客和杨采妮扮演的一个无助的少女之间的分别。之前少女请求刀客帮她报仇，刀客最终答应了，临别前，刀客从少女身边经过，突然，他情不自禁地强吻了少女，而少女在反抗中摔烂手中一篮子的鸡蛋，刀客则头也不回就此转身别过（左出画），哭泣的少女抓起一把黄沙朝刀客扔去……（如图4-5-1）

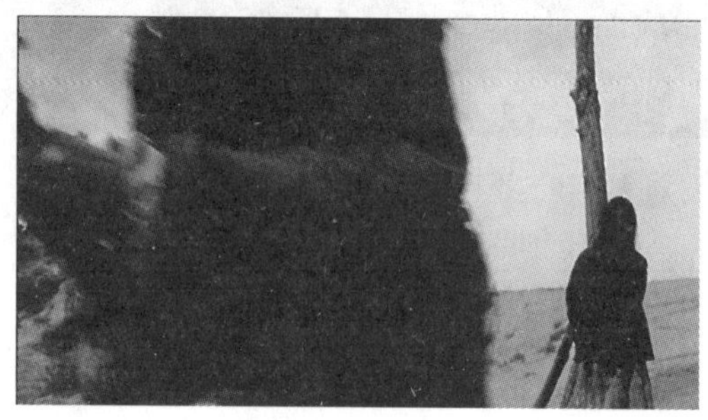

图4-5-1　镜头组1，刀客左出画，少女生气地朝刀客离去的背影扔沙子

在镜头组1中，刀客离开的方向在左，少女的视线也一直朝左，由此形成了两个人物之间的关系线。（此时，可能的一种"越轴"情况是，如果刀客朝左走了，下个镜头是少女朝右扔沙子就越轴）此时，这两个人物之间是同向关系。紧接着，下一个镜头（镜头2）接的是少女（在另一个空间里）视线朝右，与刀客离去的方向就变成一种反向关系，表现出了两人之间的背离、疏离关系，也符合少女与刀客之间的矛盾关系。镜头3是刀客离去的特写正侧面，视线依然朝左，清晰的面容轮廓细节和表情，既有可视的一面脸，又有不可知的另一面脸，厚重的影调准确地展现了人物此时的内心，也直观地表现出刀客在前后戏剧情景中，可知与未知的双重复杂状态。

在音乐的渲染下，既表现出这个人物目标坚定地离去，又表现出了人物复仇的决心、使命感和责任感，这个特写镜头还刻意表现了刀客的眼神，没有丝毫游离，也没放光，而是一种淡然，这也是演员对角色内心细腻的深度演绎，可能也是导演的指导和要求。这个角色坚定地朝复仇的方向（一直向左）勇敢奔去（高速升格的镜头），而刀客的眼神风轻云淡。在他意外地强吻了少女之后，为何眼神又如此淡然？观众明白，一是角色内心的释然，另外就他们两个人物之间的情感关系表现而言，这无疑是一种"举重若轻"的高明手法，展现出人物在此情此景中极其立体、丰富的层次和复杂内心。

---

①作者：王力；来源：创意力工作室。

②《东邪西毒》是一部1994年出品的香港武侠电影，改编自金庸小说《射雕英雄传》，由王家卫执导，张国荣、林青霞、梁家辉、张曼玉等主演。电影讲述了西毒欧阳锋的人生经历以及他和黄药师、大嫂、剑客洪七等人的故事。1995年影片获得第一届香港电影评论学会大奖最佳影片、第51届威尼斯国际影展最佳摄影等奖项。男主角张国荣凭借这部电影获得第一届香港电影评论学会大奖最佳男主角奖。

镜头组2，少女仰卧，已经没有上个镜头里被强吻之后生气扔沙子的愤怒，平静中转而是一种少女思春的幸福感，情绪上前后转折非常明显。绝妙的是她的视线，斜视右上方，眼神是刻意加了高光去表现的，是整个镜头里的视觉重点。她的一举一动非常清晰，先是朝右（画外空间）仰望，再是低头想心事。下一个镜头，刀客却淡然平视前方（左边），视死如归，此时两人的情感表现截然不同，一放一收（如图4-5-2）。

表4-5-1　角色视线和人物关系变化分析图

镜头顺序	角色1	视线	角色2	视线	此时两人关系
1	刀客	向左	少女	向左	少女被强吻生气，产生冲突，朝他扔沙子
2			少女	向右	（延续上个镜头情绪）少女平静下来后在想心事，实则想念刀客
3	刀客	向左			刀客眼神淡然

在这三个镜头的剪辑段落关系中，镜头1和2的组接，从人物的视线上形成了从同向到反向的错位、反向和背离关系，对位地表达出人物之间的戏剧冲突；而镜头2和3的组接，少女看向右边的视线，又与刀客一直朝向左边的视线相对交织，而且此时是仰视，是一种十分符号化的动作和肢体语言，人物内心的情感，不正像她远望的视线一样，对应着少女的内心企图和冲动——憧憬之中，少女对刀客的等待，期盼着刀客复仇后能够归来，两人重逢……在两个明明是疏离分隔的空间，居然因为角色的视线相互交织，使得观众“脑补①”出一幅爱情画卷一般。

三个镜头之间的时间留白就是人物之间关系的变化与不变，人物之间的戏剧冲突推动了人物关系的递进发展。导演就是通过短短三个镜头的剪辑，利用“越轴”现象里出现的相关人物之间视线的错位与对位，高明而巧妙地利用时空关系，轻描淡写地表现出了两个人物之间丰富的戏剧冲突和变化层次。电影中，少女对刀客的情感牵绊，刀客帮助少女的复仇的无言承诺和责任感，一句“不知道那个女人会不会为我落泪”，独白的心声里徘徊着他浓浓的宿命感，是怎样一种悲伤……

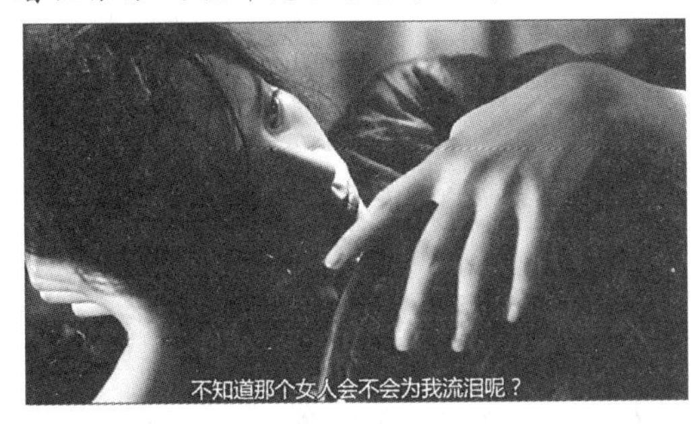

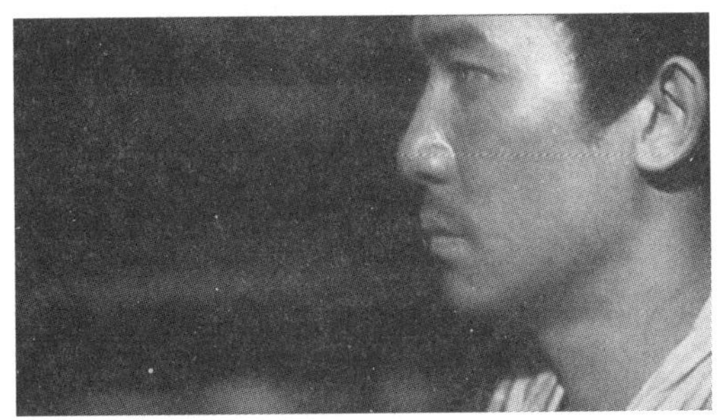

图4-5-2　镜头2和3，少女向右上仰望，刀客从左向右前行，把两个画面重叠一起的话，视线是交织的，精确对应着此时两人的戏剧关系

王家卫导演就是这样在电影作品中巧妙地利用了“越轴”中人物视线会发生错位，拍出了一场十分简单却又格外悲情的离别戏。

---

①脑补，即脑内补充，动漫方面的用语。通常是指在头脑中对某些情节进行脑内补充，对漫画中、小说中以及现实中自己希望而没有发生的情节在脑内幻想。

拓展阅读8：数码相机的宽容度[①]

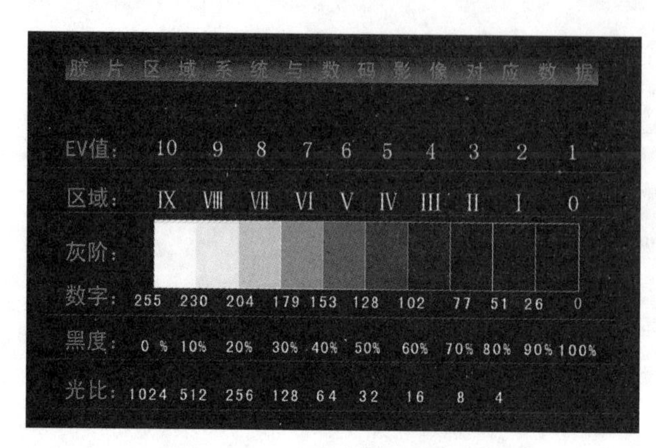

图4-5-3　与宽容度有关的综合信息

我们先把与宽容度有关的信息拢在一起，便于对比和梳理概念，重点是胶片区域系统与数码影像的对应数据。摄影大师亚当斯的“区域系统”理论，在实践和学术上都达到很高的境界，因此，我们借鉴了一部分亚当斯的理论，来说明胶片和数码的对应数据关系。这张图（图4-5-3）一共有6项对比数据，以灰阶为中心展开。第一行是EV值，这个大家都很熟悉，一个EV值相当于一级曝光量，照相的时候要么变动一级光圈，要么变动一级快门。

第二行是区域，这个区域就是亚当斯的区域划分，从0到Ⅸ。根据亚当斯的理论，黑白照片的色调或灰调可以分为十个“区域”，由零区域（相纸能够表现出的最黑的部分）至第十区域（相纸的底色——白色）。第五区域是中等的灰度，它可以根据测光表的读数曝光而得出来；第三区域是有细节的阴影部分，而第八区域则是有细节的强光部分。凭着区域系统，摄影者便可以预见到照片的最后影像，并使底片能够根据摄影者心目中的构思去曝光。这个区域划分跟EV值有关系，一个EV值的变量形成一个区域的灰阶明度。

第三行是灰阶，是指地物电磁波辐射强度表现在黑白影像上的色调深浅的等级，是划分地物波谱特征的尺度。通常来说，液晶屏幕上人们肉眼所见的一个点，即一个像素，它是由红、绿、蓝（RGB）三个子像素组成的。每一个子像素，其背后的光源都可以显现出不同的亮度级别。而灰阶则代表了由最暗到最亮之间不同亮度的层次级别。这中间层级越多，所能够呈现的画面效果也就越细腻。以8bit panel为例，能表现2的8次方，等于256个亮度层次，我们就称之为256灰阶。LCD屏幕上每个像素，均由不同亮度层次的红、绿、蓝组合起来，最终形成不同的色彩点。也就是说，屏幕上每一个点的色彩变化，其实都是由构成这个点的三个RGB子像素的灰阶变化所带来的。在图示的曝光综合因素中，随着EV值和区域的不同，产生的黑白灰的明度也不同。

第四行是数码影像使用的明度数字，黑色为0，白色为255，中灰为128。第五行是印刷黑色的百分比，白色为0％。黑色为100％。现在，灰阶、区域和EV值是一一对应的，灰阶的第五级50％黑色对应RGB的128及区域系统的V级。那么从黑色到白色，它每增亮一级、每增加一个EV值或增加一个区域的时候，它的光比就会增加一倍。第六行是每级灰阶的光比关系。第一级是1，第二级是2，一级一级往上加，4、8、16、32、64、128等，一直到256，每加一级，数据增加一倍，光比增加一级。我们习惯说光比为1∶128，就是指7挡光圈，1∶64指6级光圈，1∶32就是指5级光圈。熟悉了这张图（图4-5-4）以后，往下的内

①刘宽新. 数码影像专业教程［M］. 北京：人民邮电出版社，2008.

容更好理解。

胶片区域系统是摄影最重要的技术核心之一，反映了宽容度的本质，形象、严密，并得到普遍认可，几乎成为金科玉律。数码影像是建立在更为严密的数学基础上的，是亚当斯预言过的“影像主流”。如果它们都是科学的，那么，出自实践和略带神秘色彩的区域系统与饱含理性、以科技创新自诩的数码，必定存在某种建立在事物本质上的暗合式联系，或者是某种支持，否则有一个就是假货。出于此种兴趣，笔者试图把两者放在一起对照一下，或许能够有所斩获，从而找到宽容度到底哪个大的答案。

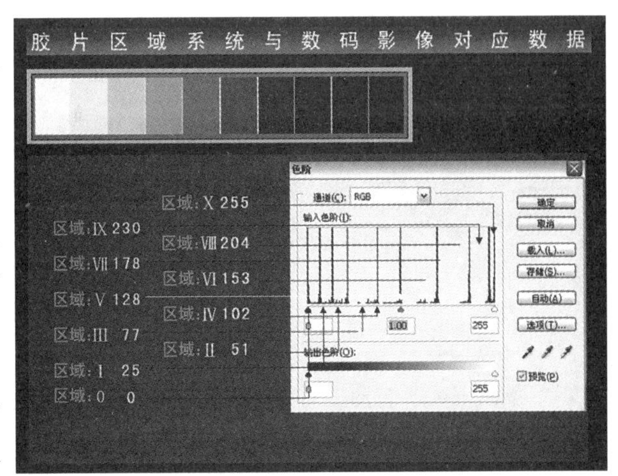

图 4-5-4 数码影像曲线对应数据

这是我们在 Photoshop 中非常熟悉的曲线。曲线的 10 个格子有什么意义？与我们熟悉的曝光、光圈有什么关系？我们把亚当斯的 10 级灰阶和曲线放在一起来看。用吸管点击灰阶，我们在色阶曲线中看到了相应的位置和数据，数字清楚地显示了灰阶与数字每一个级别的对应关系，非常准确，一目了然，它告诉我们一个灰阶在数据上是如何表现的，或者数据表现了哪些灰阶。Photoshop 以界面窗口形式，向我们展示那些熟悉但是不形象、不直观的曝光、宽容度等概念，使之变得容易理解、便于操作，把抽象高深的区域曝光直观地展现给普通摄影者。

亚当斯把影像分 10 个区域，他有一句经典的原话：“细节一般只能从 7 个区域范围内捕获”。7 个区域就是指 7 挡光圈，这 7 个区域也可以左移，从高光到中间暗部的 7 个区域；也可以右移，从暗部到不是高光最高部分的 7 个区域。这个区域条可以右左移动，但无论怎么移动，它只能有 7 个区域，这个区域是定死的，这是胶片的特点。7 个区域是指黑白胶片宽容度，黑白胶片的光比是 1∶128，1∶128 就正好是 7 个区域。现代胶片制造技术的进步，使宽容度有所扩展，彩色负片的宽容度接近黑白胶片，为 6～7 个区域，而彩色反转片比彩色负片又少一级，只有 5～6 个区域。亚当斯的贡献就在于通过很多的技术技巧把黑白胶片的 7 个区域扩展到 10 个区域。但是亚当斯的绝技，多数人做不到，而数码相机时代到来了，技术的进步让多数人寻找到简单而有效的方法，可以获得更大宽容度。（如图 4-5-5 所示）

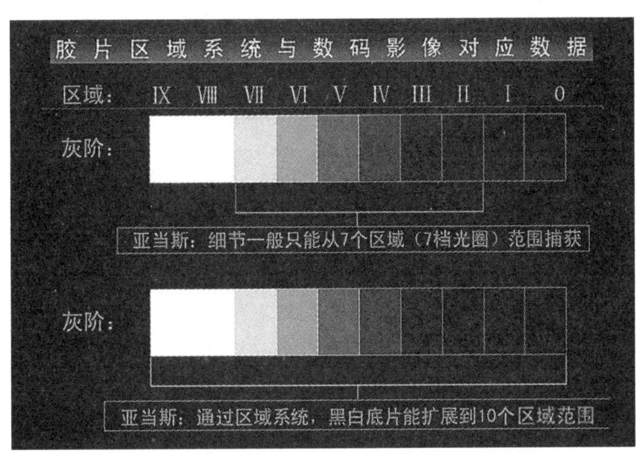

图 4-5-5 亚当斯的胶片区域系统控制

数码影像通过优良前期拍摄无须后期调整就可以获得 10 个区域范围

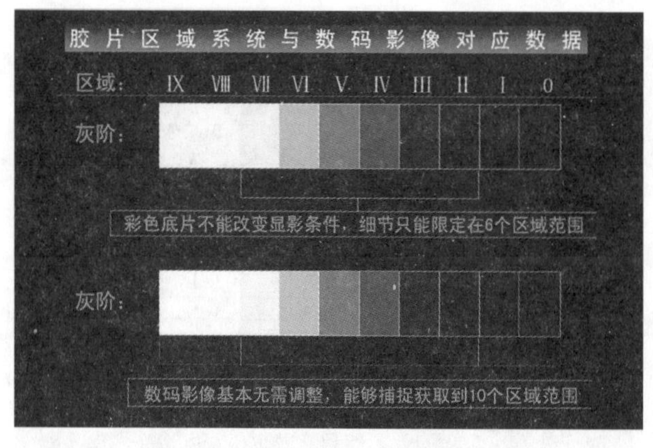

图 4-5-6 数码影像的宽容度参考值

（如图 4-5-6），但是有个前提，数码拍摄时，必须要曝光正确，多项前期设定要做到最佳的组合。严格和优良的前期拍摄可以做到在 Photoshop 上直接打开照片，用吸管读取各数据级别，确实能够达到 10 级，虽然这样的情况为数不多，但是只要有一次，就能说明数码的实际能力。随着数码拍摄规律的逐步掌握，合格照片的比例就会大大增加。和胶片一样，数码影像的曝光要求也是非常严格的，绝不可以随便。以上的情况是指中常反差的正常拍摄，如果遇到高反差，可以使用合并 HDR 高动态影像合成。通过软件合成，可以极大地扩展宽容度，可以超过 10 级，甚至能达到 15 级以上，这种宽容度级差已经远远超过了胶片。

把画面上与跟灰阶相同的密度点找出来。灰阶的 10 级在画面的景物中都能找到一一对应点，证明这张照片确实记录了 10 级影调，说明数码有 10 级宽容度，我们可以再看看图 4-5-7，暗部的差异是明显的。

景物实拍对照容易受各种因素影响，虽然直观但是不够准确，拍摄同样的灰阶是最好的对比方法。（如图 4-5-8）

图 4-5-7 凤凰古城与十级曝光宽容度

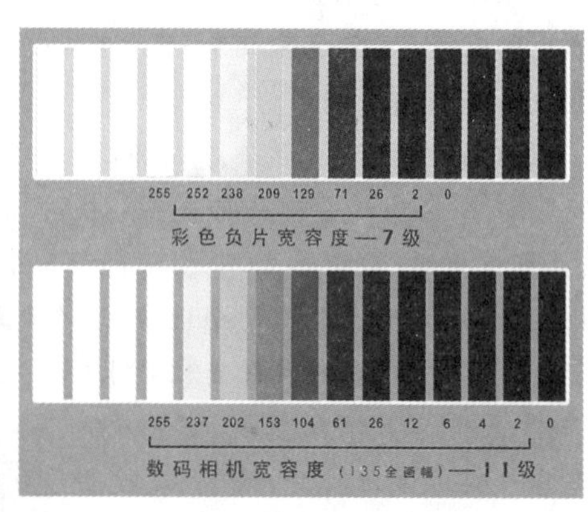

图 4-5-8 胶片与数码相机的宽容度实拍灰阶对比

第五章
网络视频的拍摄技巧

【知识目标】

☆景深。
☆布光。
☆运动镜头。
☆场面调度。
☆镜头设计。

【能力目标】

1. 掌握景深控制的技巧。
2. 掌握常用的布光技巧。
3. 能熟练地进行推、拉、摇、移等镜头运作操作。
4. 掌握常用的场面调度技巧。
5. 能运用分镜头设计绘本。

【拓展阅读】

拓展阅读9:好莱坞摄影师 Shane Hurlbut 的布光经验谈。
拓展阅读10:鬼斧神工的经典长镜头。

在第四章中,通过机位选择、景别控制、曝光控制等手段,网络视频的影像感可以得到基本的实现;但是,在网络视频生产中还需要更多的拍摄技巧以保证专业、高水准制作内容的最佳影像呈现。

第一节　景深控制技巧

在第四章中,我们通过对话场景的实拍,能够掌握景别的形成以及应用的基本语法。如何娴熟地控制景别是视听语言中重要的语法应用和专业要求,但是,在简单的景别控制实现的同时,景深的控制才是更为重要的实拍技巧之一。在网络视频的实拍中,这一技巧因其直接决定了视频画面的外观而显得尤为重要。在视听的艺术中,景深控制兼具了表象和表意实现的双重功能,值得每一个影像爱好者和创作者在这一技巧领域细细耕作。

任何一帧视频的画面，其主要成分可包含这样几种要素：主体、陪体、前景、背景、环境等。景深控制，要围绕着突出表现主体这一核心任务进行创造性地选择、配置，从而使得每一个镜头画面内容主次分明、层次清晰，形成严谨而又流畅、优美而又精当的视觉表达。

一、画面成分

（一）主体

主体即视频画面中所要表现的主要对象，是画面结构的重点。在一帧画面中，主体可以是一个对象，也可以是一组对象；可以是人，也可以是物；可以是主角，也可以是配角。突出主体是画面造型的根本任务。我们可以通过构图处理、光影布置、色彩搭配、焦点虚实以及动静对比等方法来突出主体。画面中给主体以最大的面积，最佳的照明，最醒目的位置，是突出主体的常用方法。如构图时将主体处理成中景、近景、特写等景别，或是采用跟镜头的方式始终将主体摆在画面的结构中心等。

（二）陪体

陪体是指与画面主体有紧密联系，在画面中与主体构成特定关系，或辅助主体表现主题思想的对象。陪体是画面的组成部分，其作用主要是为了说明主体、均衡画面、美化画面和渲染气氛。陪体有时位于主体前，起到陪体和前景的双重作用。

（三）前景

位于主体之前，或是靠近镜头位置的人物、景物，统称为前景。前景有时可能是陪体，但在大多数情况下是环境的组成部分。前景可安置在画面的上下边缘，也可安排在画面的左右边缘，但前景的选择和运用必须为主体的突出和主题的表现服务。前景的主要作用是增强画面的空间深度、均衡和美化画面、在运动摄像时增强节奏感、帮助主体表达主题等。

（四）背景

背景是指那些位于主体之后的人物或景物。一般来说，画面中的背景多为环境的组成部分，或是构成生活氛围的实物对象。背景的存在常常是同突出主体、深化主题联系在一起的，背景对观众有潜移默化的影响。利用各种技术和艺术手段，简化背景是画面造型的重要工作。

（五）空白

空白是由单一色调的背景（天空、地面、水面、草坪 ）组成。空白可以突出主体、调整画面的节奏，空白产生意境，帮助联想。空白往往体现出画面中各个部分的距离关系，为了呼应和和谐，空白的分配要适当。在人物的视线方向或运动物体的前方应留有适当空白。

二、景深控制

（一）什么是景深

使被摄物体产生较为清晰影像的最近点至最远点之间的成像范围就是景深，也是能够清晰成像的空间深度。在景深范围内景物影像的清晰度并不完全一致，其中焦点上的清晰度是最高的，其余的影像清晰度随着它与焦点的距离成正比例下降。因此可以简单地说，景深的深浅取决于焦点的位置。

若画面中清晰的纵向空间很大，叫作大景深。反之，焦点清晰范围内的区域比较小，叫作小景深。小景深的画面，通常只有焦点部分才会清晰显示，其他地方显得模糊；大景深的画面，几乎所有景物都显得十分清晰。小景深在静物摄影等小场景中较为常用，在人像摄影中使用也较多。

（二）景深控制

景深的控制在摄影技巧中有着举足轻重的地位——它能直接影响视觉的表达，景深可以让平面呆板的画面表现出空间感，从而增强照片的欣赏性和表现力。

光圈具有控制曝光量的作用以外，还有一个重要的作用：控制景深。

1. 光圈与景深

光圈大小不仅决定了曝光量的多少，更重要的作用体现在对景深的影响。通常我们会采用小光圈获得大景深，以展现景物的深度，尤其在拍摄风景照片的时候，常常采用小光圈，以展示更加高山流水行云的清晰和广阔的空间。

F2.8的光圈（如图5-1-1），拍摄出了小景深的画面，背景虚化，空间纵深感强，此种效果非大光圈才能呈现。

图5-1-1　小景深效果

2. 焦距与景深

景深的大小不仅和光圈大小有直接关系，焦距的长短也是影响景深的一个重要因素。在拍摄距离和光圈大小都相同的情况下，比较短的焦距能够制造出更大的景深，强调周围环境的特点，并摄入更多的环境元素。长焦距制造出的景深要比短焦距制造出的景深小，从而捕捉到更清晰的特写。

图5-1-2　长焦距镜头的景深效果

调节焦点的位置，景深也就自然而然得到相应的调整。相信大家都知道影响焦点位置的因素：光圈，焦距，摄距(物距)。

长焦镜头的光学原理注定其景深比短焦距镜头小。在图 5-1-2 拍摄中,通过使用镜头的长焦端拍摄,将主体花丛拉近,处于背景中的树木草地自然虚化,小景深效果使得主体花丛更加突出,让观众的注意力集中于花丛的花卉上,从而有效凸显了细节。

短焦距通常指的就是广角镜头,因为广角镜头的视角非常大,非常适宜拍摄场景丰富的画面,而这样的场景,尽可能清晰是最佳效果,因此,短焦距通常配合小光圈拍摄以获取大景深的画面效果。

3. 摄距与景深

影响景深的又一个因素是距离被摄体的远近。摄距,也称物距,它是指焦点至镜头之间的距离,不是镜头前任何物体至镜头的距离,因为只有在焦点前后才能形成一个清晰的区域。

物距对景深的影响表现为:在焦距和光圈不变的情况下,景物离镜头较近时,景深较小;景物离镜头较远时,景深较大。其原因在于,影像的大小是由物距的远近决定的,当景物距离较近时,成像增大,分散圈变粗了,所以摄影时物距越小,景深也越浅;随着距离的增加,景深就逐渐增大。

近距离拍摄适合表现被摄对象的局部特写,将其某一特征放大(如图 5-1-3),给观者留下深刻的印象。远距离拍摄能展示更多的画面细节(如图 5-1-4)。

图 5-1-3 距离稍近的景深效果

图 5-1-4 距离稍远的景深效果

对照前一张的画面就会发现,和静物保持相对远一些的距离进行拍摄,可以展示出静物与背景之间的关系,以塑造画面整体风格,传达出不同信息的含量。

4. 光圈、焦距、物距与景深的关系定律

光圈大,景深小;光圈小,景深大。

焦距长,景深小;焦距短,景深大。

物距近,景深小;物距远,景深大。

第二节　认识布光

摄影是光影的技艺，从照相到电影，再到网络视频的摄制，我们都无法避免地会涉及光线的处理。对于任何一个节目内容的拍摄而言，无论所在的场景是室内还是室外，你可以不再借助任何辅助光线，在纯自然光照的情况下进行拍摄，尤其是现代数码影像器材在感光元件上的提升后，很容易就能实现低照度下的拍摄。如果，就此拍摄出来的镜头画面并不出彩，氛围并不如意，可能你还是觉得要提高亮度或是加强某些局部光线，那么这就涉及专业的布光技术了。

在一部电影，或是电视剧的拍摄现场，可能往往有几大卡车的灯光设备搁置在那里，任由摄影师和灯光师调配，但实际上，没有任何一个场景会同时用完那几卡车的灯光设备，除非是视域很大的夜景全景镜头的拍摄，可能会用到较多数量的灯。这就说明了一个问题，灯光设备也是物尽所需，即使是同一个拍摄对象主体，在同一个场景里，只要是不同的景别，需求的灯光和布光设计都是不一样的。这一点对于专业的网络视频拍摄也是一个很好的借鉴，灯光技巧值得我们玩味，具体建议请详读本章结尾的《拓展阅读 9：好莱坞摄影师 Shane Hurlburt 的布光经验谈》。

一、认识光线

光线按光源可分为自然光和人工光；按光线性质可分为软光（散射光）和硬光（直射光）；按光位可分为顺光、侧光、侧逆光、逆光、脚光和顶光等；按光线的造型作用可分为主光、副光、轮廓光、背景光、修饰光、眼神光和效果光等类型（如图 5-2-1）。下面从造型的角度对主要的光线类型做一一介绍。

（一）主光

主光是拍摄中用以照明被摄体的主要光线，是画面中最引人注目的强光，其主要功能是揭示物体的基本形态，并形成光线的方向感。在户外拍摄时，白天以阳光为主光；在室内拍摄时，也可利用透过窗户的阳光、天空光作主光。在被摄体移动位置或变化方向的情况下，通常有副主光，又称“第二主光”。

主光一般处于被摄对象的左前方或右前方。由于白天的主要光源——太阳来自上方，所以表明光源方向的主光一般应处于上方。

（二）副光

副光也称“辅助光”“补助光”。它是补充主光照明的光线，用于亮度平衡，提高暗部的造型表现力，帮助造型。为了使主光产生的阴影更加透明，需要主光的相反一侧（相对于摄像机而言）增加一个补充光。注意，补充光不是去掉阴影，而是使阴影更加透明，所以，补充光比主光要弱，通常采用漫射光。

（三）轮廓光

轮廓光是使被摄对象产生明亮边缘的光线，是逆光效果的一种。在景物繁多、相互重叠的情况下，轮廓光使前后变得有层次，增强空间感。注意，我们通常说的轮廓光是指亮轮廓，在拍摄实际中，还有暗轮廓。暗轮廓是指被摄体的暗边缘。如当光线射向球体表面，视线和照明方向一致，球面中心区最亮，由亮而渐暗向周围扩散，及至边缘最暗。运用这种照明方法拍摄浅色对象和浅色环境背景效果最明显。

（四）背景光

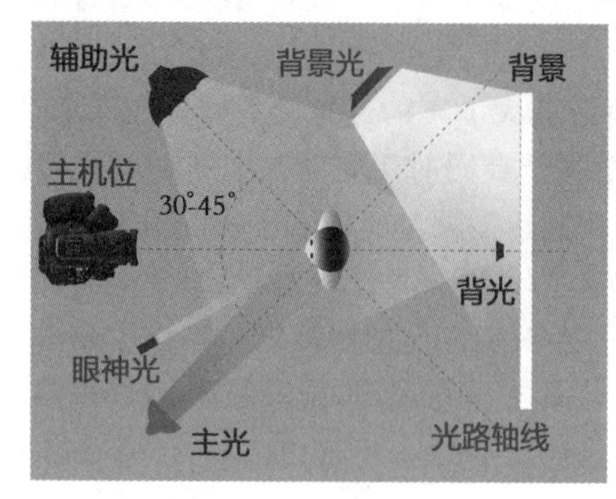

图 5-2-1　主光、辅助光的一般灯位图

背景光是专用于照明背景的光线。其主要作用是使被摄对象在背景中得到鲜明的表现。在演播室新闻主持人的照明中，背景光主要用于消除主光和副光在背景上形成的投影；在电视剧的拍摄中，背景光除烘托主要对象之外，还有表现特定环境、时间，营造气氛和用影调平衡构图等作用，也是后期的镜头组接时影调衔接的重要因素。

二、简单布光

（一）三点布光

三点布光指人物照明中三个基本的光位处理，使用一个主光，一个副光（补充光）和一个逆光（如图 5-2-2）。每一个灯光都被放置在能够最好地满足它们指定功能的位置上，它们被安排成一个三角形，称为基本的三角照明，或三点布光。三点布光一般用于较小范围的场景照明。如果场景很大，可以把它拆分成若干个较小的区域进行布光。

这三种基本光线在光线效果上是互相制约的，如主光高，副光就要低；主光侧，副光就要正，而逆光的高低和左右要视主光和副光的位置来定。

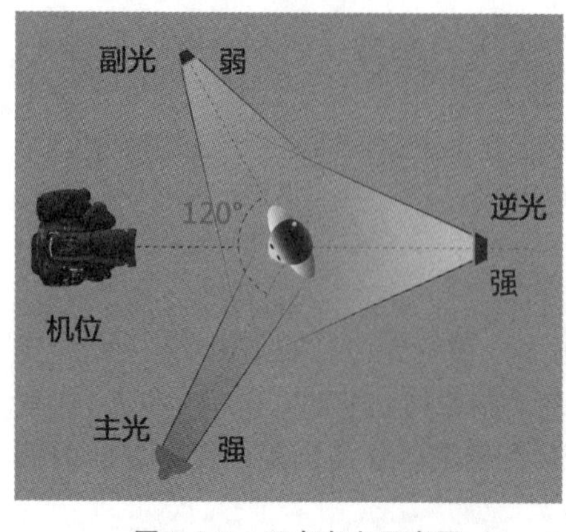

图 5-2-2　三点布光示意图

（二）布光程序

小场面布光一般是先布主体光（含主光、副光和轮廓光），后布背景光。因为小场面的主体与背景较近，如果先布背景光，其亮度和角度都缺乏依据，并且，在布主光和副光时，其投影会影响先布好的背景光。

大场面一般先布场景光，后布背景光，再布主体光。

（三）动态布光

被摄物体的运动可用大面积布光、分区布光或连续布光。大面积布光是将被摄体的整个活动区域进行均匀的照明；分区布光是根据被摄体的活动路线和表现重点，将拍摄现场划分为一系列的重点区和瞬间区，对瞬间区只作简单的照明处理，而对重点区进行较好的布光；连续布光是对被摄体在运动路线上的每个停留位置都进行三点布光。

（四）反光板的使用

在自然光的直射光照明条件下，摄像机对于自然界的高反差现象十分敏感。很多情况下，不能正确记录其亮暗层次，有时会出现失真现象，需要用人工光线进行辅助、修饰照明，加强其暗部照明亮度。有时在散射光照明的天气中，又需用人工光线提高某部分景物的亮度，加强其亮暗对比。控制和调整反差，是自然光照明的主要任务。为了获得反差适中的画面，在拍摄车内人物或明亮的窗前的人物时，通常用反光板对暗部进行补光。

第三节　运动镜头

运动镜头一直是影视作品创作中充满吸引力的技巧领域，很多影视工作者为此痴迷，并成就了很多经典作品。运动镜头主要分两种拍摄方式。一种是机位运动，又包括两种形式：机器安放在各种被拍摄的运动物体上，以及拍摄者自身手持或者通过辅助设备“人机合一”地在运动中进行拍摄。另一种是机位不动。

无论是照相机、摄影机，还是摄像机，其一，机器使用的镜头本身是光学构造的，光圈、焦点都是可调节的，所以，在拍摄中，尽管有机位不动的情况，我们可以通过镜头本身的光圈、焦点的调节，在镜头画面中形成亮度变化、焦距的变化、景深的变化；其二，机位固定的时候，机器一般都安装在液压减震的云台一类的辅助固定设备上，这些辅助设备能实现机器在固定机位上的摇、移、仰、俯等动作。

一、推镜头及其功能

摄影机（摄像机）向被摄主体方向推进，或者通过变动镜头焦距使镜头取景的画面由远而近向被摄主体不断接近的拍摄方法，称为推镜头。

推镜头的特征和作用：

(1)形成视觉前移效果，具有明确的主体目标，被摄主体由小变大，周围环境由大变小。

(2)可以突出目标主体人物，突出重点形象，突出目标人（物）的细节，突出重要的情节因素。

(3)在一个镜头中介绍整体与局部、客观环境与主体人物的关系。

(4)推镜头在一个镜头中景别不断发生变化，可以供给导演很多的余地实现镜头内的场面调度设计。

(5)镜头推进速度的快慢可以影响和调整画面节奏，从而产生外化的情绪力量。

(6)可以通过突出一个重要的戏剧元素来表达特定的主题和含义。

(7)可以加强或减弱运动主体的动感。

二、拉镜头及其功能

摄影机(摄像机)逐渐远离被摄主体,或者通过变动镜头焦距使镜头取景的画面由近至远与被摄主体拉开距离的拍摄方法,叫拉镜头。

拉镜头的特征和作用:

(1)形成视觉后移效果,使得被摄主体由大变小,周围环境由小变大。

(2)有利于表现主体和主体与所处环境的关系,镜头的取景范围和表现空间是从小到大不断扩展的,使得取景的画面构图形成变化。

(3)拉镜头是一种纵向空间变化的画面形式,它可以通过纵向空间和纵向方位上的画面形象形成对比、反衬或比喻等效果。

(4)一些拉镜头以不易推测出整体形象的局部为起幅,有利于调动观众对整体形象逐渐出现直至呈现完整形象的想象和猜测。

(5)拉镜头是在一个镜头中景别连续变化,保持了空间展现的完整和连贯。

(6)拉镜头内部节奏由紧到松,与推镜头相比,较能发挥感情上的余韵,产生许多微妙的感情色彩。

(7)拉镜头常被用作结束性和结论性的镜头。

(8)利用拉镜头来作为转场镜头。

三、摇镜头及其功能

摇镜头是指当摄影机(摄像机)机位不动时,借助于三脚架上的活动云台或拍摄者自身手持(穿戴),通过转动机身镜头拍摄的指向或者调节镜头焦距,实现取景画面从一个拍摄点转向另一个拍摄点的拍摄方法。

摇镜头的特征和作用:

(1)摇镜头犹如人们转动头部环顾四周或将视线由一点移向另一点的视觉效果。

(2)一个完整的摇镜头包括起幅、摇动、落幅三个相互贯连的部分,并迫使观众不断调整自己的视觉注意力,因而摇镜头必须有明确的目的性。摇摄速度会引起观众视觉感受上的微妙变化,故而要讲求整个摇动过程的完整与和谐。起幅是指运动镜头开始前的一段固定画面,落幅则对应着运动镜头中结束的一段固定画面。

(3)摇镜头展示了空间,扩大了视野,利于通过小景别画面包容更多的视觉信息。

(4)能够介绍、交代同一场景中两个主体的内在联系。

(5)利用性质、意义相反或相近的两个主体,通过摇镜头把它们连接起来表示某种暗喻、对比、并列、因果关系。

(6)在表现三个或三个以上主体或主体之间的联系时,镜头摇过时或作减速,或作停顿,以构成一种间歇的节奏。

(7)在一个稳定的起幅画面后利用极快的摇速使画面中的形象全部虚化,以形成具有特殊表现力的甩镜头,并可以用来转场。

(8)便于表现运动主体的动态、动势、运动方向和运动轨迹。

(9)对一组相同或相似的画面主体用摇的方式让它们逐个出现,可形成一种积累的效果。

(10)可以用摇镜头摇出意外之象，制造悬念，在一个镜头内形成视觉注意力的起伏。

(11)利用摇镜头表现一种主观性镜头。

(12)利用非水平的倾斜摇、旋转摇表现一种特定的情绪和气氛。

(13)摇镜头也是画面转场的有效手法之一。

四、跟镜头及其功能

可以利用推、拉、摇、移，以及变换镜头焦点等各种手段，使被摄的运动主体始终处于镜头画面的中心位置，这样的镜头称为跟拍镜头，简称跟镜头。

跟镜头的特点和作用：

(1)追准被摄对象是跟镜头拍摄基本的要求。始终跟随一个运动的主体，或者从一个主体到另一个主体接力，总之被摄对象在镜头取景画面中的位置相对稳定。跟镜头不同于摄像机位置向前推进的推镜头，也不同于摄像机位置向前运动的前移动镜头。

(2)跟镜头能够连续而详尽地表现运动中的被摄主体，它既能突出主体，又能交代主体运动方向、速度、体态及其与环境的关系。

(3)跟镜头跟随被摄对象一起运动，形成一种运动的主体不变、静止的背景变化的造型效果，有利于通过人物引出环境。

(4)从人物背后跟随拍摄的跟镜头，由于观众与被摄人物视点的统一，可以表现出一种主观性镜头。

(5)跟镜头对人物、事件、场面的跟随记录的表现方式，在纪实性节目和新闻的拍摄中有着重要的纪实性意义。

五、横移和升降镜头及其功能

借助水平横移装置(轨道、轨道车)拍摄的方法称为移镜头或横移镜头；利用升降装置等一边升或降一边拍摄的方式则称为升降镜头。

横移镜头及升降镜头的特点和作用：

横移镜头的作用主要是在于展现空间、建筑的外观、剧情氛围的营造等；升降镜头的作用则多用于人物与环境在垂直空间里的关系表现，像电影《阿甘正传》[①]片头那一片“羽毛飞舞”的经典镜头(如图 5-3-1)，另外升降镜头适合表现高大建筑的外观，利于表现大场面的全景和气势。

图 5-3-1　电影《阿甘正传》截图

①《阿甘正传》是由罗伯特·泽米吉斯执导的电影，由汤姆·汉克斯、罗宾·怀特等人主演，于 1994 年 7 月 6 日在美国上映。电影改编自美国作家温斯顿·格卢姆于 1986 年出版的同名小说，描绘了先天智障的小镇男孩福瑞斯特·甘自强不息，最终“傻人有傻福”地得到上天眷顾，在多个领域创造奇迹的励志故事。上映后，于 1995 年获得奥斯卡最佳影片奖、最佳男主角奖、最佳导演奖等 6 项大奖。

六、场面调度的技巧

在网络视频的拍摄与制作中，尤其是面对剧情类的内容，我们面临着处理各种场面调度的工作。因而，对这一专业技巧的系统掌握，对于微电影、网络剧的拍摄是不无裨益的。

场面调度，意为“摆在适当的位置”，或“放在场景中”。起初这个词只适用于舞台剧方面，指导演对演员在舞台上表演活动的位置变化所做的处理，是舞台排练和演出的重要表现手段，也是导演为了把剧本的思想内容、故事情节、人物性格、环境气氛以及节奏等，通过自己的艺术构思，运用场面调度方法，传达给观众的一种独特的语言。

后来，场面调度成为银幕上创造荧幕形象的一种特殊表现手段，被引用到电影艺术创作中来，其内容和性质与舞台上的不同。戏剧的场面调度局限于舞台，而电影则指导演对演员调度和摄影机调度的统一处理，这就是导演在片场主要把握的工作之一。也可以说，场面调度是导演在拍摄现场对摄制组各部门工作协调安排、调度、指挥进行技术与艺术创作的集中体现阶段，就艺术层面的主导权而言，其他部门都必须听从导演的见解和指挥。

构思和运用场面调度，须以剧本提供的剧情和人物性格、人物关系为依据。导演、演员、摄影师等须在剧本提供的人物动作、场景视觉角度等基础上，结合实际拍摄条件，进行场面调度的设计。利用场面调度，可以在银幕上刻画人物性格，体现人物的思想感情，也可以表现人物之间的关系，渲染场面气氛，交代时间间隔和空间距离。场面调度对人物形象的造型处理，也起着重要的作用。

（一）摄影机的调度技巧

调度技巧就是前面讲到的镜头运动形式，推、拉、摇、跟、移、升、降等镜头运动。在实际的拍摄应用中，一个运动镜头的拍摄并非单一的运动方式，往往会出现各种复杂的运动轨迹，也可以说是各种运动镜头的综合运用。

1. 如何保证运动镜头的质量

(1)运动方式尽可能少。

(2)事先进行周密的镜头设计。

(3)器械、主创人员密切配合。

(4)对运动过程的重点一定要处理好曝光、焦点、景别控制和运动速度等关系。

(5)镜头运动要有起幅和落幅。

(6)考虑到剪辑的各种可能性。

(7)条件允许，多拍几次。

2. 变焦推拉注意事项

(1)移动机位的推拉镜头最好把摄影机(摄像机)架设在稳定的移动轨道上。机器一运动起来，机身会晃动，拍摄的画面就不稳，所以，在拍摄推拉镜头时，实现在运动路线上铺设专用的轨道，是平稳移动机位的最好保障。当然，轨道的租赁费用较高，且拍摄现场人工架设轨道比较费时。

(2)推镜头拍摄时注意焦点控制。移动机位的推拉,机器和被摄主体之间的距离随时在发生变化,所以,在拍摄过程中,要及时地“跟焦”,保持镜头焦点清晰。特别是从全景到特写的过程中,景别跨度大,很容易发生虚焦现象,遇到这类高难度的运动镜头拍摄,只有提前排练好运动轨迹和跟焦。

(3)拉镜头退开后注意对视域范围的控制。随着镜头的拉开,拍摄到的画面呈现视域范围越来越大,原本在取景框之外的人或物会陆续地进入画面中。这些进入画面的人和物,有可能是我们不想让观众看到的。

(4)推拉镜头的速度要与表现内容的情绪和节奏相一致。情绪、节奏的紧张与镜头运动的快慢密切呼应相关。

(5)切忌随意频繁地推拉。变焦镜头的变焦倍数不断增大,在拍摄中可以任意调节焦距的长短,这样很容易给使用者带来随意性,但是用变焦镜头做的推拉运动往往跟人们日常看待事物的视觉习惯不一致,随意的推拉很容易引人反感。

(二)演员的调度技巧

演员的调度技巧主要依据是两方面:一是情景(角色性格、表演情绪、节奏)需要,二是摄影机(摄像机)运动轨迹的设定。由此可见,拍摄现场镜头的运动调度与演员的表演走位并不是孤立的,而是密切关联、通力合作,好的场面调度必然是演员和机器拍摄二者的和谐统一,才具有影视的美学意义。前面我们讲过,运动镜头的拍摄也必须有理有据,推拉摇移的手段丰富但是你不能随便地乱动,最基本的依据就是在场景中被摄主体,即演员在导演场面调度下的自然发挥。

(三)纵深空间的调度技巧

纵深空间的调度是在多层次的空间表现中,充分运用演员调度的多种形式,使演员的运动在空间透视关系上具有或近或远的动态感,或在多层次的空间中配合富于变化的演员调度,充分运用摄影机调度的多种运动形式,使镜头位置作纵深方向(推或拉)的运动。比如将机位摆在十字路口中心,拍一演员从北街由远而近冲向镜头跑来,尔后又拐向西街由近而远背向镜头跑去的镜头;或者跟拍一演员从一个房间走到房子深处另外几个房间的镜头。这种调度可以利用透视关系的多样变化,使人物和景物的形态获得强烈的造型表现力,加强电影形象的三度空间感。

(四)重复调度技巧

重复调度是指相同或相似的演员调度和镜头调度重复出现。虽然镜头调度有些变动,但相同或相似的演员调度重复出现;虽然演员调度有些变动,但相同或相似的镜头调度重复出现。在一部影片中,这种相同或相似的演员调度和镜头调度的重复出现,会引发观众的联想,使他们在比较之中,领会出其中内在的联系和含义,从而增强剧情的感人力量。比如,一场戏是刚结完婚的妻子在村口一棵榕树下送别丈夫上前线作战。另一场戏是数年后,同在这棵榕树下,妻子迎接丈夫立功胜利归来。如果将这两场戏用相同或相似的演员调度和镜头调度加以处理,当观众第二次看到时,势必会联想到第一次出现的情境，从而对这一对夫妻的离别和重逢有更深的感受。

（五）对比调度技巧

在演员调度和镜头调度的具体处理上，可以运用各种对比形式，如动与静、快与慢的强烈对比。若再配以音响上强与弱的对比，或美术造型处理上明与暗、冷色与暖色、黑与白、前景与后景的对比，则艺术效果会更加丰富多彩。

七、场面调度与长镜头的区别

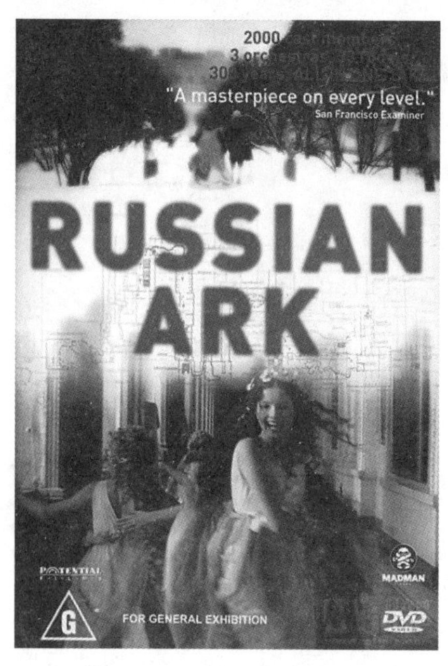

图 5-3-2 电影《俄罗斯方舟》海报

长镜头指的不是实体镜头外观的长短或是焦距，也不是摄影镜头距离拍摄物的远近，而是拍摄时开机点与关机点的时间距。长镜头并没有绝对的时间限制，它只是相对而言较长的单一镜头。对于影视作品而言，必须具有了审美意义的长镜头才符合专业要求，不然就是长而无聊的镜头。有一部非常特别的电影，《俄罗斯方舟》（如图 5-3-2）既是一个长镜头又是一次超强的场面调度。

电影《俄罗斯方舟》（2002 年，导演亚历山大·索科洛夫）是一部用数码技术拍摄的影片，描述一位当代电影人突然发现自己置身于 1700 年前圣彼得堡的一座古老宫殿里，同时周围的人都无法看到他。和他有同样经历的是一位来自 19 世纪的法国外交官，这一奇遇使两人开始了一场历史的漫游，目睹了俄罗斯千年来的风云变幻。他漫步在宏伟壮丽的宫殿里，见证了彼得大帝用鞭子狂怒地抽打他的将军、凯瑟琳女皇的私人生活以及革命前夕末代沙皇一家最后的晚餐，还有 1913 年最后一场辉煌盛大的皇家舞会。在他们的时间旅行逐渐展开之时，两人之间也不断就俄罗斯的历史文化问题发生争执：侯爵秉持西方对俄罗斯爱恨交织的传统感情，而现代电影人却反思和质疑着他祖国的过去和现在。

本片乃现代电影技术上的一大创举：它自始至终只用一个镜头，一镜到底，一个长达 96 分钟的长镜头。导演的镜头语言虽然简单，但一镜到底的气魄和雄伟壮丽的宫殿内观，以及变换无定的室内色调，都给人一种目不暇接的视觉震撼和对历史深邃的重新思索。一镜到底而成的故事片不仅是影史首创，而且从本质上颠覆了爱森斯坦的蒙太奇理论。本片与爱森斯坦的《十月》（结尾场景也在冬宫）形成有趣的比照。

这部电影创下了两个世界之最：一是它拥有着电影有史以来最长的长镜头，二是它是世界第一部只有一个镜头的电影长片。虽然《俄罗斯方舟》在那一届的戛纳电影节上没有得到任何奖项，但索科洛夫对传统电影美学所做登峰造极的挑战，还是震动了世界影坛。索科洛夫曾说，这部电影他已经构思了 15 年，是数码摄影技术的发明，给他实现自己的构想提供了前提。任何创新的背后，都蕴涵着无限的艰辛。

因为影片需要一气呵成，所以德国摄影师提尔曼·巴特纳在90多分钟里，一人扛着30多千克的高清晰索尼数码摄影机，一遍完成全片所有画面的拍摄。而在本片所涉及的35个宫殿房间里，共有850多名群众演员参加演出。要将拍摄时间与电影时间做到完全的重合，每个场景每句对白都必须精确地计算安排。索科洛夫给演员排练了7个月，摄影师巴特纳则7次、每次一个星期来研究布景。而因为埃尔米塔日宫博物馆是俄国的重要的宫殿群落，著名的“冬宫”就在这里，博物馆只给了剧组两天的拍摄时间，其中26小时还用来让40个电工在33间屋子里布光，只剩下了一天的时间才能用于拍摄，而且博物馆不允许再补拍，摄制的难度可想而知。前三次拍摄都因技术上的难题而中断，第四次终于大功告成。

就前面我们说到的“场面调度和长镜头的区别”，现在我们来看这部影片，导演亚历山大·索科洛夫在一个长镜头里实现了整部电影的所有场面调度，这是一种极端的情况，二者已经没有任何区别了。

如果一部电影，不是一个长镜头，而是两个、三个……更多个长镜头拍摄的呢？那我们就可以说那个导演采取了长镜头的风格来完成一部电影的场面调度。这时的长镜头就作为了场面调度的一种风格。

由此可见，长镜头和场面调度二者的区别：

(1)长镜头可以是运动的，也可以是固定机位固定画面的；场面调度则不能不动，必然是对运动的调度，哪怕有静止的动作，也只是暂时的。

(2)长镜头并不等于场面调度，但是必须通过场面调度来实现。

(3)长镜头只是单个镜头的一种处理技巧，更多在于摄影对时间长短层面的控制，同时必须通过导演使其赋予审美意义才符合专业要求。

(4)长镜头可以形成场面调度的一种风格。

(5)场面调度则是导演在整部作品的拍摄中必须去完成的主要工作，即使再长或者再短的镜头都需要通过场面调度来实现创作意图，因为它是导演对整个拍摄现场各个部门的控制和运用。

第四节　分镜头设计

一、分镜头脚本

分镜头脚本主要是由导演根据文学剧本提供的思想与形象，经过总体构思，将未来影片中准备塑造的声画结合的银幕形象，通过分镜头的方式将剧本中的生活场景、人物行为及人物关系具体化、形象化。分镜头脚本是导演为影片设计的施工蓝图，也是影片摄制组各部门理解导演的具体要求，统一创作思想，制订拍摄日程计划和预算影片摄制成本的依据。

分镜头脚本大多采用表格形式，格式不一，有详有略。一般设有镜号、景别、拍摄方法、时间长度、画面内容、音响、音乐等分栏。有些比较详细的分镜头脚本，还附有画面设计草图和艺术处理说明等。

分镜头脚本的作用主要表现在三方面：一是前期拍摄的脚本，二是后期制作的依据，三是成片长度、制作周期和经费预算的参考。

二、分镜头故事板

分镜头故事板是指电影、动画、电视剧、广告、MTV等各种影像媒体，在实际拍摄或者绘制前，以故事图格的方式来说明影像的构成，将连续的画面以一次运镜作为单位分解，并标注运镜方式、时间长度、对白、特效等。内容包括：镜头号、景别、摄法、画面内容、对话、音响效果、音乐、镜头长度等项目，画面内容通常根据剧本来绘制，是导演对影片全面设计和构思的蓝图。（如图5-4-1）

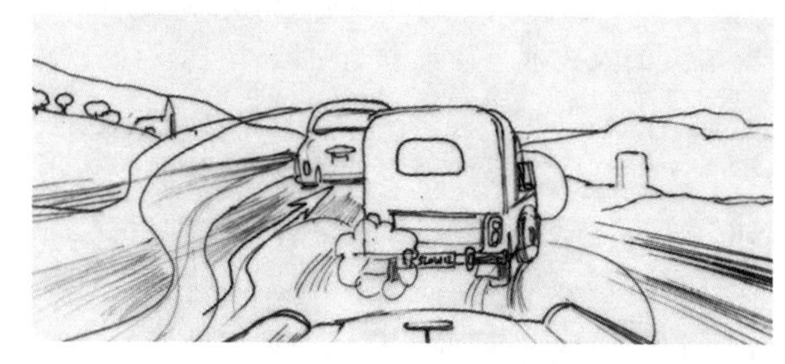

图 5-4-1 *The Hot Potato* 电影分镜头手稿

分镜头故事板一般以剧本作为依据，可以是在文字分镜（脚本）的基础上绘制，也可以在没有文字分镜（脚本）的情况下直接将文字剧本做适当调整后，直接画出画面并写出相关提示内容。但是剧本与文学作品的形式不同：文学作品往往运用了大量的形容词汇的描写，如复杂的心理活动描写等，类似的描写在剧本中却是不可以存在的，因为这些非具象的状态描写很难通过演员外部简单的语言、表情和动作去表现出来。对于人物形象、环境、时间、语言、动作、行为、事件等较为具象的内容，则比较容易通过视觉和听觉呈现。

当然这个转化过程对于分镜头故事板的创作者具有较高的要求：将无形的文字转化成为有形的动态画面和声音，这个过程需要创作者具备较强的创造能力。正因为这种创造性的存在，才使得创作者们在遵循分镜头台本设计理论体系的基础上，不拘泥于某些固定的模式，充分发挥各自的主观创造性，这也就形成了众多影视作品不同的风格和特点。[①]

分镜头故事板创作的前期构思过程中，我们会将整个故事按照构思分成若干单个镜头的连接呈现出来，这些单个镜头之间存在着各式各样的相互关联，并按照某种形式串联得以形成整部影片，如以动作、情绪、思维、语言、声音、场景等因素形成有相互联系的衔接，达到整个影片的叙事目的。那么单个镜头形成之后，将众多镜头衔接得自然流畅，也是分镜头画面设计的重要内容。

分镜头故事板设计的一项重要内容是塑造角色性格。一般而言，演员在没有任何语言、情绪、动作等行为时，不可能成为一个鲜活的角色，而生动鲜明的角色对于影片来讲无异于灵魂。分镜头故事板的创作涉及的知识面较广，包括如导演统筹、场面调度、文学、视听语言、美术设计、动作表演、摄像和剪辑等方面专业知识，对于创作者的综合素质要求较高。

---

① 汇编来源：http://www.storyboard world.com/what－is－story board/

三、故事板创作的基本要素①

（一）故事板的创作通常要围绕下列问题（如图 5-4-2）：

(1)故事的主题是什么？

(2)有哪些角色？

(3)角色的行为方式有哪些？

(4)有哪些对话与动作？

(5)是否有冲突？和谁？

(6)冲突发生的场所在哪里？

(7)远景、中景、近景与特写镜头如何安排？

图 5-4-2　众多人物的前期设定

（二）三分法②

下笔前，要保证画幅有正确的比例。电影故事板是在长方形的画框内绘制的，比例要和最终的画面相同。画幅比从 1∶1.65、1∶1.85 到宽荧幕的 1∶2.4 不等，希腊人把这样的比例称为神圣的比例或黄金矩形③。

帕特农神庙④就是柱状底座占神庙总高度的三分之二（如图 5-4-3），上方的三角形屋顶占三分之一 。这种比例贯穿整个艺术史。

---

①（美）约翰·哈特. 开拍之前：故事板的艺术[M]. 北京：世界图书出版公司，2010.

②一般意义的“三分法”可以说是中国的根，自古以来中国式的文明基本上是根据“三分法”发展而来，这有别于西方“二分法”的思维模式。三分法的基本内容是：一个事物分有矛盾的正反两面，最终处理该事物时不是采用选择正面或者是选择反面的二选一的“二分法”思维模式，而是采用把正反两面统筹起来，将其看成第三面，也就是正反合一。这里的“三分法”，主要指“井字构图法”，是一种在摄影、绘画、设计等艺术中经常使用的构图手段。

③黄金矩形(Golden Rectangle)的长宽之比为黄金分割率，换言之，矩形的短边为长边的 0.618 倍。黄金分割率和黄金矩形能够给画面带来美感，令人愉悦。在很多艺术品以及大自然中都能找到它，希腊雅典的帕特农神庙就是一个很好的例子。达·芬奇绘画中各种人物的脸符合黄金矩形，同样也应用了该比例布局。

④在希腊首都雅典卫城坐落的古城堡中心的石灰岩的山冈上，耸峙着一座巍峨的矩形建筑物，神庙矗立在卫城的最高点，这就是在世界艺术宝库中著名的帕特农神庙。

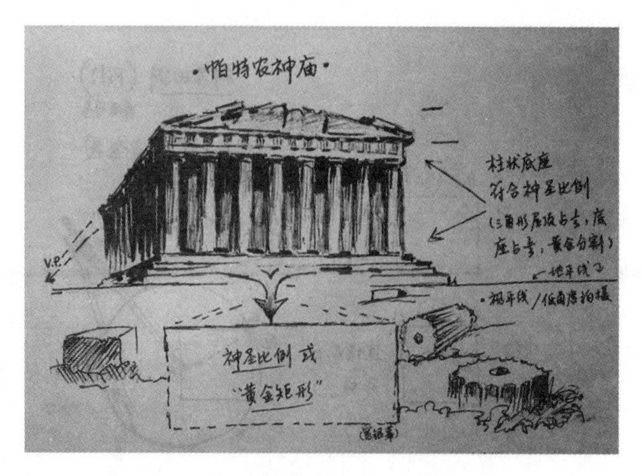

图 5-4-3　帕特农神庙

为任何一部影视作品进行专业分镜绘图设计，都要遵循这些艺术史中总结出来的创作规律和法则，这样才可以确定人物、物体或者建筑物在故事板中的准确绘制位置。首先要用水平线和垂直线将矩形各自划分为三等分。这些由两条水平线和两条垂直线相交的点就是视觉中心，而这些区域也成了我们拍摄时所讲的兴趣点，这被称为“三分法(rule of thirds)”。(如图 5-4-4 所示)

图 5-4-4　《星球大战》彩色故事板

所有的专业故事板画室及美术设计都使用三分法。任何画面中，如果将演员或者主体物放置在对称的中心位置，都会使观众厌倦，就像不能用一根直线从矩形画框的中心横切过去。构图时，绝对不能将画框划分为两个相等的部分。

(三)前景、中景和远景

你应该记住构成所谓真实感的基础视觉平面，维持故事板中的视觉兴趣点，要通过前景、中景和远景来体现。(如图 5-4-5 所示)

可以利用不同的平面运动，形成一种有深度的、动态的三维效果。(如图 5-4-6 至图 5-4-7)

图 5-4-5　电影《乱世佳人》故事板

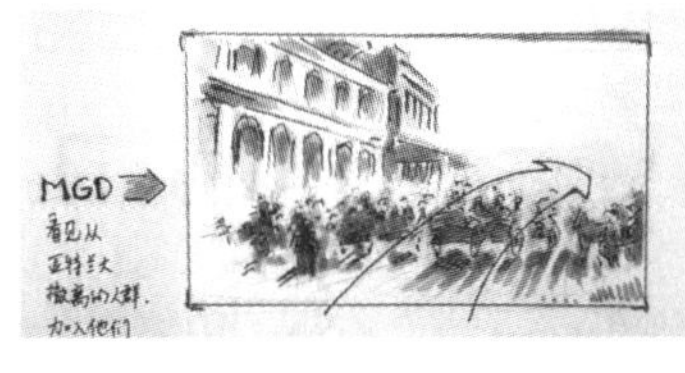

图 5-4-6　电影《乱世佳人》中的故事板，前景、中景、远景的安排

前景、中景、远景的安排直观展现场景的矛盾冲突。（如图 5-4-7 所示）

图 5-4-7　电影《星球大战》故事板中的三分法，前景、中景、远景的安排

建议你做一个小作业：观看一部电影，分析三分法原则是如何运用到具体的画面构图与镜头运动中的，并绘出 10～20 幅的分析草图。

任何电影、电视剧、广告，包括网络视频的拍摄在前期制作阶段，故事板的使用都是一种非常有用的重要手段。故事板会说明每个镜头包括哪些动作，而通过全面仔细地绘制自己的故事板，你就能够准确地了解实际拍摄以前要做的工作——每个镜头的拍摄所有相关的一切。摄制组各部门都要在前期制作阶段召开会议、交流想法和创意，还有许多创作人员要参与到复杂的前期制作，包括制片人要以此募集制作资金……这些概念草图为制作团队提供了那些最先是被写在纸上的作品的视觉可能性。

故事板画师的工作就是与制片人、导演、摄影师和美术设计合作进行的，他必须为影片绘制一份关键的蓝图以供主创们在整个拍摄期间参考，这份蓝图在影片的后期制作阶段还会被频繁地用到。

拓展阅读9：好莱坞摄影师Shane Hurlbut的布光经验谈[①]

不要害怕使用硬光！

我相信我们都有点过于偏爱使用柔光了。因为我们想“让场景看起来更自然”“我想让它看起来像是自然的环境光，而不是打出来的光”“我想用现场光”。在很多的拍摄现场，我听到太多这样的描述。作为一个电影摄影师，当你听到导演这样描述他(她)的想法时，你要做的是将这些描述转换成“布光语言”。

其实导演们的描述经常并不是指柔光，你是否想过用硬光同样会产生柔光的感觉？Herb Ritts(著名的时尚摄影大师，代表作《迈克尔·杰克逊：音乐历史专辑全集》《危险之旅》音乐录影带)就非常善于利用硬光，Conrad L. Hall(曾提名7次、获得3次OSCAR最佳摄影，代表作《虎豹小霸王》)也是使用硬光的高手。我本人喜欢硬光也喜欢软光，并且会让它们可以在一个镜头里同时应用。而在全景镜头的布光上，硬光能给你更好的控光效果。下面是几个电影全景画面的硬光应用效果(如图5-5-1至图5-5-3)。

图5-5-1　电影《关键投票》中的硬光应用

图5-5-2　电影《那些最伟大的比赛》中硬光的应用

图5-5-3　电影《后继有人》中硬光的应用

1. 全景布光

在给全景镜头布光时，我会用比特写镜头更硬的光。硬光能控制光线打到背景如墙面柱子或前景物体的效果。这将有助于制造画面反差，为故事叙述营造气氛。我既不喜欢把提亮场景的活儿丢给后期调色师，也不喜欢用大灯把15个窗子照得通亮。

如何打光是摄影师的选择。对于全景镜头，用硬光辅以一些软光并使用控光附件，那么看起来就没有那么硬。而这时的软光通常是来自空间(屋顶)上方，用以提亮阴影区域，以及使物体的阴影边线变得柔和。但是在大全景布光时，只有一个光源的情况是很难在布光上做出什么变化的，除非墙上有一大块很暗的阴影。如果你要有柔光的感觉，你需要

---

①作者：Shane Hurlbut；来源：filmmaker.cn翻译文章(节选)。

用黑旗做遮挡以减弱墙面的阴影，并用软光灯对阴影暗部做适度提亮。

(1)为全景镜头即所谓“Doinker 镜头”布光。当我到达一个室内的拍摄现场，不管是白天还是晚上，我会先看一下各个窗子位置跟日光照射的关系，并且查看有什么样的自然光或者现成光源可以利用。这样我们在设计这个场景的分镜头时，就能利用现成光线特性为镜头讲述故事所服务。

(2)关于“Doinker 镜头”。Doinker 镜头即固定机位广角全景镜头。英文中并没有 Doinker 这个词。这个词是《后继有人》(*We Are Marshall*)导演 McG(全名 Joseph McGinty Nichol，代表作《终结者 4》)自己发明的。意思就是一个固定机位的广角全景镜头，其实也是我们最常用的广角全景镜头，镜头里包含了演员和所在环境，观众一看就知道要表现什么人物和故事发生地。我觉得这个词很有趣，于是自己也跟着用了。(如图 5-5-4 至图 5-5-5 所示)

图 5-5-4　电影《那些最伟大的比赛》中的广角镜头

图 5-5-5　电影《后继有人》中的广角镜头

(3)清楚何时能改主光方向、能改变多少。当给全景布光时，我也会考虑拍过肩镜头和特写镜头时如何利用全景时的布光。如果全景的主光来自人物左侧，那么在后面拍中景和特写时主光的方向我会保持跟全景一致。看演员的脸朝向，以确定主光的位置。不要搞错了主光方向。如果在全景镜头主光来自人物左侧，一旦在拍特写时要改变主光的方向，这时的原则就是尽量贴近全景时主光方向。大的光线原则不能错！

2. 过肩镜头的布光

(1)“轴线原则”。如果你打算拍一些很棒的过肩镜头，那么一定要把主光的方向考虑进去！给过肩镜头布光是用镜头语言讲述故事的重要组成部分。我之所以反复强调主光方向，是因为过肩镜头是讲述故事时容易出问题的镜头，它影响到是否能建立起对戏演员之间的联系。好的过肩镜头能帮助丰富人物在电影中的情感表现。

示例中有 1 和 2 两个主要机位(如图 5-5-6)。1 号机位的主光来自摄影机左侧，演员左脸被照亮右脸颊有阴影。2 号机位的主光来自摄影机右侧，演员右脸颊被照亮左脸有阴影。这就是主光方向的改变。再注意，2 号机位时前景演员的光跟 1 号机位基本一样，并不是完全一样，说明 2 号机位是给后景演员单独增加了主光，而并没有动 1 号机位的主光。这样的做法就是减弱主光方向变化带来的影响，让两个机位的布光效果看起来基本上一样。

图 5-5-6 示例

图 5-5-7 和图 5-5-8 是两个过肩镜头的画面。布全景光时主光安排在演员右侧。那么机位的设置就跟主光位置有很大关系。是应该把机位定在人物轴线(动线)左侧还是右侧呢?(如图 5-5-9)如果你在右侧(3 和 4),拍到的演员脸部的光就会显得非常平。如果你在左侧(1 和 2),那么你能看到演员脸部的阴影,那样的镜头画面就会显得人物面部更立体。所以,当你布全景主光时就要为后续的镜头定下基调,前提是你必须得熟悉整个场景的分镜头设计,所以这就是为什么要在布光时尽量把摄影机和主光分别放在人物轴线的两侧!

图 5-5-7 电影《关键投票》中的过肩镜头

图 5-5-8 电影《后继有人》中的过肩镜头

(2)过肩镜头布光。现在来说过肩镜头布光。继续看上面两个电影画面,这两个过肩镜头的布光看起来很不错。摄影机在轴线左侧(主光在右侧),这样的过肩镜头能拍到演员脸上和肩膀上的阴影。为什么摄影机在轴线左侧很重要呢?

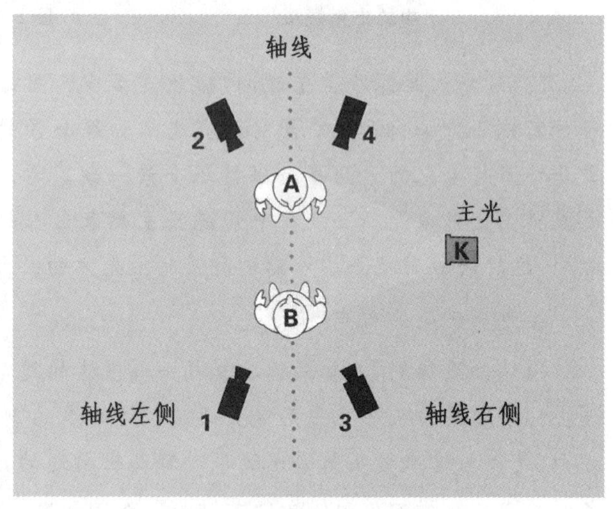

图 5-5-9 布光时尽量把摄影机和主光分别放在人物轴线的两侧

想象一下,主光在轴线右侧,那么 A 和 B 人物的右边全部是被照亮的(看上面光位图)。如果这时把机位也安排在右侧(机位 3),那么在画面上你将看到被照亮的 A 的脸和 B 的肩膀,观众就有可能同时去注意 A 的脸和 B 的肩膀,但我们并不希望观众去看 B 的肩膀!如果把摄影机放在左侧,那么观众只能看到 A 被照亮的脸。

布光的一个重要作用就是引导观众去看你希望他们看的内容。上面举例的《后继有人》的过肩镜头就是很好的例子。观众的注意力会准确地集中到演员 B 的眼睛、表情和说话上。

现在特写布光也弄好了。如果把摄影机和主光安排在轴线同一侧，那么拍出来的人物的光就会很平。因为我们拍不到人物有阴影的那一面（机位 3 和 4）。即使人物没有阴影，拍出来也不会好看，因为演员并不会正脸对着主光。摄影机和主光分置轴线两侧说起来很简单，但你不这样做，在影调上的感觉会相差很远。

图 5-5-10　电影《后继有人》体育馆三人戏示例

（3）相反的情况。有时场地或者机位限制并不能让你按自己习惯去布光。你不得不将主光和摄影机都放在轴线同一侧。这种情况就发生在我拍《后继有人》体育馆里那场戏（如图 5-5-10）。但那场戏的全景镜头的布光照样看起来非常棒。拍这组镜头时我只能从右侧的体育馆窗户从外往里打灯，而我又需要用体育馆的观众席作为背景，因此机位只能在 1 的位置（如图 5-5-11）。于是摄影机跟光源不可避免在轴线同一侧。这种情况也能产生对你有利的结果。

我当时就问自己，这场戏要表现什么？这场戏讲的是 McConaughey 想出了一个点子，那么他应该是在构图中最亮的那个人，于是他被放在顺光的位置，亮得像个灯泡。David 在这场戏是被动接受点子的人，所以我把他安排在背光的位置，以表现他的为难。

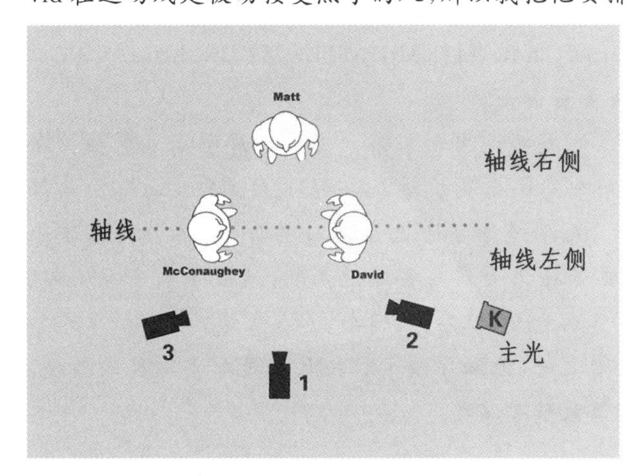

图 5-5-11　光位图和轴线

当我拍摄这场戏的过肩镜头时，你能看到光源和摄影机都在左侧，人物左侧的肩膀被照亮了（机位 2）。但我用黑网把 McConaughey 的肩膀和 David 脸部的照度减低，以使观众的注意力仍集中在 McConaughey 脸上。当时导演 McG 看到我这样给 McConaughey 打光，他很喜欢并认可这种表现方式，最终这组镜头被用在电影里。所以，有时你必须根据演员情况灵活应变，有时变通的方法效果会更好。

拓展阅读 10：鬼斧神工的经典长镜头[①]

也许这是动与不动的关系，而与镜头的长度无关，“长镜头”是美学的扩展面，也同样是技术的制高点。没有天才的头脑就没有高超的调度，没有严格的计算就没有完美的操

①作者：灰狼；来源：时光网。

控。运动长镜头是一门很高深的技术活，它需要导演、摄影、美工、灯光、演员之间的精妙配合，也需要摄影车、斯坦尼康、滑动轨道、起重机吊臂的辅助运作，每个细微之处都决定镜头的成败，一环疏漏就会满盘皆输。

也许是懒惰的缘故，导演们都爱上了剪辑。据相关资料所示，美国电影镜头的平均长度已从1946年的10.5秒缩减为2006年的2.9秒，电影却不见得有以前好看，这到底算是技术上的悲哀，还是导演们的无能呢？

1.《历劫佳人》 1958年

导演：奥逊·威尔斯　摄影：拉塞尔·麦蒂

开场镜头：时长3分20秒

网络观看地址：http://v.youku.com/v_show/id_XMjI3MTg5NTk2.html

难度系数：★★★★★ 完美指数：★★★★★

这部电影曾经是电影史上的一个悲剧，环球公司的乱剪，让奥逊·威尔斯的心血毁于一旦，许多年后当人们认识到这部电影的价值，却只能从40年后的重剪版去猜测奥逊·威尔斯的天才构想了。《历劫佳人》的开始是一个3分20秒的长镜头，如今仍被众多影迷津津乐道，并被称为是电影史上最伟大的长镜头之一。

2.《我是古巴》 1964年

导演：米哈依尔·卡拉托佐夫　摄影：谢尔盖·乌鲁谢夫斯基

屋顶镜头：时长3分22秒

网络观看地址：http://v.youku.com/v_show/id_XMjI3MTkwMTQw.html

难度系数：★★★★★ 完美指数：★★★★★

这部电影的摄影师是乌鲁谢夫斯基，他成功运用人工吊索完成了那个高危拍摄。在水下摄影的部分，乌鲁谢夫斯基装配了一个高速自旋玻璃罩来解决了镜头表面可能沾湿的问题。这个长镜头传递的信息量极大，几乎道尽了古巴上流社会奢华的一切：拉丁音乐、比基尼美女、鸡尾酒、泳池……摄影机选择用大广角去贴近人物，造成了很多人脸部、手部的变形，从而表达了自己的态度：虽富丽堂皇，但浮躁、嘈杂、惹人厌烦。

乌鲁谢夫斯基是长镜头学派的代表者之一，他和导演卡拉托佐夫是非常默契的搭档，两人合作的电影《雁南飞》曾获戛纳电影节最佳导演奖。

3.《俄罗斯方舟》 2004年

导演：亚历山大·索科洛夫　摄影：提尔曼·巴特纳

全片：时长90分28秒

网络观看地址：http://www.tudou.com/programs/view/KzVoVWyRyV4/

难度系数：★★★★★ 完美指数：★★★★☆

这是电影史上最长的镜头，只要一个镜头造出90分钟的华丽映像，除他之外还没有第二个人做到过。

4.《职业：记者》 1974年

导演：米开朗琪罗·安东尼奥尼　摄影：卢西亚诺·杜夫里

片尾镜头：时长 6 分 17 秒

网络观看地址：http://v.youku.com/v_show/id_XMjI3MTkwNDA0.html

难度系数：★★★★★ 完美指数：★★★★☆

安东尼奥尼的电影结尾都有卓绝的力量和强度。在 1974 年拍摄的电影《职业：记者》中，他用一个安静、平稳的长镜头颠覆了传统戏剧化的表现方法。镜头从杰克·尼克尔森躺倒后摇开，逼近一侧的窗口铁栏，摄影机缓缓移动，直到最后穿越了铁栏而出，用一个 180 度的慢摇回转再次对准了窗口。

5.《赎罪》 2007 年

导演：乔·怀特 摄影：西穆斯·迈克加维

海滩镜头：时长 4 分 52 秒

网络观看地址：http://v.youku.com/v_show/id_XNDI1NDA1MDg0.html

难度系数：★★★★★ 完美指数：★★★★

整场戏里机位移动复杂到匪夷所思，拍摄视角多变而又从容自然，镜头缓缓拉开，呈现出敦刻尔克海滩颓败的全貌，也显露出非凡的恢宏和大气。《赎罪》里的长镜头近乎是描写"二战"的电影中最震撼的一个镜头，即使没有流血和枪战，它的震撼效果也绝对非凡。然而这种操作并未让整部电影变得厚重起来，影片本身小情调的泛滥，让这个惊艳的长镜头几乎游离在故事之外，产生了不和谐感。

6.《蛇眼》 1998 年

导演：布莱恩·德·帕尔玛 摄影：史蒂芬·H·布鲁姆

开场镜头：时长 12 分 31 秒

网络观看地址：http://v.youku.com/v_show/id_XNTMzMzU0MjY0.html

难度系数：★★★★☆ 完美指数：★★★★☆

尼古拉斯·凯奇在这个镜头里走动个不停，摄影机的走位相当复杂，还要兼顾不同演员的相互配合以及摄影机的稳定性，令这场戏成了一次高难度试验。12 分钟的胶片大约长 400 余米，加上稳定器（斯坦尼康）的重量，想做到一气呵成非常不易，为此布莱恩·德·帕尔玛巧妙地运用 5 个固定摇镜头作为声音之间的分界点，从而避免了同期录音的问题，也减小了影片拍摄的实际难度。

7.《好家伙》 1990 年

导演：马丁·斯科塞斯 摄影：迈克尔·包豪斯

夜店镜头：时长 3 分 2 秒

网络观看地址：http://www.56.com/u27/v_NDg2NTkyNjQ.html

难度系数：★★★☆ 完美指数：★★★★★

这一段镜头从内景转换到外景，一路穿过七弯八拐的巷子，其间不断有人从人物背后、镜头之前穿行而过。地下饭厅的部分，群众演员多而复杂，却被马丁处理得井井有条，一直到最后的一场 party 现场而结束，由于这段镜头的场景集中在地下区域，对灯光的要求非常严格，而摄影机长距离行走也同样具有难度。马丁·斯科塞斯在这个镜头里展现了他的大师手笔，手法娴熟，近乎浑然天成。

8.《大事件》 2004年

导演：杜琪峰　摄影：郑兆强

开场镜头：时长6分47秒

网络观看地址：http://www.tudou.com/programs/view/2I7DaammbgY/

难度系数：★★★★ 完美指数：★★★★

杜琪峰为了突出《大事件》开场的整体感和真实感，设置了一段6分47秒的长镜头。为了这组镜头杜琪峰专门请来了电影《指环王》的摄影师，后者却在研究剧本后以“无法胜任”为由打了退堂鼓。事实证明杜琪峰不是异想天开，随后摄制组自食其力，完成了这一段极其复杂和炫目的长镜头开篇。

可以肯定的是，杜琪峰在片中使用了升降吊臂＋摄影机稳定器＋变焦镜头＋滑动轨道，滑轨铺设于影片中施工的一段路面（电影中被油布遮挡），长度约为160米，而吊臂的高度大约在15米。镜头在7分钟内完成两次升降，以及1个360度回转，将整条道路的景象一览无余。这场戏的参与者众多，一人犯错则镜头废弃，杜琪峰让剧组事先排演一天，整个镜头的拍摄完成又耗费了两天时间。

9.《雨月物语》 1953年

导演：沟口健二　摄影：宫川一夫

归魂镜头：时长1分

网络观看地址：http://v.youku.com/v_show/id_XMzg2Nzc0ODY4.html

难度系数：★★★★ 完美指数：★★★★

“一个场景只拍一个镜头”，是日本电影大师沟口健二所秉承的美学原则，日后也被多位导演争相效仿。沟口的独树一帜，在于他全景长镜头美学极富现实的表现力，以及所体现出的一种雄浑和透视的空间感，这种表现力和空间感在他代表作《雨月物语》中“亡妻归魂”的经典长镜头段落中表现得淋漓尽致。

“亡妻归魂”的巧妙在于一个镜头中产生了空间变化：源十郎在漆黑的屋中转了一圈，他的妻子已经在正堂烧火做饭了，两人拥抱一起，顿时喜极而泣。这段情节在单一镜头内完成，等于人物在行动中毫无痕迹地进入另一个时空，其中的连贯性需要导演高超的调度功力和转换技巧。此外这个镜头在时间上的把握也需要恰如其分，不到20秒的时间里，源十郎原来所站的地方已经生起了火堆。

10.《不羁夜》 1997年

导演：保罗·托马斯·安德森　摄影：罗伯特·艾斯威特

网络观看地址：http://www.56.com/u35/v_NDg2NTkzNjA.html

开场镜头：时长2分50秒

难度系数：★★★★☆ 完美指数：★★★

镜头从一个匾牌的特写开始，经过 90 度偏转，再加一个超过 180 度的长摇镜头，这个摇臂的摇摆距离大约为一条街宽，整体难度略逊于《历劫佳人》开场(跨房顶从一条街摇到平行的另一条)。在后边的部分，镜头跟随两位主人公进入夜总会，与马丁不同的是安德森采用从正面切换到背面，再进行跟拍，由于夜总会的视野更宽，摄入镜头的人物也更多，整场戏的调度难度其实要强过《好家伙》。

11.《不夜城》 1998 年

导演:李志毅　摄影:黄岳泰

街道镜头:时长 3 分 47 秒

网络观看地址:http://v.youku.com/v_show/id_XMTQyNzE4NzIw.html

难度系数:★★★★ 完美指数:★★★☆

我们可以肯定黄岳泰在这个镜头中使用了斯坦尼康以及小型吊臂，前者用来完成跟拍部分，后者则达成了末尾的上摇效果。这段长镜头几乎道出了歌舞伎厅的浮生百态，而金城武在道路里穿插游走，更渲染出主人公自身的孤单和寂寥。这个长镜头带有鲜明的日本特色，它大部分时间采用全景构图，给人一种客观整体冷静的感觉，也同样暗示着歌舞伎厅将有一场动荡的风暴来临。

日本配乐大师梅林茂同样功不可没，正是他低沉而又富于穿透力的音乐，让这个长镜头平添了性感妖娆的色彩。

12.《人类之子》 2006 年

导演:阿方索·卡隆　摄影:艾曼努尔·卢贝兹基

车内镜头:时长 4 分 4 秒

网络观看地址:http://www.56.com/u26/v_MTAzMDI5NDQ3.html

难度系数:★★★☆ 完美指数:★★★★

在这个镜头中车内有五人，包括坐在副驾驶位置的朱丽安·摩尔和位于她身后的克里夫·欧文，镜头在其中旋转拍摄，效果非常流畅。其中也有摩托杀手开枪打破挡风玻璃、克里夫·欧文用车门将其撞翻的场面，都属于高难度的调度和操作。此外需要一提的是在朱利安·摩尔中枪的一刻，血迹有渐洒在镜头之上，随后又无缘无故地消失，应该是后期数码特效的功劳。而最神奇之处是在这一场戏的结尾处，摄影机从车内移出之后，10 秒之内，被改装的汽车又再次恢复完整，可以想象在这短暂一瞬间画外是怎样一派忙碌的景象。

如此的操作算得上别出心裁，镜头在狭窄的空间里游走自如，让这段戏显得干净利落，成为密闭空间长镜头探索的成功案例之一。

13.《冬荫功》 2005 年

导演:普拉奇亚·平克尧　摄影:Nattawut Kittikhun

楼梯镜头:时长 3 分 45 秒

网络观看地址:http://v.youku.com/v_show/id_XMjI3MTg4NjQ0.html

难度系数:★★★★ 完美指数:★★☆

动作片似乎很少涉及"长镜头",题材要求它们必须用到快速的剪接,以制造眼花缭乱的对打场面。泰国影星托尼·贾在电影《冬荫功》中一反常态地设计了楼梯打斗的一个长镜头,在3分45秒的时长里,他从一楼打到四楼,摄影机同步跟进。这是一场耗费体力的尝试,每一次重拍,托尼·贾都要累到瘫痪倒地。

14.《老男孩》 2003年

导演:朴赞郁 摄影:郑正勋

长廊镜头:时长3分11秒

网络观看地址:http://video.mtime.com/12967/? mid=12906

难度系数:★★★☆ 完美指数:★★★

侧拍的场景让我们联想到游戏电玩,游戏中的主人公从一段作战并力拼众敌,和电影中的场景别无二致。这场戏的光线色彩和构图几近完美,并散射出一种略带诡异的美感。崔岷植单挑数十人的过程几近惨烈,完全看不出表演的痕迹,尤其是崔岷植从凶猛——倒地——被殴打——重新站起——又被对手占上风——彻底打败对手,使这一个镜头一波三折,内容丰富且信息量极大。

15.《辣手神探》 1992年

导演:吴宇森 摄影:黄永恒

医院镜头:时长2分37秒

网络观看地址:http://video.mtime.com/17260/? mid=13792

难度系数:★★★☆ 完美指数:★★★

医院大战的戏份大约10分钟,这段长镜头占据了2分37秒,其间周润发和梁朝伟并肩作战,不断有反派角色持枪入画。由于反派人物众多,调度显得颇为复杂,尤其是牵涉到一些翻滚破窗的镜头,都需要事先排演。难得的是吴宇森没有因此而省略其余的操作,譬如演员个人的表演,以及中间必要的爆炸、烟雾效果,所以这个镜头和《冬荫功》相比虽然时间要短,操作难度却并不逊色多少。

16.《阿甘正传》 1994年

导演:罗伯特·泽米吉斯 摄影:唐·伯吉斯

羽毛飘舞镜头:时长2分43秒

网络观看地址:http://video.mtime.com/48189/? mid=10054

难度系数:★★★☆ 完美指数:★★★★

羽毛长镜头开篇,羽毛长镜头结尾,多年以后才知道那片羽毛是CG动画做的。阿甘的一生,轻若鸿毛?

第六章
网络视频的录音技巧

【知识目标】

☆话筒。

☆音频。

☆同期录音。

【能力目标】

1. 了解数码单反相机的音频解决方案。
2. 掌握同期录音原则。
3. 掌握各种音频录制的实用策略。

【拓展阅读】

扩展阅读11:同期录音的真实感。

拓展阅读12:同期录音的审美意义。

对画面的过度强调往往会忽视声音的重要性。事实上,声音对于网络视频同样很重要,而获取清脆、干净的音频并非易事!

第一节　数码单反相机的音频解决方案

在本书第二章中,我们提到DSLR数码单反相机的问题之一就是专业音频的限制。如何既能使用DSLR影像系统,又能保证相对满意的专业录音,这也是网络视频拍摄中必然面临的基本技术问题。

一、直接外接话筒

网络视频录音过程中为了保证音频质量可直接外接话筒(如图6-1-1)。

数码单反相机机身上提供有3.5 mm音频接口用于专门的话筒外接,而专业的录音话筒通常都采用卡侬接口。为了对接单反相机,首先必须使用3.5 mm音频接头转卡侬头的接线,才能保证话筒正确连接使用。需要注意的是,不同于摄像机,数码单反相机不能给外接的录音话筒提供供电,使用某些专业录音话筒时就需要独立供电(如使用电池)。

对于数码单反相机直接外接的话筒类型,本书第二章第二节中有介绍。根据不同的视频内容和类型，有针对性地选择录音话筒也是拍摄过程中必须注意的问题。通常建议选择具有超指向性的话筒，以区别于数码单反相机机身自带的单指向性机载话筒。

图 6-1-1　EOS 微单相机外接录音话筒

数码单反相机直接外接话筒录音最关键的一环，是在拍摄使用过程中必须全程监听。拍摄过程中，机器位置和角度存在各种可能的状态，所以无论是有线还是无线的外接话筒，各种可能发生的意外都会产生录音故障。监听是一切录音工作环节的重中之重，及时发现问题才能及时弥补或重录。

二、扩展音频适配器

（一）Juicedlink

Juicedlink 公司在 Riggy 产品线上发布了 4 款新的前置放大器。它们均采用双 XLR 音频输入，可安装在单反相机顶部或底部的形式，可直接连接至兼容性良好的迷你插孔上，并使用内部音频记录系统，而不是把声音信号发送到其他的录音机上。这又比直接使用麦克风插入相机更好，因为 Juicedlink 具有较好的低噪音前置放大器，在大多数的数码单反相机或价格低廉的拍摄设备上都表现良好。相机内部的音频增益能够保持在最低限度上，让 Juicedlink 的高品质前置放大器来负荷大部分的工作。在技术上，这意味着一个更好的信噪比。

图 6-1-2　The Juicedlink RA222 配可选的麦克安装支架

RA222 适配器本质上是现有的两个通道的 RA333 的变体（如图 6-1-2），具有两个高品质的幻象供电的 XLR 输入、耳机插孔，还有音频电平表和 AGC 禁用功能。最适合没有耳机插孔、内置相机，比如松下 GH2、佳能 5D Mark Ⅱ 和 EOS-1DX。

（二）Beachtek DXA-SLR 专业音频接口

Beachtek DXA-SLR 连接到相机，能捕捉到专业音频设备的绝佳音质。耳机输出，能更好地监控正在录制的信号，指标屏幕显示能一目了然地看到理想的输入水平。（如图 6-1-3）

图 6-1-3　Beachtek DXA-SLR 产品英文说明

增强的 AGC 防抖动功能，即使是在剧烈波动的情况下也能控制好大多数相机的自动增益。这极大地降低了相机安静时刻收录的噪音，能更加干净地收录两个音频通道的录音。还可以直接监控相机的回放音频。它能够在任何相机上使用，也可以安装在三脚架上。使用一个 9 伏电池供电。

三、独立录音

独立录音通常是电影拍摄中运用得最广泛的一种录音方案，根据实际情况的需要，我们在网络视频的制作中也可以选择独立录音来完成声音录制。比起前面两种方案，这种方案需要专业录音人员才能实现所有的技术保证，具体的专业技术我们会在下一节中讲到。

（一）H4n 独立录音机

H4n 的出现代表了个人便携录音产品又走入了一个新的时代（如图 6-1-4），对录音质量的革命性的提升满足了专业人士的需要。而其设计初衷的重要一点就是希望专业化的录音变得更简洁更人性化，完成专业等级的录音工作轻而易举。

图 6-1-4　H4n 与数码单反相机连接录音方案

独特的 X/Y 交叉旋转麦克风设计：H4n 独特的 X/Y 交叉旋转麦克风设计能够捕获真正的现场立体声，两个麦克风角度不同所造成的录音时间差会让立体声有临场感。两个麦克风的角度可以从标准 90 度调整至广角 120 度，根据现场情况可以随意调整。

比双声道更专业的四声道录音：缩混时候的素材决定了录音成果，作为掌上录音设备，H4n 允许同时录制 4 轨声音的设备。可以选择使用内置麦克或是外接麦克风以及线路直接输入录音，这样就可以得到场内的自然混响以及无损耗的线路信号和不同位置的收音。经过简单的混音后，会得到质量让人惊讶的音乐文件。

对于做视频工作的用户来说，可以轻易地用 H4n 来录制 24-bit/48kHz 的 WMV 或 MP3 格式的专业声音，与视频同时使用。无论是用支架、手持或挑杆，H4n 都会捕获到满意的声音文件。H4n 支持 Broadcast Wave Format (BWF)格式，所以最后捕获的音频文件带有时间格式，也可以在录制过程中在文件上某处做标示，来记录当时的用意。

前级功放让麦克风得到最充分的工作：H4n 自带的数字前级功放让机器自带的和外接麦克风得到最充分的工作。精密的数字处理能得到行业标准品质的拾音工作。前置功放调节包括录音中调节和自动调节等先进功能。

高品质的 24-bit/96kHz linear PCM 录音：录音质量最高可选择 24-bit/96-kHz linear PCM WAV 格式，这个格式可以满足 DVD 的音质要求。如果需要更长的录音时间，也可以通过选择其他格式和质量的录音文件来获得。比如 MP3 格式可以从 320 kbps 到 48 kpbs，最后的文件甚至可以小到可以把录音作品 E-mail 给其他人。

最大支持 32GB 的容量：H4n 使用 SD 卡或 SDHC 记忆卡，最大可以支持 32GB 大容量。如果使用 24-bit/96kHz 的高质量录音，这就意味着可以记录下 15 个小时的声音文件。如果选用 128 kpbs 的 MP3 格式来录音的话，可以在 SD 卡上存储 550 个小时的声音文件。

H4n 相对专业的录音设备已经很便宜。如果预算更宽裕，可以选择再好一些的设备，如 Fostex FR-2 便携式硬盘录音机。

（二）Fostex FR-2 便携式硬盘录音机

Fostex FR-2 专门为高品质的现场声音录制、广播和音效拾取而设计（如图 6-1-5），最高工作频率和精度为 24bit/192kHz。FR-2 可以在 PCMCIA1. 8 英寸微硬盘或 Type Ⅱ的 CF 闪存上以工业标准的 BWF 格式记录单声道或立体声音频信号。FR-2 继承了 Fostex 作为现场数字录音技术领导者所积累的众多经验和独特技术，如 10 秒预录缓存、AA 镍镉电池供电、USB 连接和文件传输、每次记录生成一个文件、自动场景和录制命名技术等。选购的时间码插卡可以读取和生成各种格式的时间码、字时钟和视频同步信号，是现场制作录音或备份录音的理想之选。

图 6-1-5　Fostex FR-2 便携式硬盘录音机

第二节　同期录音的基本原则

同期录音也称现场录音，是在拍摄画面的同时把现场的全部声音记录下来的录音方法。同期录音记录的是现场的真实声音，它比后期的配音要自然、逼真。因为分场景拍摄画面时，人物在各种环境中的表演活动所发出的响声、语声、环境声以及这些声音的交织情况是不同的，只有用同期录音工艺才能真实地把这些信息记录下来，并与同时拍摄下来的画面一并构成真实的、视听一致的艺术效果。

一、同期录音的基本原则

在影视作品拍摄进行同期录音时需要掌握三个录音原则[①]，即：语言声音优于音响声音录制，画内声音优先于画外声音录制，录音助理（话筒员）工作时要面向演员和摄影机。这些原则在网络视频的同期录音中同样适用。

（一）语言声音优于音响声音录制

在这个流程中，各种声音一旦被混合，便以音频信号的形式被记录在某种媒介上，此后就很难把它们重新拆分开来，因为此时相同频率的各种音频信号已经被纵横交错地混

①姚国强. 影视录音——声音创作与技术制作[M]. 北京：中国传媒大学出版社，2002.

合在一起了。因此，如果在同期录音时不加控制地把语言和音响同时在一条信号通道上进行重叠录制，那么在声音的后期制作中，几乎就不可能把已经混录在一起的语言和音响声音根据艺术要求再度分开，从而会导致录音师无法对语言和音响这两种截然不同的声音元素进行单独的音量和音色调整。所以，从技术层面讲，如果录音师对混合完成的声音不满意，就需要回到最初录音工作时的起点进行重新录音。这样既花费了时间，又增加了制作难度。

为了保证在后期制作时能对音频信号进行各种技术处理，要求在同期录音中，优先将语言声音录制下来，同时尽量避免拍摄现场的音响声音对它的干扰。这样，录音师就可以根据影视作品内容的需要，在后期制作时将现场录制下来的各种语言声音和音响声音分别记录在独立的声道中，使其互扰性下降到最低程度。

在艺术层面，影视声音中的语言，一般指各种角色说话时的有声语言。在现代有声影视作品中，语言是各个角色间进行思想及情感交流的重要工具。它起着叙事、交代情节、刻画人物性格、揭示人物内心世界、论证推理和增强现实感等诸多艺术作用。有声语言作为影视艺术创作中的重要表现手段，为影视声音美学开拓了无限广阔的应用领域。所以说，语言是构成影视声音艺术元素中具有释义作用的一种重要元素。语言起着叙事、交代情节等重要作用。为了真实地再现影视内容所描述的情节，演员在导演的指导下，需要在拍摄现场通过丰富的语言来表达角色的各种情感。这时，进行语言的录制工作，就可以把演员表演过程中的各种情感内容记录下来，为影片的艺术再现增光添彩。

然而，在20世纪70年代至80年代相当长的一个时期里，我国没有提倡采用同期录音工艺来录制语言，很多影片采用的是后期配音。即在后期制作时，根据剪辑完成的影片内容重新进行语言的录制工作。这样，受技术条件的限制，配音与口型往往形成错位而不同步。更重要的是配音演员无法再现出拍摄时演员所展示的那种真实感人的情感，使得当时的很多影视配音作品艺术感染力大大降低。

在同期录音中，语言的录制是第一要务，是录音工作者重中之重的工作，它要比音响声音的录制更为重要。音响声音在影视作品中所起的作用主要是增加叙事内容的生活气息以及烘托气氛等。相对来说，音响对于叙事的作用并没有语言那么大。因此，音响声音不仅可以在后期时通过观看画面并用各种音响道具进行人工模拟发生的方式重现，也可以通过单独录制的方式进行剪辑处理以保持与画面同步。所以，从艺术层面讲，语言的录制也应该优先于音响的录制。语言录制成功了，就意味着声音创作的第一步成功了。

可能有人会问，为什么在同期录音三原则中不说，语言声音优于音乐声音录制呢?

这是因为，为了保证语言声音的录制质量，在拍摄内容中有音乐存在的情况下，我们可以采用很好的技术手段——前期录音工艺或是后期配音工艺对音乐进行单独的录制，以保证在拍摄现场对语言的录制。相对于音响声音，音乐声音更容易被主动控制，而音响声音则很难被控制。所以我们在同期录音中一般不提语言优先于音乐声音录制。

（二）画内声音优先于画外声音录制

画内声音优先于画外声音录制是指角色在镜头画面内发出的声音要比画外发出的声音优先录制。但是，当一个角色在画面内发出的声音是音响声音、另一个角色在画外发出的声音是语言声音时，录音时就必须服从同期音录制三原则的第一原则，即语言声音优先于音响声音录制。

这是为什么呢？

技术层面，画面内各种能发出声音的动作，都需要声音与其所在空间位置保持精确的同步，否则就会出现我们称之为“穿帮”的现象，使观众在观摩时“出戏”，从而影响影视作品的欣赏情绪；对于画外声音，一般就没有这种严格的要求。除此外，还需要声音和动作在空间感上保持高度一致。

艺术层面，在生活中，我们往往下意识地遵循“眼见为实，耳听为虚”的准则，当我们在欣赏影视艺术作品时，往往不知不觉本能地遵循这个看似简单、实则复杂的生活准则，随时将眼睛所见的景象和耳朵所听到的声音，与我们在生活中所见所闻进行对比，影视声音从而达到了源于生活、高于生活的审美愉悦目的。

因此，当我们眼睛所看到的画面中角色所发出的声音，听上去和我们在生活中所听到的声音在空间位置上不相符时，比如看到的画内角色或物体的运动镜头，听到的却是画外空间发出的发虚的声音，我们心里就会感到非常不舒服，甚至很别扭，从而导致出现一种生活失真的现象。因为此时影视作品发出的声音和我们平时在生活中听到的声音在生理和心理体验上是不完全统一的。

所以，在录制同样类型的声音时，应该根据人类在自然界的听觉本能，尽可能地录制观众视线所在区域内声源的声音，这样才能避免出现声画空间感不统一的现象。事实上，人类还有一种本能，就是能够自动地缝合声音空间不统一的现象。这是一个非常有趣的现象，即一方面人类本能地按照视线的远近、耳朵听觉的敏感度去分辨大自然营造的各种绚丽多彩的景象和种类繁多的声音；另一方面人类又本能地希望能听到远处、视线不可及的声源的各种声音信息。于是，我们录音师便利用了人类的这个本能，在影视作品中塑造了许多逼真的视觉和听觉奇观。

如在很多影视作品中，我们能够和主人公一起倾听平时生活中根本不可能听到的、从电话里传来的细微话语声，使我们和角色一起分享他或她的快乐和痛苦；也能在影视作品中听到从非常遥远的地方传来的、但听上去却非常清晰的各种被放大了的声音（全景镜头，特写的动作声音）；我们甚至还可以听到角色的喃喃细语和他（她）心中的声音，内心独白。

这一切都说明，声音如被应用得当，将使影视作品的艺术品位锦上添花。否则，如果没有了声音的艺术手段，至少，我们将再也看不到优秀的恐怖片或心理惊悚片了。

因此，画内声音优先于画外声音的录制原则要点，就是要优先录制需要与画面保持同步的声音。如果我们在拍摄时间中，把第二条原则再延伸拓展，对于前后景有角色纵深镜头也适用的。在这种镜头里，要优先录制面向或靠近观众的角色的语言或音响声音。因为，面向观众的演员，其口型或动作的全部信息都呈现给了观众。这种情况下的声音不同步或声音空间信息不统一是最容易被观众所发现的。因此，这种镜头对声音的同步和空间感的要求是最严格的。而背对镜头的演员，由于一般只能看到脸部的部分运动，口型信息只能部分地展示或者无法展示，所以即使有细微的声音不同步或者声音不实，一般也不易被观众发现。因此，在鱼和熊掌不可兼得的情况下，面向观众的演员声音要优先录制，背对观众的演员声音可以现场补录或者后期配音。

（三）录音助理（话筒员）工作时要面向演员和摄影机

同期录音时，录音师为了保证所录声音的技术质量，往往需要通过各种专业的设备对角色的质量、音色和空间感进行艺术调控，同时通过耳机来监听所录制的声音质量好坏。其中，至关重要的是声音录制的源头——传声器拾音这一环节。究其原因，是因为传声器的设置，对角色声音的音量、音色和空间感都有着极为重要的作用。若传声器设置不当，会使声音在源头录制时就存在质量问题，而且这种录制往往是不可逆的，在稍后进行的后期制作中很难再纠正过来。

因此，同期录音的第三条原则是录音助理话筒员在录音师的指导下正确设置传声器拾音位置的前提。

1. 面向演员

录音助理面向演员的最终目的，是要通过对演员表演时的运动走向把握，来操控传声器的指向、远近距离以及上下角度，从而高质量地拾取演员声音的音量、音色和空间感。

在这里，我们引进了“景别”这一个概念。景别是指画面中所要表现的景物所处在不同距离上呈现的范围大小。

事实上，与画面相对应的声音也存在不同距离上的景别范围。因此，使用声音景别这一概念在某种程度上可以说明传声器的方向设置对声音空间感的重要影响。

在图 6-2-2 中，摄影机所拍摄的画面，除了前景演员 a 说话声外，由于传声器 A 的轴线原因，使得画面深处小孩 b 的细节动作声音，也能被传声器 A 捕捉到；但传声器 B 和 C 则不一定能捕捉到小孩 b 的细节动作声音，因为小孩的动作远离了传声器 B 和 C 的轴线。虽然有些细节动作的声音可以用后期配音的工艺解决，但若在同期录音时能够在不影响语言的情况下将其录制好，又何乐而不为呢？

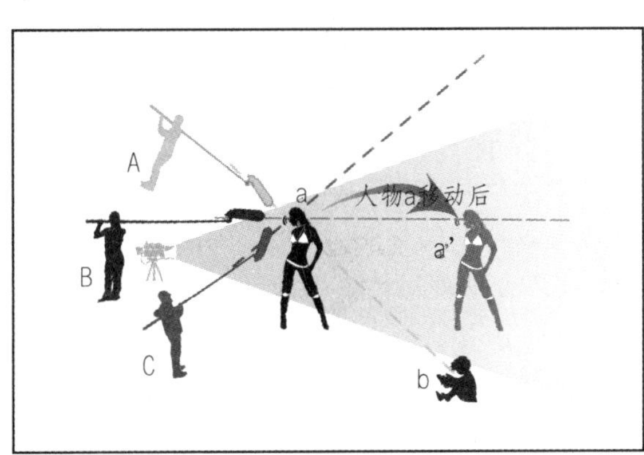

图 6-2-2　录音话筒的不同指向与距离

传声器的设置方向，还必须考虑到声音与画面的空间感保持统一。为了更能正确地说明问题，我们以图 6-2-2 中的传声器 C 与传声器 B 的方向作比较，传声器 C 所录的声音，其空间感与画面所呈现的空间感在某一景别范围内正好是相反的。假设前景演员 a 走向画面深处 a′时，画面所呈现的空间感是越走越远，而用传声器 C 录制的演员 a 的声音则伴有严重的离轴声染色现象；但是传声器 A 除了空间感与画面保持一致外，存在的离轴声染色干扰则相比 C 而言要少得多。

录音助理面向演员，另一个因素是出于传声器与演员之间距离设置的考虑。距离的设置在同期录音时是由录音助理具体把握的。因此，录音助理面向演员的目的就是为了能够把传声器与演员的距离掌握在一个合适的范围之内。我们知道，在室内声场中，存在着直达声、前期反射声和混响声。传声器的设置距离，除了对所拾取声音大额音量有直接的影响外，还与直达声、前期反射声和混响声三者之间的拾取比例直接相关。随着距离的增加，直达声的比例减少，反射声与混响声的比例增加，这必然会对音色造成影响。

在室外录音时，传声器与演员之间的距离，相当程度上决定着所拾取的声音信号的信噪比。在图 6-2-3 中，传声器 A 与传声器 B 所拾取的周围环境的噪声是一致的，假设传声器 B 与演员的距离是传声器 A 与演员距离的两倍，由于直达声的声级与距离遵循“平方反比率”的规律，因此传声器 A 所处位置的声级是传声器 B 的四倍，信噪比自然就比传声器的 B 要高，因此传声器 A 处的录音技术指标就要好于传声器 B。

图 6-2-3　两只话筒面向演员

因此，一般来说，为了保证所拾取的声音音色和信噪比，就应该尽量提高直达声的拾取比例，也就是说距离要尽可能地靠近演员的嘴部。但是又不能过于接近演员，一方面会影响摄影拍摄，另一方面又会导致过近产生“近讲效应”①。近讲效应是指由于传声器与演员距离过近而导致声音的低频受距离影响很大，从而使声音大额清晰度降低，尤其是在语言录音中。有些传声器上设有低频过滤开关，可以衰减近讲效应产生的低频声，以恢复平淡自然的声音平衡。

通常情况下，为避免出现近讲效应，传声器要与演员的嘴巴保持 20～30 厘米的距离，显然，为了避免出现近讲效应，录音助理在拾音的时候必须要面向演员站位。

为了获得较为理想的直达声与反射声的比例，在影视同期录音中，一般都采用强指向性的传声器。由于强指向性传声器的拾音角度比较窄，因此，录音助理面向演员时应确保传声器的角度处于最佳位置。传声器拾音角度的设置在某种程度上甚至比距离更为重要。

当录音助理举起的传声器偏离演员嘴部时，高频首先被损失掉。偏离的角度越大，损失的程度及损失的高频范围就越大。听觉上就感到声音变虚了，技术理论上称之为离轴声染色效应。由于离轴声染色效应会对声音造成破坏性的影响，因此在同期录音中应该尽量避免。显然离轴声染色效应的避免是要通过录音助理对传声器拾音角度的掌控来实现的，这也是录音助理要面向演员的重要原因之一。

2. 面向摄影机

录音助理面向摄影机涉及了同期录音中录音人员和相关部门合作的问题。录音师和录音助理不仅要考虑如何从最佳角度、最佳方向、最佳距离进行拾音，还要考虑如何才能

①声源在某点所产生的声压与该点到声源的距离成反比例关系，因而距声源越近，声压变化越大。对于低频信号，其相位差很小，振幅差起主要作用，因而受到距离影响很大，表现为近距离拾音时低频提升，且随着距离的减小越为明显。这种由于近距离拾音而造成的压差式或复合式传声器低频提升的现象称为近讲效应，尤其压差式更明显。在实际录音中，近讲效应引起的低频提升会使声音清晰度降低，尤其是在语言录音中。为了避免低音过重，有些传声器上设有低频滤波器开关，可衰减近讲效应产生的低频声，以恢复平坦自然的声音平衡。另一方面一些演员也利用近讲效应提升低频比重，以求得声音温暖感并使声音饱满，因而故意靠近拾音器。

不影响其他部门，尤其是摄影部门的工作。因为影视艺术创作不是一个人或者一个部门的事情，而是相关部门作为一个整体共同进行创作的工作。面向摄影机，首要问题是解决同期录音中常见的传声器穿帮问题，这里的穿帮是指传声器或传声器的影子进入摄影机的取景范围之内。解决穿帮问题，首先要求录音助理对摄影机的取景范围做到心中有数，要知道画面的四周界限是在哪里。另外，作为难度较大的运动镜头拍摄，录音助理如果不面对摄影机，不能了解到摄影机的动作调度就很难保证传声器的录音质量。所以在实际的同期录音过程中，录音助理可以根据摄影机的运动方向，采取在摄影机左侧或者右侧站立的方式，随着摄影机的运动，相应地调整传声器与演员之间的方向、距离和角度。倘若录音助理不面对摄影机，就无法及时跟随摄影机进行运动和调整，结果必然会出问题。

综上所述，我们不难发现，其实"同期录音三原则"的理论并不复杂和深奥，其原理甚至是非常简单的。因为这些原则都是从大量的影视艺术创作实践过程中总结提炼后得出的，是同期录音获得成功的必要条件。

二、音频录制的实用策略

了解了拍摄场景和剧本等，要思考一下你必须同时对多少人录音，如何安排这些人的位置，以及应该配置什么类型的麦克风。例如，如果有三个人围着桌子谈话，可以用几种不同的方法录制他们的对话。如果带着吊杆，最简单的方法是让吊杆操作员对准正在讲话的人。在三方对话中，为了对音频进行更好的控制，为三个谈话人安装领夹式麦克风，并将音频传输到混频器中，这样可以为每个谈话人设置理想的声音。如果谈话人较多，比如说六个人或者更多，则可能需要考虑使用两个吊杆麦克风来录制所有的谈话内容。如想更好地控制多个人的谈话，则在吊杆操作员到达指定位置之前，你可以让他们暂停一下。

表 6-2-1　不同情景下麦克风的选择[1]

情景	麦克风的选择
移动主题	无线领夹式麦克风、吊杆麦克风
多人会话	吊杆麦克风、领夹式麦克风
桌面上的主题	领夹式麦克风、吊杆麦克风、工厂麦克风
汽车中	无线领夹式麦克风、枪式麦克风
广角拍摄	无线领夹式麦克风、工厂麦克风
桌旁一组人	有源桌面麦克风

（一）拾音模式

选择麦克风需要考虑的另一件事情是其拾音[2]模式。麦克风的拾音模式类似于镜头的焦距，因为它决定麦克风录制的范围和空间（如图 6-2-4）。下面是最常见的拾音模式。

---

①（美）Anthony Q. artis. 专业视频拍摄指南[M]. 余黎妍，翟剑锋，译. 北京：人民邮电出版社，2013：93.

②收集声音的过程。

表 6-2-2　不同拾音模式麦克风的用途

拾音模式	常用麦克风	用途
超心型	枪式麦克风、手持麦克风	录制对话、噪声环境中的对话、低音
心形	手持麦克风、短枪式	站立采访、谈话性节目、观众问答、旁白
通用	领夹式麦克风、棒式麦克风	坐下采访、周围环境

头顶

盆骨

手枪式握把

下方

肩部

图 6-2-4　使用吊杆操作的各种姿势

（二）无线麦克风的应用

无线领夹式麦克风（如图 6-2-5）还非常适用于非正常拍摄的情景，如隐蔽拍摄的新闻调查、敏感的会议现场。任何一款主流的麦克风都可以从远处将声音录制下来，如果是监视摄影，就能与你所拍摄到的镜头画面匹配了。何况，即使没有画面，声音也能够清晰有效地记录故事内容。当然，这里面存在法律和道德问题，这也是我们在拍摄中应该提前规避的问题。

图 6-2-5　无线麦克风

1. 使用新电池

当开始新的一次拍摄时，要使用优质品牌的新电池。如果从同一距离暂时录制了清晰的信号，但是开始出现嘶嘶声、静音或者停止工作，那么最可能的问题是电池电量低。如果不是电池问题，则可能是出现了冲突，需要通过重新配置设备检查线路看能否解决问题。在开始拍摄之前，一定要打开麦克风的发射元件，还要保证电池电量充足。最糟糕的问题是麦克风信号中断，然后在重要时刻或者工作过程中死机，你不得不中断拍摄过程来换电池，这种情况应该避免。

2. 扫描发现打开的频道

设置无线麦克风和接收器的金嗓子规则是它们两个必须在相同的频道上。不过，其他无线电设备，如无线电对讲机也会在同一频道上形成电子干扰。许多无线麦克风都具有扫描功能，它们可以在本地区中扫描打开的频道，从而将冲突降到最低。

3. 音频备用计划

在一般的拍摄排练中，最好在实际位置测试一下无线麦克风，还要准备一个备份计划和备用的无线麦克风，以便应对临时出现的问题，一定要有备无患。

（三）控制风噪

在外景拍摄时，你遇到最常见的问题是风噪。没有足够的防风设施，大型开放空间最容易受到风噪的影响。楼房屋顶可能是一个特别容易被误解的位置，因为在下面的街道中各种声音听起来相当不错，但是在六层楼以上，风速通常比地面大，因为这里不再有建筑物对风进行阻挡。风噪最可能出现的地方：屋顶、码头、海滩等开放领域。

1. 将“齐柏林”[①]与防风毛罩一起用

图 6-2-6　齐柏林与防风毛罩

在正常的平静天气中，在麦克风上安装一个简单的防风泡沫就可以阻挡风噪，但是现在的防止风噪最佳解决方案是将齐柏林话筒罩与防风毛罩一起使用（如图 6-2-6）。齐柏林软式话筒罩可以保护麦克风不受最温和的风的干扰。这种挡风装备甚至可以在强风天气下拍摄，风噪比裸麦小很多。

2. 利用建筑物或其他障碍物阻止风噪

快速简单解决风噪的办法是在现场利用任何大型障碍物或者建筑物来阻挡风噪，如广告招牌、建筑物的角落，你甚至可以在麦克风附近举起一个大纸板。

3. 滤掉

这个方案可以与上述任何方案一起同时使用，大多数混频器和一些麦克风都有内置的高通滤波器，它可以切掉风击打麦克风的低频率隆隆声。类似地，还可以在后期制作中使用声音编辑软件中的均衡器来切掉同一低频率声音。

（四）短路故障的排除

当传输音频信号的电缆或电线没有完全连接时，会产生音频短路，并导致在音频声道

①斐迪南·冯·齐柏林伯爵，德国贵族、工程师和飞行员。出生于巴登大公国的康斯坦茨（Konstanz, Grand Duchy of Baden）（现属于德国巴登－符腾堡州），他是人类航空史的重要人物之一——他发明了齐柏林飞艇（Zeppelin airship class）。话筒防风罩因外形设计跟齐柏林飞艇高度相似而得名。

上出现噼啪声或者爆破声，甚至音频消失，这最终导致无法从该电缆或者连接获取任何声音。音频短路特别危险，因为它时断时续，你可能刚好检查完音频没问题，并且听起来声音很好，然后过一段时间后，在拍摄的关键过程中声音却突然消失了。

检测短路的最简便方法是连接麦克风，然后连接所有的音频电缆、端对端，并接通摄像机或者混频器，再试试端口连接处。你可以轻轻摇晃，侦听耳机是否有噼啪声或者无声。避免短路的方法：不要在地面上重复地摔打或者抛投 XLR 电缆接头，否则会损坏连接到电缆接头内部弹簧的细线，并直接导致短路；不要把电缆拉得太紧、绊倒电缆、猛拉电缆，这些都可能使电缆或者设备的 XLR 端口短路；使用过程中，用各种实际的方法固定好电缆。

（五）提高录音质量的方法

1. 选择合适的话筒和附件

根据拍摄现场和所需效果选择合适的话筒，是提高录音质量的重要一环。如果话筒本身灵敏度不高，拍摄距离又比较远，这时要想取得理想的录音是不现实的；如果话筒的频响特性不好，用它来录制音乐节目也不能达到好的效果。动圈话筒的灵敏度通常没有电容话筒的灵敏度高，前者的频率特性也不及高档次的电容话筒好。所以，录制有音乐的现场同期声，最好使用电容式话筒。录制语言节目的首要工作是使语言清晰。话筒的指向性，也是摄像人员应该考虑的问题。如果想取得现场的环境声，可以采用全指向性话筒；如果想在嘈杂的环境中突出主体的声音，应该选用单指向性甚至超单指向性话筒。并且，两个麦克风总比一个好。为增加快速恢复音频的机会，可以执行的重要事情是添加装备，即使场景里仅需要一个麦克风，仍然建议你尽可能地使用两个麦克风。

正确使用话筒上的防风罩是消除杂音的好方法，必要时要使用长毛防风罩。使用防震架，也是高质量录音的常用手段。

2. 选择恰当的输入路径

根据现有的话筒决定适合的音频输入路径，对提高录音质量是有帮助的。除了家用摄像机的内置话筒不能改变之外，专业摄像上，话筒与摄像机的连接是可选择的。通常，从摄像前面输入不如从后面输入的效果好。当然，当声源音量较小，使用摄像前面的输入可能会好一点。如果拍摄现场有调音设备，最好从摄像机后面的话筒输入或线路输入。

3. 恰当的拾音距离和话筒摆放

不同类型的话筒，对拾音距离有不同的要求。一般来讲，话筒不能和声源离得太远。录制对话的大多数基本规则是让麦克风尽可能地接近场景，麦克风越近，录制的音质越好。这就是吊杆麦克风经常容易在拍摄场景中入画穿帮的原因。

话筒与声源的距离近，可以减少环境噪声，突出录音对象；但是，话筒太近，讲话人的气流声又会使话筒产生另外一种噪音，甚至使语言不清晰。常见的拾音方式是将话筒置于声源的下方，这样的话筒摆放方式不是最好的。首先，这样摆放话筒，很容易造成因话筒的进画而影响画面的构图；其次，如果话筒太近，人物的呼吸声和气流声太大；再有，经常会出现被采访者与记者因“抢”话筒而产生尴尬的场面。所以，同期声的记录通常采用支杆从摄像机的上方斜 45 度角对准被摄主体而拾取声音。

4.控制好录音电平

录音电平不能过小也不能过载，电平的峰值接近但不突破0db（注意0不是最低，而是使输出电平和输入电平保持一致）。如果是数字调音台连接声卡的ADAT、SPDIF等数字接口，则无需调校，数字信号的传输是一定能够保持原有电平的。最需要注意的就是调音台的模拟接口与声卡的模拟接口的连接。如果是数字调音台的模拟接口与声卡的模拟接口连接，则需要在调音台上的电平与声卡的电平读数一致。也就是说，用标准音进行测试，当数字调音台的输出电平读数为0db的时候，计算机中录音软件的录入电平读数也应该是0db。如果是模拟调音台的模拟接口与电脑的声卡模拟接口连接，那么就需要进行如下调校：用模拟调音台发出一千赫兹信号，并将其输出电平调整至0db，此时电脑内录音软件的录入电平读数应为－18db或－14db，否则有可能会出现电平过载的情况。

5.正确的开关设置

话筒的频率特性开关一般有“M”“Vl”“V2”三个位置。采集音乐或现场效果时，开关拨到“M”位置，此时话筒频率特性较宽，声音较为真实；若是采集语言信号，可拨到“Vl”位置，此时低频信号被衰减，突出了中频，使声音更为清晰，“V2”位置时低频衰减更多。话筒不用时，应及时关断电源，以免用时没电。话筒输出电平开关有“60dB”和“20dB”两种选择。“20dB”输出电平较高，适合于话筒电缆或摄像机电缆较长时使用。在进行语言录音时，建议将前部话筒低切（FRONT MIC LOW CUT）设置为“ON”以消除低频噪声。

6.适时监听

录音时习惯看电平表的指示对提高录音质量是有益的。但是，电平表并不能分别噪声和有用的声音，电路本身的问题也可能使电平表的指针摆动。有各种各样的事物会破坏通过专业的高保真耳机听到的声音。仅观看声音级别或者依靠耳朵不会识别出下列声音：电缆与吊杆的弹响声、空调的噪声、计算机的嗡嗡声、飞机噪声、齐柏林话筒罩内麦克风松动的声音、街道上的噪音等。所以，为了保证录制的声音是我们所需要的，必须现场进行监听。监听是保证录音质量的最有效手段。一体化摄像机的监听小喇叭及外接耳机可以通过监听选择监听CH1或CH2或两个声道的混合音。外接耳机监听效果比内藏喇叭的监听效果好，最好使用双耳式耳机监听。如果使用混频器，应该监视录音设备终端的声音，而不是监视来自中段设备混频器的声音。

扩展阅读11：同期录音的真实感[①]

1. 主要因素

决定同期录音声音的真实感的要素很多。能让观众有身临其境的感觉，必须特别注意以下几个主要的因素——声音的距离感、空间感、环境感、运动感以及方位感。

距离感：指人耳对声音远近距离的感觉，又可通俗地称为远近感。在拍摄画面的同时，前景物体或者人在画面中可能不断运动，画面的远近距离也可能不断切换。声音的距离和前景物品的镜头距离应当吻合，若是画面给出主题人物一个特写，而拾音设备安放在十米开外，这样就会显得画面和声音的失衡，给观众非常虚假的感觉。

影片声音的距离感与拾音器与音源的距离、声强变化、直达声[②]与反射声比例的变化以及音色的变化有关。

拾音器可以广义地理解为观众的耳朵，设置拾音器与声音主体的距离与观众听众感受声音的距离是相应的。在做同期录音的时候应该时时刻刻调整拾音器的位置，与画面以及景的变化相结合，创造出与画面相呼应的声音距离感。

声音信号在传播途中是会受到很多因素干扰的，并且有的声音信号也会转化为其他形式的能量，因而到达拾音器的时候也会有相应的衰减，理论上是距离越远，衰减就越严重。一般在同期录音的时候通过调整电平能够调整声音的强度，从而达到改变声音距离的目的：提高电平减小距离，降低电平则增大距离。

直达声和反射声[③]的比例直接影响到主体音源的清晰度，同样直达声和反射声的比例也会影响到声音的距离。一般来说，在封闭或者半封闭的环境中，距离近的发声物体形成的直达声大于反射声，而距离较远的物体直达声小于反射声。若是在宽阔空间内，譬如室外，则是直达声和环境噪声之间的比例问题。调节这些比例，可以改变声音的距离感。

声波在传送过程中，高频信号一般损失要大于低频信号，因此，若是在远距离收听的时候，低频信号相对较大，反之亦然。同时，人耳对音频信号也有特点：低声级状态时人耳对中频更加灵敏，对低频信号则相应迟钝，而随着声级的提高，人耳听到的声音也会越来

①作者：门牙的力量；来源：《科技资讯》2005年2期。

②直达声(Direct Sound)是指从声源不经过任何的反射而以直线的形式直接传播到接受者的声音。直达声决定着声音的清晰度。从声源(即音箱)发出直接到达听音者的声音，是声音的主要成分。在音响系统中，未经过处理的声音信号也称为直达声。在传播过程中，直达声不受室内反射界面的影响，距声源的距离每增加一倍，直达声的声压级衰减6分贝，音色非常纯正，但听起来发干。现代音响场设计要求充分利用从音箱发出的直达声，合理控制反射声，音箱吊挂是获得直达声的最好方案。在听音区获得音箱直达声的条件是：(1)听音区可以看到所有音箱；(2)听音区位于所有音箱交叉辐射的区域。

③在直达声以后到达的对房间的音质起到有利作用的所有反射声，称为早期反射声。时间范围一般取直达声以后50 ms，也有人认为可取到95 ms。早期反射声能与混响声能之比称为明晰度。明晰度高，语言清晰度也高，如明晰度达到50%，音节清晰度就可达90%以上。对听音乐来说，情况复杂得多，不仅要考虑早期反射声所占的比重，还要考虑从侧向来的早期反射声，能使声源的空间距离展宽，增加立体感，但侧向早期反射声过强，又会形成虚声源，造成移位错觉的不良后果。有害反射声是相对于直达声具有较大延迟时间并有一定强度的反射声。它会干扰人的听觉，使音质变坏。如声级较高并有一定延迟的反射，可以偏移声源的位置；声级较高、延迟较大的反射，会像听到一个单独的信号，或像是原来信号的重复，或形成回声。这些反射都回损害语言可懂度，干扰原有的音质，被认为是有害的。

越丰富。因此，在发声物体距离相对较远时，人听到声音的响度相对也较低，此时可以衰减低频和高频，从而创造出声音较远的主观感受。

声音距离感的创作是对进行影视同期录音的录音师的第一个挑战，录音师同时要懂得摄影师的画面构造，同时还要懂得观众的心理状态才能更好地把握住声音的距离感。

空间感：指人耳对声源所处空间特性的感知。空间感我们同样可以理解为声场感，我们所处的每一个特定的环境有每个环境特殊的声场特性，如在旷野、隧道、音乐厅、普通的住房，观众可以通过声音的声场，也就是空间感来大致分辨这些环境。从前混响时间长短被错误地理解为仅仅是由空间的大小决定，而这里我们可以知道：在小房间里的混响时间可能还会比1000平方米的特别设计的无混响室要长。因此，声音的空间感是由声源所处环境的声音特性决定的。

环境感：指影片中人物所处的声音环境，也是由环境音响来构成的。我们的生活中有很多不同的环境——僻静的田园、喧闹的机场、充满杀气的战场，充满奇幻色彩的太空等等，不同的环境有它们各自的特点。为了保持影片的真实性，我们必须创造出真实的环境音响，这些连续不断的音响必须延续在整个影片中，以保持整个影片的真实感。

环境感和空间感有所联系但又是完全不同的两个概念。首先，两者都是表现画面氛围中的环境特性，然而环境感是影片画面所处的环境，和画面所在地点的空间不同，环境声是一种自然属性，空间感则是纯粹的一种物理属性。画面可能是非常静止的，甚至可能是漆黑一片，让人感受不到空间感，然而此时可以用环境声来解释物体所在的地域——田园、战场或者是家中。

运动感：指声源在观众感受上的相位和声源位置的变化，这个是由于音源的音色和音量大小的变化引起的，同样我们在现实生活中能够感受到：任何物体，譬如一辆汽笛长鸣汽车从你的面前掠过，你会感到笛声声音大小会发生变化，音调也会发生变化，如果物体运动越迅速，这样的变化就越明显，这种变化我们称为“多普勒效应[①]”。这是由声波在一定的时间内被压缩或者扩展引起的。当物体超观众运动时，声波被挤压，这样在单位时间内波峰和波谷就增多了，声波震动频率增加，因此听到声音的音调是逐渐增高；同样，当物体从我们身边掠过的那一刻起，声波立即得到伸展，在单位时间内波峰和波谷的数量就减少了，声波震动频率是逐渐减少，因此听到声音的音调是逐渐降低。

同样声音运动感还有其他的表现方式：如果在多普勒效应不是很明显的时候（物体相对运动速度满的时候），可以通过演员的语言的不同来区分画面是处在运动还是静止中。我们知道，人在运动环境中说话的语音语调是完全不同的。同样如果是镜头运动，可以通过环境声的变化来表现运动：你可以采用环境声的类型变化以及音量的大小，譬如摄像机是在一辆车上，经过闹市的时候是喧闹的环境声，而一旦驶出城镇，喧闹声会变小，同时自然声增多。

方位感：人的耳朵能够分辨出音源处于何种方位，因为人的耳朵的特性和眼睛的立体

---

①由于波源和观察者之间有相对运动，使观察者感到频率发生变化的现象，称为多普勒效应。如果二者相互接近，观察者接收到的频率增大；如果二者远离，观察者接收到的频率减小。多普勒效应是为纪念奥地利物理学家及数学家克里斯琴·约翰·多普勒(Christian Johann Doppler)而命名的，他于1842年首先提出了这一理论。

成像原理大同小异。人有两只耳朵，相距大概20厘米，因此一个音源发声必定到达耳朵的时间不同，从而产生一定的相位差、强度差和时间差——这也是构成立体声的三大要素。

如果是立体声拾音，或者多声道拾音，声音的相位也值得重视，如果摄像机在旋转，各个音源的位置也要发生相对的变化。

2.同期录音对拾音话筒的要求

在通常状况下，封闭的空间内我们喜欢采用心形指向的动圈或者电容话筒来拾音。同样，在封闭的空间内也可采用强指向性话筒进行拾音，这样可以保持演员在各种环境中的声音的一致性，但是采用这样的方法会拾取很多譬如来自房屋的墙壁的反射声，录制出来的声音有一定的干扰，往往听起来反而比较怪异。而心形指向的动圈话筒在物理特性的限制下，其灵敏度不如心形电容话筒和强指向性话筒高，所以除非在很狭窄的环境内，一般是拾取来自音源体的直达声，效果比较理想。

在非封闭的空间内我们没有反射物体，因而排除了反射声的干扰，因此我们可以采用刚才排除的两种拾音器材——心形电容话筒和强指向性话筒。而非封闭空间往往就是我们通常所说的“室外”，在“室外”很少有反射物阻隔声音传播，因而声波可以传很远。我们要体验这种遥远的声音就必须采用相对灵敏的拾音设备，此时相对心形的电容话筒来说，强指向性话筒在主轴上的灵敏度大大超过了心形电容话筒，因此可以更好地拾取来自远处的声音，使得语言的信号的电平超过环境声音，从而突出语言，使得语言更加清晰而不受环境声音的干扰。因此，为了避免一切干扰，在户外录音，强指向性话筒是录音师的最佳选择。

熟悉话筒特性的录音师应该知道心形话筒和强指向性话筒的特性，就是如果音源偏离主轴一定的距离，就会造成声音信号电平骤减，严重影响音色质量。因此录音话筒的摆放位置相当重要。一般来说，话筒应该在演员的上方并指向演员的嘴，如果是两个人而话筒只有一只的时候则应该在话间进行话筒杆的转动，但是切忌在说话的时候进行转动，这样会导致演员语言音色的变化，听起来相当不自然。如此的摆位方法要注意话筒以及话筒杆不要进入画面，以免闹笑话。如果演员进行长时间运动，则可以使用领夹话筒，也就是我们通常所说的“小蜜蜂①”，但是注意在运动中不要让身体以及外物和话筒剧烈碰撞，而且要注意话筒的隐蔽，不要暴露在画面中。

一般来说，同期录音时我们强调一个调音台一个录音师操作，因为每个录音师的习惯不同，监听电平不同。同时，在录音的时候可能会遇到很嘈杂的环境或者其他的复杂环境，我们推荐在前期录音的时候不加任何效果，以便后期进行更为复杂的效果调试，一旦在前期加上了效果，后期觉得不合适的话去掉是很难的事情。一般来说，按照多数录音师的经验，调音台电平在录音时调到70%的位置比较合适，可以使性噪比达到最理想状态，新录音师总喜欢把电平调到很大，以满足自己监听的心理需求，然而这样往往会超过标准录音电平，使声音处在失真状态，这在长期的锻炼中应该加以注意。

---

①无线录音话筒。

拓展阅读12：同期录音的审美意义[①]

在今天，对声音作为电影的重要元素和有力的表现手段的论述人们已不再有什么异议了，但是在声音进入电影的早期却爆发过激烈的争论，有人担心“语言会取消摄影机的运动”。而卓别林还在他的影片《城市之光》[②]《摩登时代》[③]中对程式化的对话进行过嘲讽。但是，现实的情况是在一些电影大师联合发表的《有声电影的宣言》[④]中，虽然有点忧虑和不安，但他们毕竟肯定了声音的出现是历史的必然，并在宣言中提出了建设性的意见。后来的实践也同样证明了起初大家的担心是不必要的，声音不仅没有破坏，反而丰富了电影艺术的审美含义和表现力。渐渐地，声音元素得到了广大电影工作者的认同和接受。随着理论的发展与科学技术水平的提高，电影声音也经历了很多的变革，从光学录音到磁性录音，从模拟方式到数字方式，从单声道到道尔贝SRD[⑤]，再到八声道的SDDS，从银幕画框内空间到画框外空间等等。而其中具有电影纪录本性的同期录音工艺在电影声音创作观念、审美性及录音技术要求方面带来的问题则是当今人们最为关切的论题之一。

《电影艺术词典》[⑥]在“同期录音”这一条目下写道：拍摄画面的同时进行录音的方法。采用这种方法录制的人声和动作音响等，具有与画面上的形象结合紧密、情绪气氛真实、可缩短影片制作周期等优点。

可以说，同期录音的产生与有声片的诞生是同时的。这里首先要说明一点：我们现在所说的声音进入电影，是围绕着声音中的语言这一中心来谈的。虽然当年《水浇园丁》[⑦]在放映时有钢琴师现场配乐，但我们不把它当作有声片。

在有声片问世时期，电影工作者是不具备现代意义上的所谓“同期意识”的。爱森斯坦等人曾忧虑：声音出现会导致出现一大批“非常高雅的戏剧”和以其他舞台形式拍下来的戏剧演出。可见，他们把影片中的对白理解为理所应当的戏剧的台词了，自然也就是同期声，而当时，后期配音对于他们恐怕还是不可理解的。

---

①作者：陶经；选自《审美空间延伸与拓展——电影声音艺术理论》第一章第三节。

②《城市之光》是喜剧大师查理·卓别林1931年自导自演的一部默片电影，也是他第74部作品。影片诞生之时正是美国最严重的经济危机，卓别林也将此社会现实融入影片的创作中。电影讲述了一个流浪汉与卖花女的爱情故事。《城市之光》在世界范围内取得了成功，深受世界各地观众的喜爱。本片也成为美国国家电影保护局指定典藏珍品。

③《摩登时代》是查理·卓别林主演的一部非常优秀的作品，于1936年上映，被认为是美国电影史上最伟大的电影之一，也是查理·卓别林最著名的作品之一。

④1928年，爱森斯坦、普多夫金、亚历山大洛夫联合发表了《有声电影的宣言》

⑤SRD、SDDS和DTS是当前电影界三大数字声音技术系统。SRD是杜比公司，SDDS是索尼公司，DTS是DTS公司。前两者的声音数据信息是记录在电影拷贝上的（杜比记录在齿孔之间，索尼是利用了胶片的两个外侧边缘），DTS的声音数据是单独存放的，例如用特制的光盘，放映时和胶片上画面边缘记录的时间码进行同步即可。

⑥《电影艺术词典》出版于1996年，是由中国电影出版社的，作者许南明、富澜和崔君衍。本书汇集了迄今为止电影艺术研究的成果，反映了电影艺术研究的理论水平，具有权威性、科学性和实用性。

⑦1895年，时长1分钟的《水浇园丁》是路易斯·卢米埃尔对故事情节片进行的一次探索。故事的情节十分简单，园丁在花园里持水管浇水，一顽童路过，水被脚踩停喷，园丁端详水管口，顽童忽然松开，水喷园丁一脸，顽童大乐，园丁追打。

美国影片《雨中曲》[1]为我们描绘了当年声音进入电影的情况，一些电影工作者看到会讲话的电影，激动不已，决定实践这种新形式。首先他们采用的当然是同期录音，然而由于一位相貌出众的大明星台词功力极差，加之传声器的使用方法不当，闹出了许多笑话，直到大家偶然发现声音可以用替身，也就是后期配音方法时，问题才得到了解决。看来后期配音曲出现是不得已而为之的(单指语言配音)。尽管这部影片描述的情景不一定完全是真实的历史，但它却形象地说明了同期录音的发展过程。

虽然同期录音是最真实的声音，而且它也具有可以缩短影片后期制作周期等很多优点，但它也曾一度遭到冷遇，这是因为如果拍摄期间的条件不好，比如环境嘈杂、设备要求达不到、工作人员素质差等等原因，往往会造成拍摄周期加长，反而耗费更多人力财力，这当然是导演、制片人不愿看到的。事实上，随着一个国家或地区经济文化水平的提高，同期录音往往会固执地回到电影制作中。以我国电影生产为例，早期的《神女》[2]《马路天使》[3]以及“文革”前拍摄的《小兵张嘎》[4]《祝福》[5]等很多黑白、彩色影片都采用了同期录音工艺，它与先期录音和后期录音一起构成了三种基本电影录音工艺，备尽所能。遗憾的是在以后的相当长的一段时间里再也没有见到同期录音的影片，直到近十年，由于改革开放，经济文化科技的发展，电影理论对电影艺术各门类进行探索，以及电影作为一种大众传播媒介与国际同水平的交流，同期录音的影片又重新出现了，产生了一批能符合国际A级电影节技术标准的优秀的高质量的录音作品，如《菊豆》[6]《大红灯笼高高挂》[7]和我做录

---

①《雨中曲》是一部美国彩色电影，1951年由米高梅出品，不仅是一部不朽的音乐歌舞片杰作，同时也是一部展现好莱坞影坛从无声时代过渡到有声王朝的电影史喜剧。在AFI百年百大歌舞电影中名列第一，被公认为电影史上最伟大歌舞片之一。

②由黎铿、阮玲玉主演的电影《神女》，在中国也有词语“神女”，多重含义。《神女》是一部独具异彩的影片，1934年出品，在国内外都赢得了电影专家们的好评。这是吴永刚编导的第一部影片，时年27岁。

③《马路天使》被认为是20世纪30年代中国电影的代表作，描绘活泼市井生活的伟大的艺术杰作；中国早期社会问题片的集大成者，20世纪30年代中国电影艺术发展高峰的标志。片中演员周璇主唱的《天涯歌女》非常受欢迎，现已成为中国电影歌曲的经典代表，凭此片成名的周璇被誉为“金嗓子”。本片由袁牧之导演，赵丹、周璇、魏鹤龄、赵慧深等主演。

④《小兵张嘎》改编自当代著名作家徐光耀的代表作，拍摄于1963年。导演崔嵬当时接到了一个“政治任务”，上级要求他拍一部儿童片，针锋相对地批判“苏修”安德烈·塔可夫斯基的《伊凡的童年》，该片被称为新中国儿童片一座丰碑。

⑤电影《祝福》，原著为鲁迅小说《祝福》，夏衍改编剧本，桑弧导演，白杨主演，1956年由北京电影制片厂摄制，该片是新中国第一部彩色故事片。

⑥《菊豆》，第一部获得奥斯卡最佳外语片提名的中国电影，改编自刘恒小说《伏羲伏羲》，由张艺谋导演，巩俐、李保田主演。

⑦《大红灯笼高高挂》是1991年出品的一部剧情片，该片改编自苏童的小说《妻妾成群》，由张艺谋执导，巩俐、何赛飞、曹翠芬、金淑媛等主演。1991年，该片获得了第48届威尼斯国际电影节银狮奖等奖项。

音的几部戛纳电影节参赛电影《孩子王》[①]《霸王别姬》[②]《活着》[③]《摇呀摇，摇到外婆桥》[④]等，并有一批立志提高我国电影声音质量的录音工作者在勤奋地工作。

在我国的电影制作中，同期录音的复兴和发展是历史的必然，而且它是以具有东方特点的崭新面貌再次出现的。当代的同期录音不仅着眼于商业价值，更要认识到采取这种录音工艺的作品具有不可低估的意义或价值。

---

①影片根据阿城同名小说改编，由著名导演陈凯歌执导。影片通过"孩子王"的故事，理性思考了教育、文化的缺失问题和其对社会造成影响的问题，它除了延续了"文革"后反思"文革"的传统外，还从教育的角度提出了更加深刻的思考。

②《霸王别姬》改编自香港作家李碧华的同名小说，由陈凯歌执导，张国荣、巩俐、张丰毅领衔主演。1993 年该片荣获法国戛纳国际电影节最高奖项金棕榈大奖，成为首部获此殊荣的中国影片；此外，这部电影还获得了美国金球奖最佳外语片奖、国际影评人联盟大奖等多项国际电影奖项。1994 年，张国荣凭借此片获得第 4 届中国电影表演艺术学会特别贡献奖。2005 年，《霸王别姬》入选美国《时代周刊》评出的"全球史上百部最佳电影"。

③《活着》改编自余华的同名小说，由张艺谋执导，葛优、巩俐等主演。影片以中国内战和新中国成立后历次政治运动为背景，通过男主人公福贵一生的坎坷经历，反映了一代中国人的命运。1994 年，该片获得第 47 届戛纳国际电影节评委会大奖、最佳男演员奖等奖项。

④《摇啊摇，摇到外婆桥》由上海电影制片厂摄制于 1995 年，著名导演张艺谋执导，巩俐、李保田等主演；其主要剧情取材于毕飞宇小说《上海往事》：故事发生在 20 世纪 30 年代的上海滩。本片荣膺法国戛纳电影节及美国金球奖最佳摄影；1995 年全美影评人协会最佳外语片奖等。

第七章
网络视频的后期制作

【知识目标】

☆编辑软件。
☆剪辑。
☆剪接点。
☆转场。
☆字幕。
☆特效。
☆关键帧。
☆渲染。

【能力目标】

1. 学会两款常用编辑软件的初步操作。
2. 深刻理解剪辑。
3. 掌握各种镜头组接技巧。
4. 掌握常用的音频处理技巧。
5. 掌握常用的字幕技巧。
6. 掌握常用的转场技巧。

【应用案例】

应用案例 5:动画片《小马王》剪辑分析。

网络视频完成前期拍摄之后,影音素材进入了编辑工作机房,就说明网络视频的项目已经到了后期制作阶段。网络视频的后期制作是对影音素材的分解重组工作,既有必要的技术技巧发挥,也是对网络视频进行艺术上的再创作。专业化网络视频后期制作,与现代影视工业流程中的电影、电视剧的后期制作工艺并无本质上的区别。不过,电影工业的后期制作技术标准普遍高于常规网络视频的后期制作技术指标,网络视频制作时,需要根据发布平台对技术参数进行相应的设定。

第一节　常用编辑系统的操作

网络视频的后期制作需要一个稳定的后期制作系统，尽可能地使用高端的设备来支持剪辑、调光、调色、特效、字幕以及制作声音和混录音乐等。本书第二章第三节中介绍了一些后期制作系统，读者可根据自己的偏好选择。本节为初学者介绍 EDIUS 和 Premiere 两种常用编辑系统的基本操作，后期制作中所涉及的调光、调色、特效合成、音效处理等在本节中因篇幅限制并未讲解，可进阶参考其他专门教材。初学者在本章剪辑入门之后，可以有针对地进行拓展学习。

一、EDIUS 6 使用步骤

（一）新建工程

1. 初始界面

打开 EDIUS（如图 7-1-1）。如果初次使用 Edius 会自动进入下面的界面（如图 7-1-2）：

图 7-1-1　进入界面

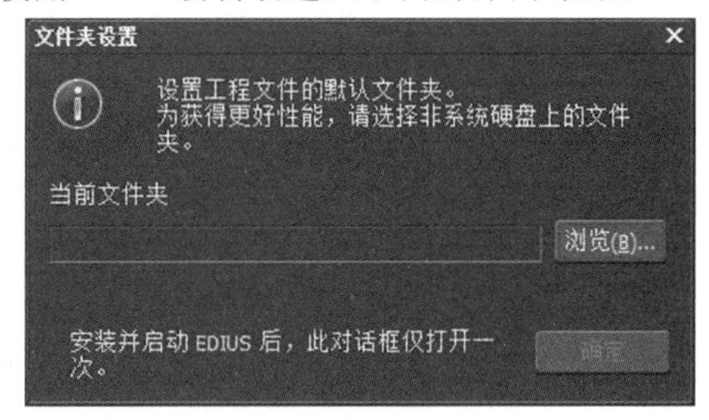

图 7-1-2　文件夹设置

2. 配置文件

选择工程文件保存位置确定后，进入如下界面（如图 7-1-3）：

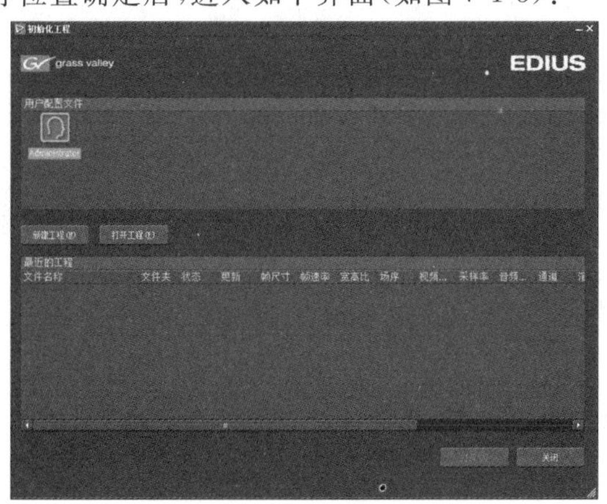

图 7-1-3　用户配置文件界面

3. 新建工程

点击“新建工程”之后会出现工程预设界面，如果拍摄的视频都是高清视频，就如下预设(如图 7-1-4)：

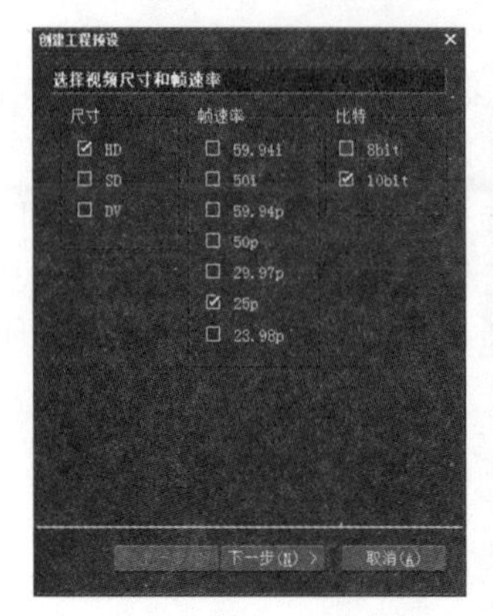

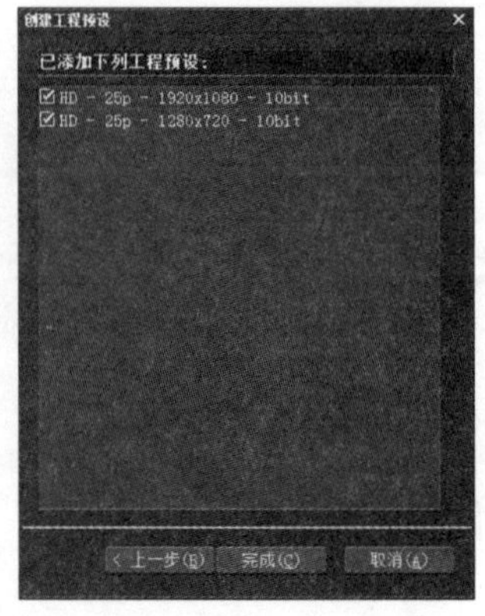

图 7-1-4　创建工程预设

如用到的是 1920×1080 25P 的视频，就选择 HD1080，如下图(如图 7-1-5)：

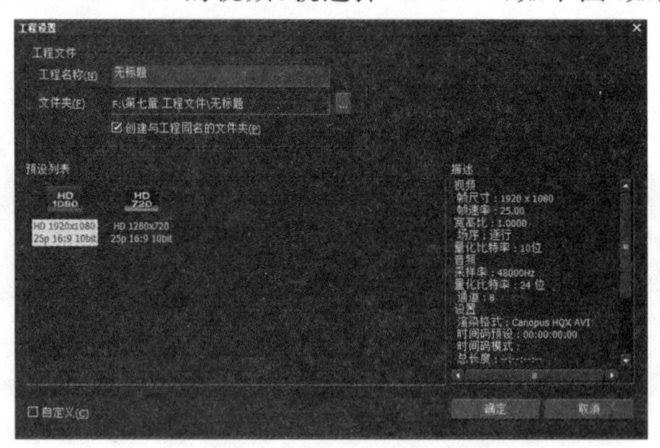

图 7-1-5　工程设置

如果想要自定义工程文件，如上图，勾选左下角“自定义”，弹出如下界面(如图 7-1-6)：

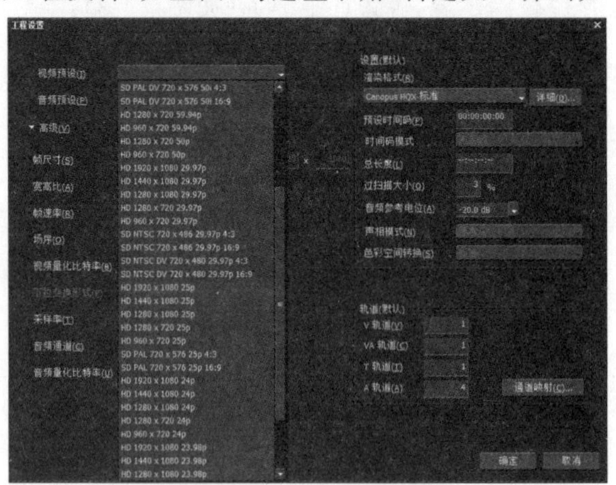

图 7-1-6　工程设置选项

视频预设依据你要处理的视频素材文件格式，我们以 1920×1080 的高清格式为例，右侧的渲染格式一般默认 HQ 标准编码就可以了，HQX 编码是支持 10bit 的视频编码格式，不过一般 8bit 就行。

4. 开始编辑

点击“确定”之后，进入 EDIUS 的编辑工作界面(如图 7-1-7)：

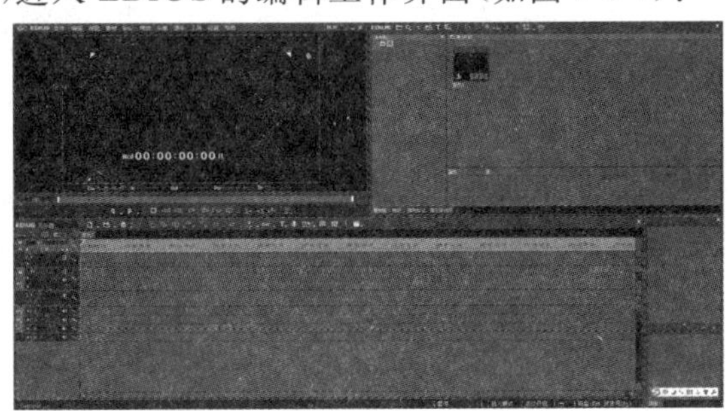

图 7-1-7　EDIUS 的工作界面

(二) 导入素材

1. 打开素材库

双击右侧空白地方添加素材文件，比如图片、音乐、视频片段等(如图 7-1-8 和图 7-1-9)。

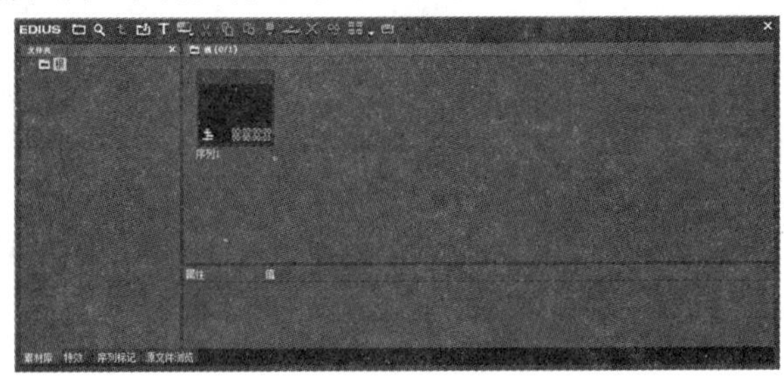

图 7-1-8　添加文件素材库页面

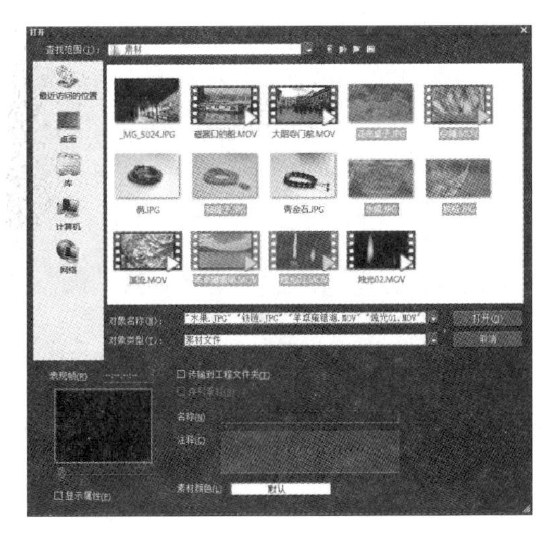

图 7-1-9　素材所在文件夹

2. 素材选取

素材可多选，然后点击“打开”，素材文件就会出现在右上角的素材库中（如图 7-1-10）。

图 7-1-10　素材文件导入素材库

（三）粗剪

1. 视频剪辑

把素材文件按照任意顺序，添加到视频轨道（如图 7-1-11）。

图 7-1-11　在视频轨道上预览导入的素材

2. 音乐剪辑

添加音乐文件到素材库，然后把音乐素材拖放到下方的音频轨道上（如图 7-1-12）。

图 7-1-12　添加音频轨道和音乐素材

按空格键预览效果(如图 7-1-13)。

图 7-1-13　按空格键预览视频和音频效果

3. 调整素材长度

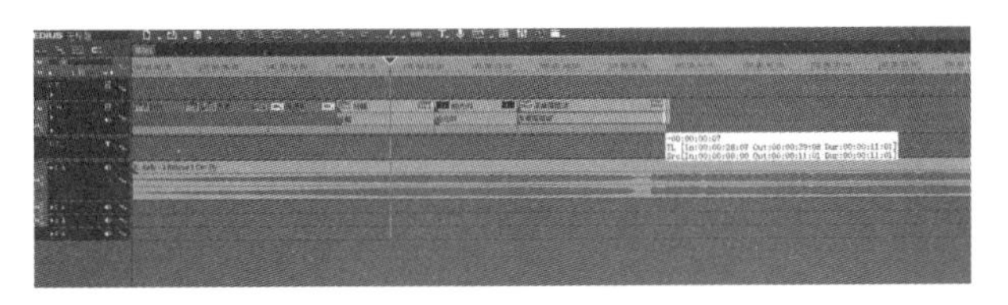

图 7-1-14　在时间轨上调整素材长度

将鼠标放在单个素材末端,向左减少素材时间,向右增加素材时间。可以用鼠标移动拖动某单个素材,也可以前后调整素材所在的时间线位置,以此完成前后镜头的基本剪接(如图 7-1-14)。

如果空格播放觉得卡就需要对素材进行渲染,一般情况下不会卡顿,除非特效非常多。

4. 添加"转场特效"

在中间部位"特效文件夹"中找到 2D 转场中的"溶化",一般用"溶化"就会有淡入淡出的效果。加了转场的轨道素材之间会有一个小标记(如图 7-1-15 至图 7-1-16)。

图 7-1-15　打开"特效文件夹"

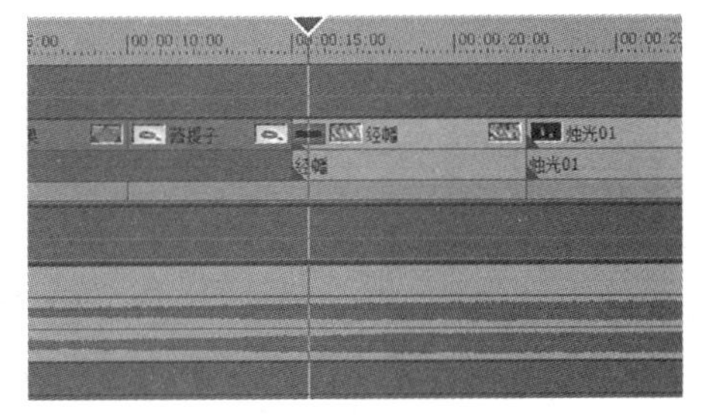

图 7-1-16　添加"溶化"的转场特效

(四)视频输出

1. 输出文件

对素材进行编辑完成后就可以输出,按 F11 或者点击"文件",再点击"输出到文件",

弹出输出设置对话框(如图 7-1-17)。

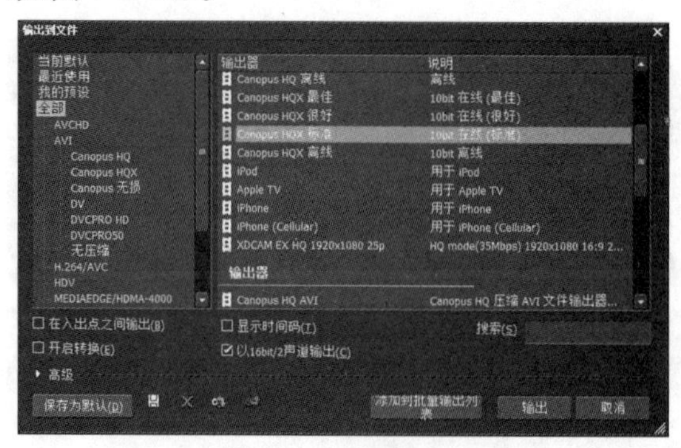

图 7-1-17 输出格式选择界面

2. 格式选择

选择输出编码格式,Canopus HQ 标准就可以了,然后点击“输出”(如图 7-1-18)。

图 7-1-18 选择保存文件夹位置

3. 保存文件

给文件命名,选择保存类型,点击“保存”(如图 7-1-19)。

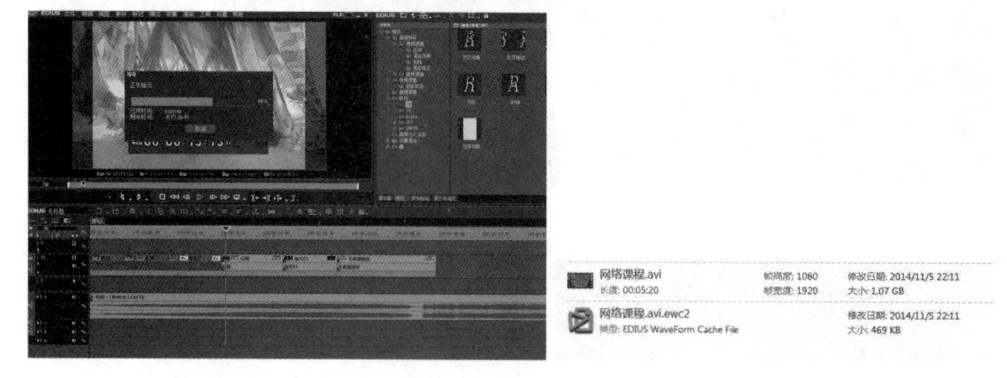

图 7-1-19 输出并保存命名文件

（五）格式转换和视频发布

视频输出后的视频文件可以使用本地的 Windows Media Player 播放。因为我们使用的是 Canopus HQ 专门的编码，所以要对它进行格式转换再发布到网上，以下是用“格式工厂”对输出的文件进行格式转换（如图 7-1-20）。

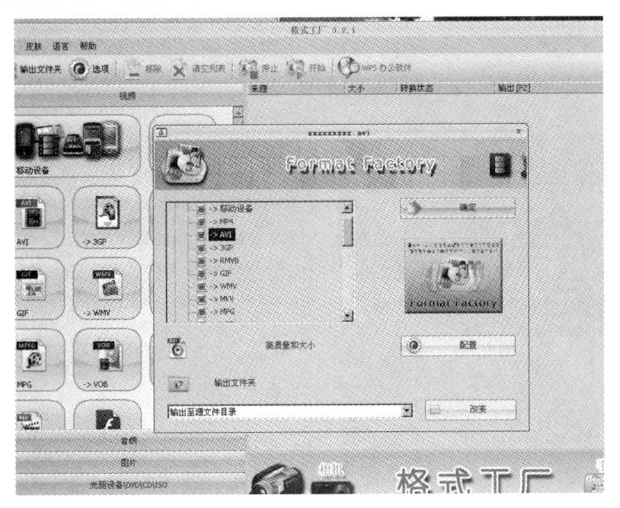

图 7-1-20　格式工厂转换格式

在输出设置中找到视频设置窗口（如图 7-1-21），按需求进行格式转化之后的视频文件就可以上传到网络视频网站了。

图 7-1-21　开启系统编码

二、Premiere CC 使用步骤

（一）项目的创建

1. 开启软件

开启软件，双击打开 Premiere CC 程序，使其开始运行，弹出开始画面（如图 7-1-22 和图 7-1-23）。

图 7-1-22　Premiere 加载画面

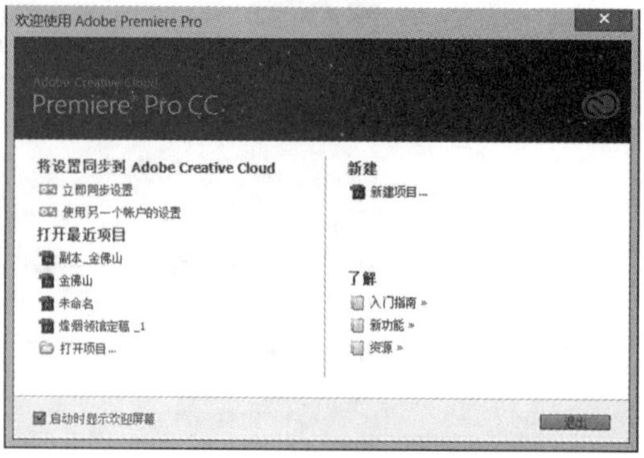

图 7-1-23 Premiere 开始界面

在开始界面中，如果最近有使用并创建了 Premiere 的项目工程，会在“最近使用的项目”下显示出来，只要单击即可进入；要打开之前已经存在的项目工程，单击“打开项目”，然后选择相应的工程名即可打开；要新建一个项目，则点击“新建项目”，在这个界面下，我们可以修改项目文件的保存位置，选择好自己的保存地点之后，在名称栏里打上工程的名字，为了方便理解和教学，可新建一个“第七章”的项目，单击“确定”（如图 7-1-24）。

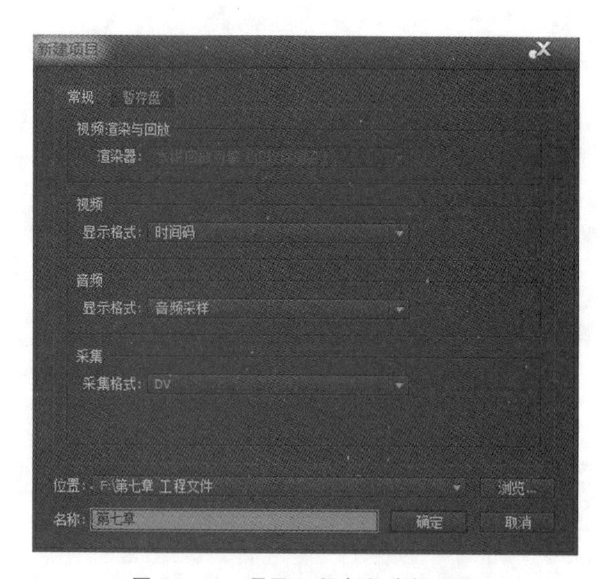

图 7-1-24　项目工程名和路径设置

在下图(如图 7-1-25)的界面下,可以配置项目的各项设置,使其符合编辑的需要。一般来说,对于高清的视频素材,大都选择的是“1080P 方形像素 25fps 即画面大小 1920 * 1080”的预置模式来创建项目工程。在这个界面下,单击“确定”,就完成了项目的创建。

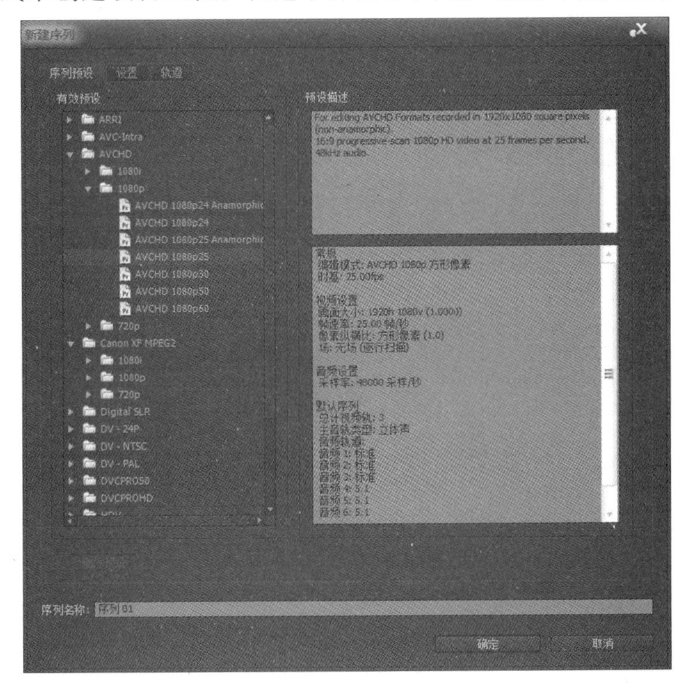

图 7-1-25　配置项目

2. 编辑界面

单击“确定”之后,程序会自动进入编辑界面(如图 7-1-26)。

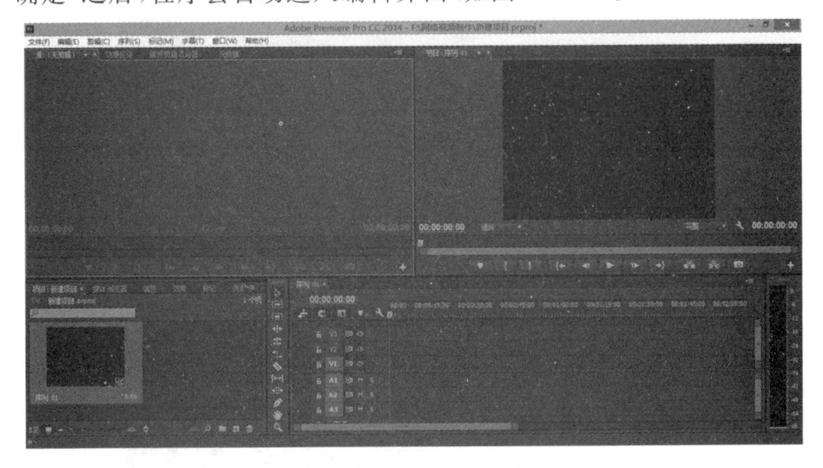

图 7-1-26　编辑工作界面

(二)新建序列

在进入 Premiere 的编辑界面之后,我们发现,Premiere 自动生成了“序列 01”的时间线。

1. 新建序列

可以直接向这个时间线里导入素材进行编辑，也可以通过选择“文件→新建→序列”来新建一个时间线（如图 7-1-27）。

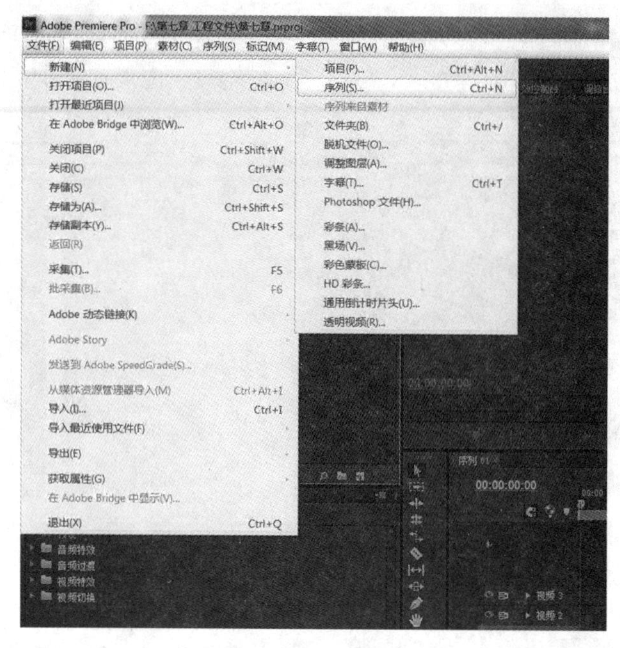

图 7-1-27　新建序列

2. 轨道设置

可以设置新建的时间线的视频轨道的数量、各种类型音频轨道的数量（如图 7-1-28）。

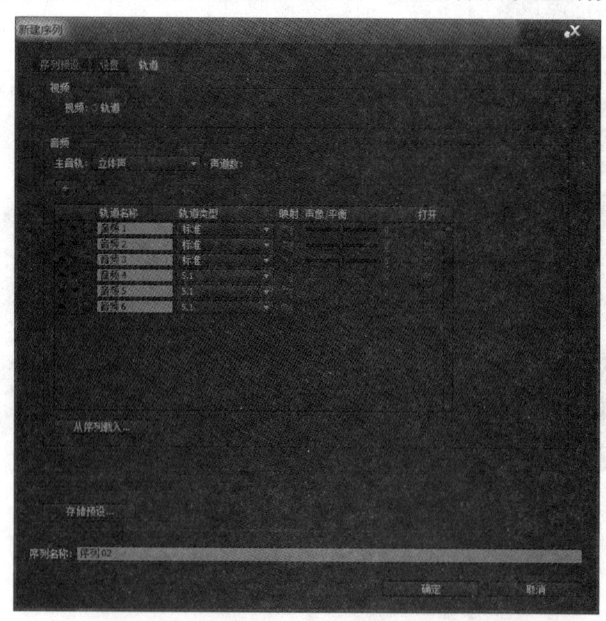

图 7-1-28　新建序列设置视频音频轨道

如新建一个“风景”的序列(如图 7-1-29)。

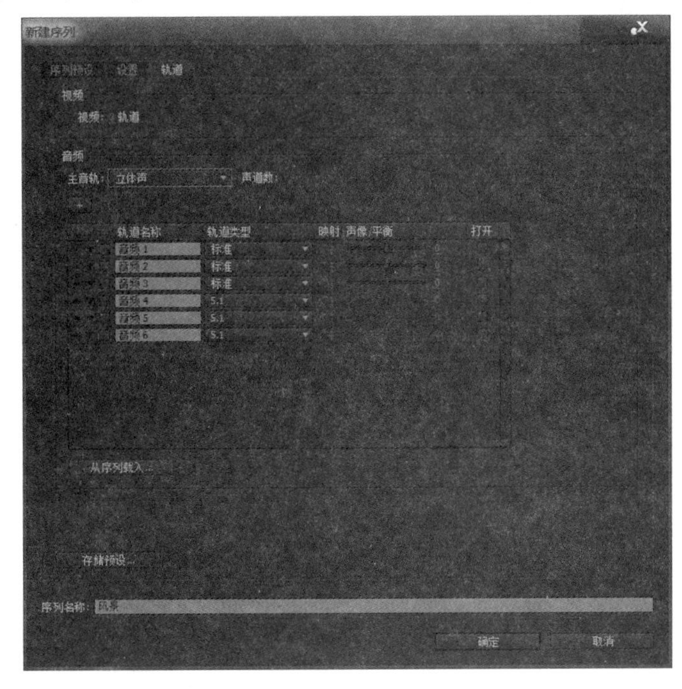

图 7-1-29　可任意命名序列

单击“确定”,我们可以看见,在素材框里面出现了一个“风景”的序列文件(如图 7-1-30)。

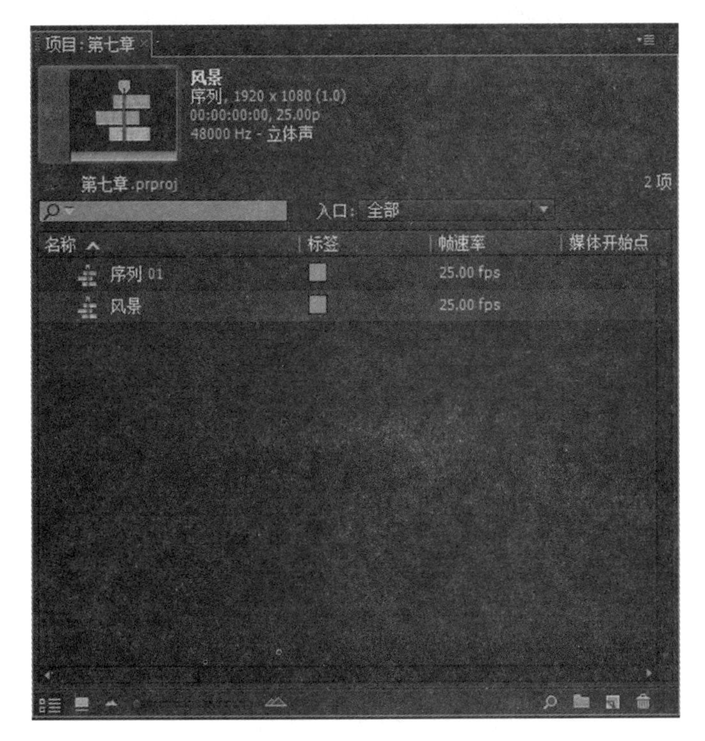

图 7-1-30 建成好的序列“风景”

（三）导入素材

在编辑界面下，选择“文件→导入”（如图 7-1-31）。

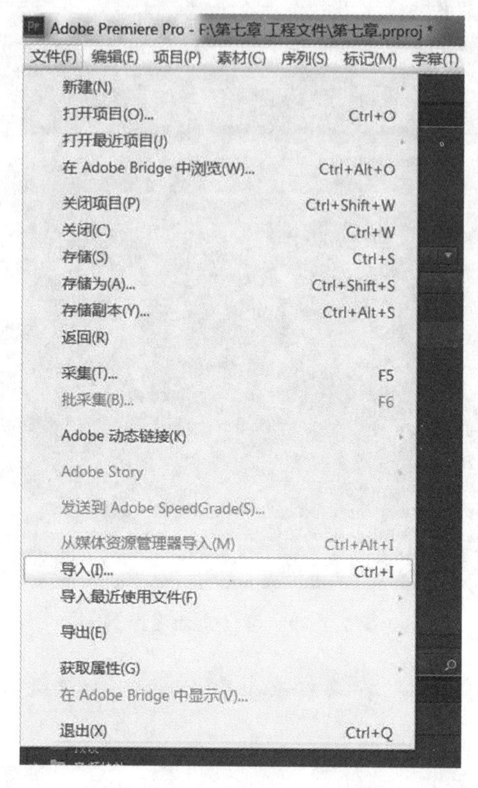

图 7-1-31 选择“导入”文件

在弹出的界面（如图 7-1-32）中，选择需要导入的文件（可以是支持的视频文件、图片、音频文件等等，可以点开文件类型一栏查看支持的文件类型）。

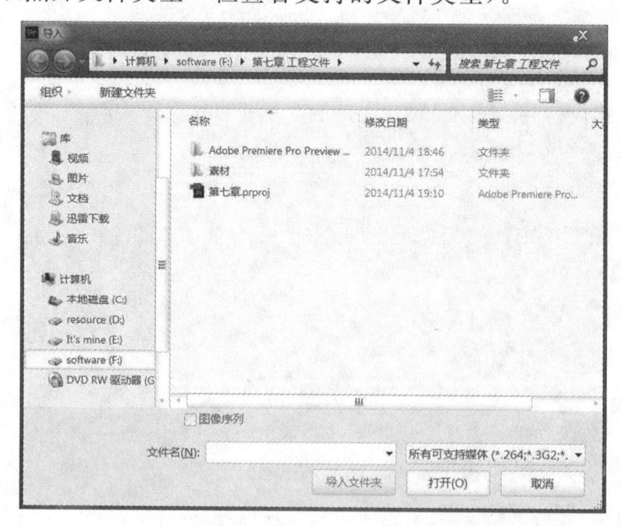

图 7-1-32 需要导入的素材文件夹位置所在

在这里我们选择“磁器口的船”(如图 7-1-33)：

图 7-1-33　导入选择的素材文件

单击“打开”，等待一段时间之后，我们在素材框里看见，出现了一个“磁器口的船.MOV”的文件(如图 7-1-34)：

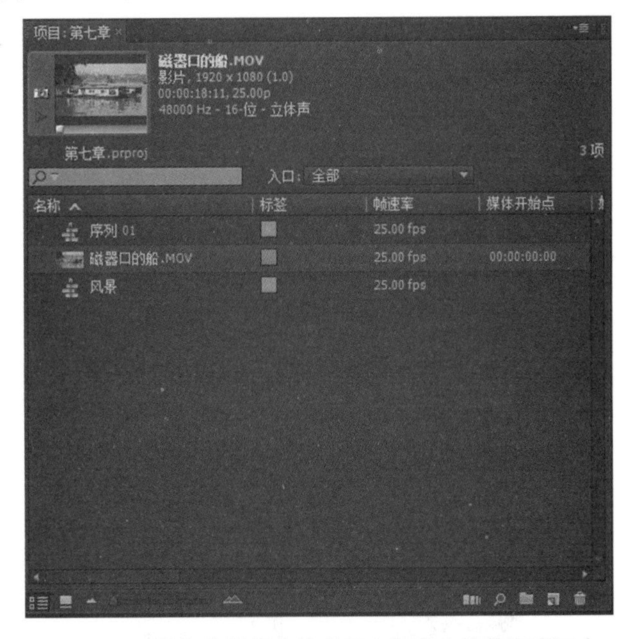

图 7-1-34　导入的视频文件出现在项目文件管理窗口中

(四) 音视频的编辑和处理

Premiere CC 提供了多种剪辑工具，可以对画面和声音进行编辑和处理，可以添加特技，可以合成字幕，详见本节第三部分。

（五）视频的渲染和导出

在视频编辑完成之后，我们可以直接通过右侧监视器上的播放键进行整体视频的预览，但是由于电脑性能所限，预览的时候可能会有些卡，所以这时，我们要进行视频的渲染。

选择“序列→渲染工作区”（如图 7-1-35）：

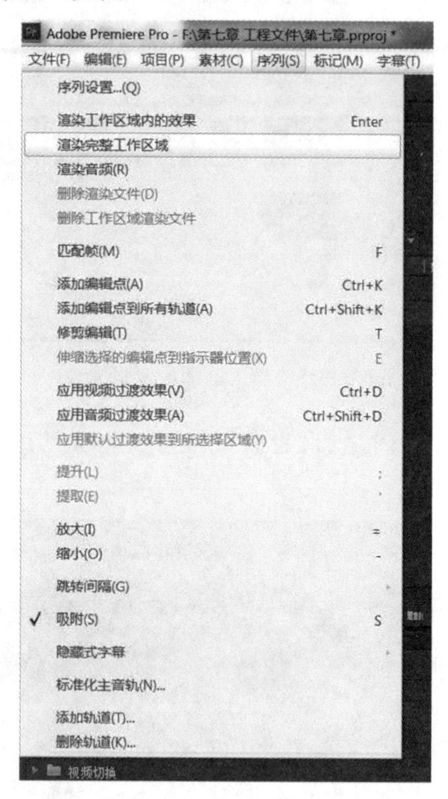

图 7-1-35 选择“渲染完整工作区域”

软件会弹出以下界面（如图 7-1-36），自动开始渲染。

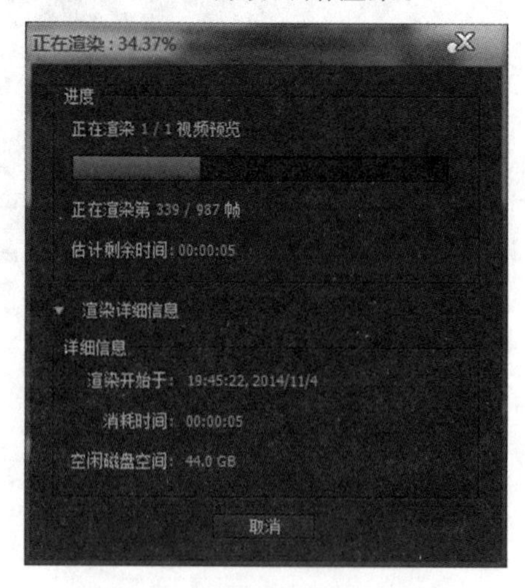

图 7-1-36 正在渲染的信息界面

当文件渲染完成之后，我们发现，在时间线上出现了一条绿线，当时间线上都是绿线时，视频就可以顺畅地预览了（如图 7-1-37）。

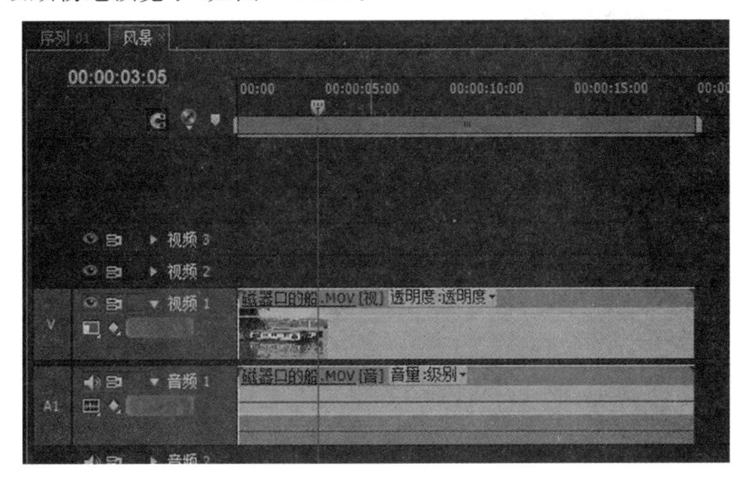

图 7-1-37　渲染好的视频工作区域

视频预览完成之后，如果没有什么问题就可以开始导出了。在对文件得到了想要的效果后，即对文件编辑完成后，可以对文件进行导出，选择“文件→导出”（如图 7-1-38）。

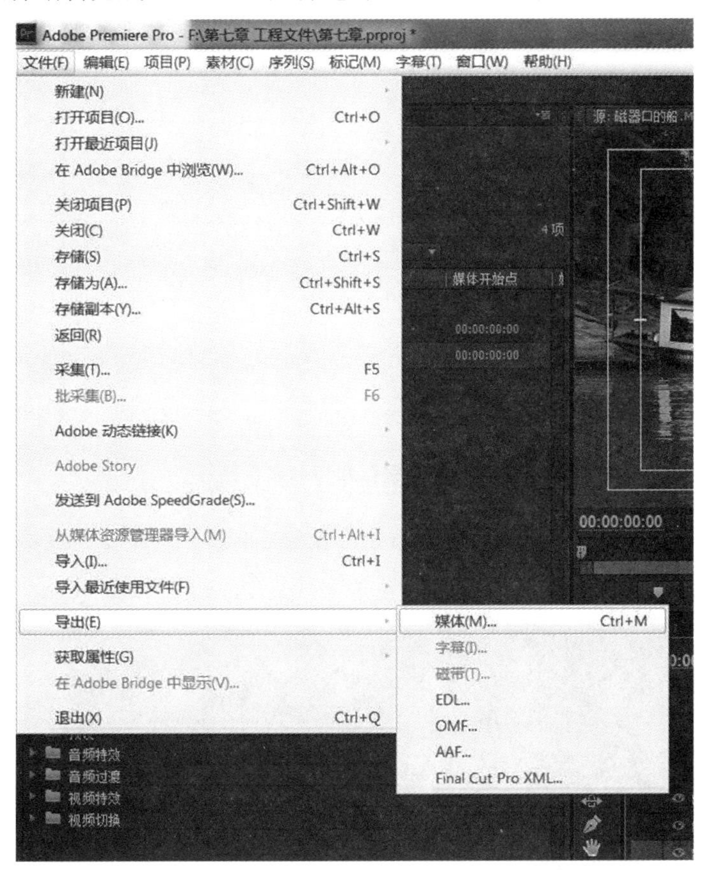

图 7-1-38　导出视频选项

导出时有许多选项，单击“媒体”，会弹出窗口（如图 7-1-39）：

图 7-1-39　导出视频设置

选择视频格式，点击“输出名称”，弹出窗口，可以修改保存路径和名称，点击“保存”（如图 7-1-40）。

图 7-1-40　保存和命名文件路径

回到软件的界面，点击导出，开始自动导出视频（如图 7-1-41），完成后，就可以关闭软件了。

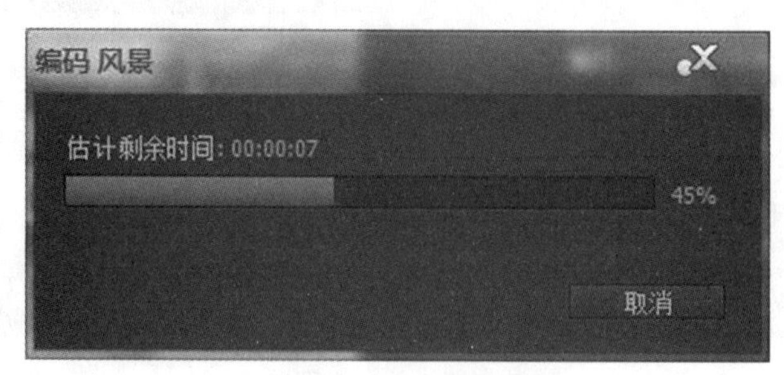

图 7-1-41　视频导出编码中

以上步骤导出的视频如果是AVI的文件格式，一般比较大，我们可以通过转换软件转换格式压缩成小文件。或者，在导出设置的时候，选择“队列”而不是“导出”，软件会启动另一附载工具：“Adobe Media Encoder”，操作界面如下(如图7-1-42)：

图7-1-42　Adobe Media Encoder界面

这时，在“格式”中，可以选择需要的格式，在“预设”中可以选择输出参数，然后我们点击绿色按钮，软件自动开始导出视频，完成后就可以关闭软件了。

三、用Premiere CC进行剪辑

Premiere CC工具栏里面主要有11种工具(如图7-1-43)，对一般的剪辑而言，主要运用的是选择工具和剃刀工具。

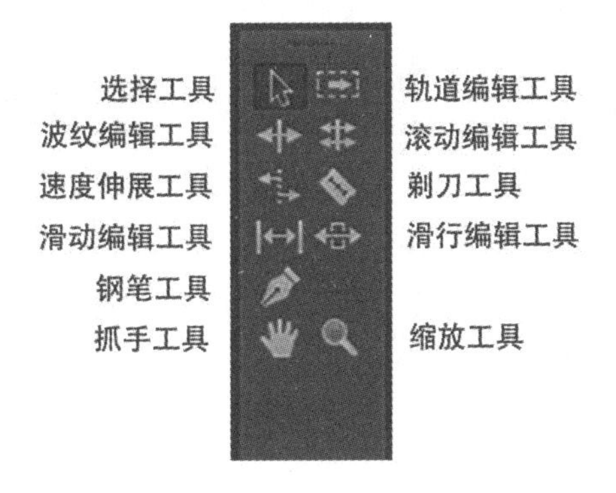

图7-1-43　选择工具界面

（一）视频的简单编辑

用鼠标将素材框中需要编辑的素材拖动到时间线上（如图 7-1-44）：

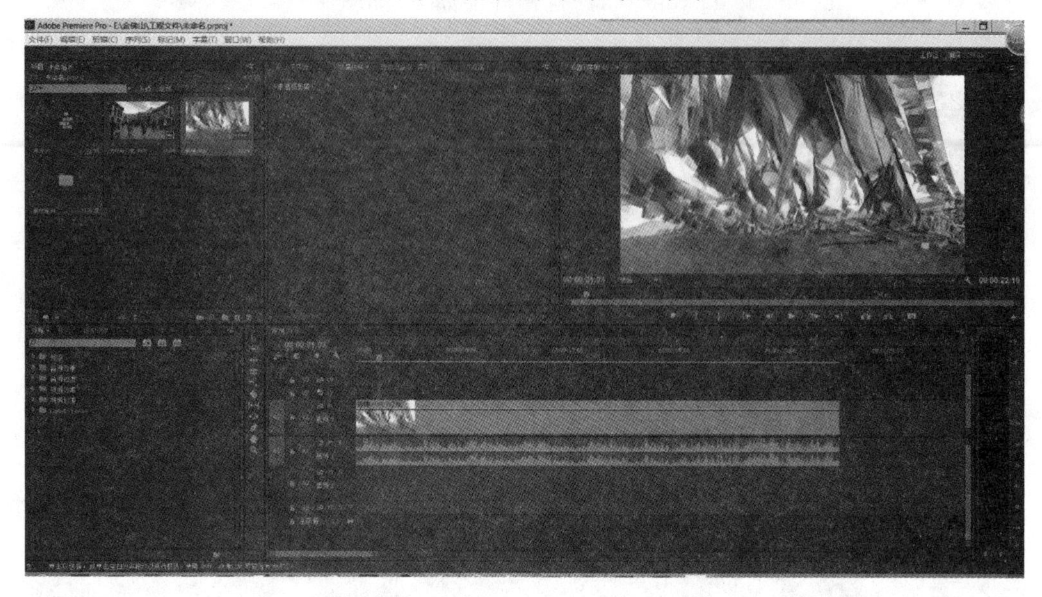

图 7-1-44　拖动素材到序列的时间轨道上

点击素材，我们在右侧监视器可以预览到视频导出后的效果，如果视频不符合窗口的大小，我们可以通过之后在图片特效中介绍的方法进行调整。如果素材在时间线上显得特别短，可以通过选择缩放工具，对准时间线，点击，将素材放大；选择剃刀工具，对准素材需要分开的部分，按下鼠标，素材会被剪开，成为两个独立的片段（如图 7-1-45）：

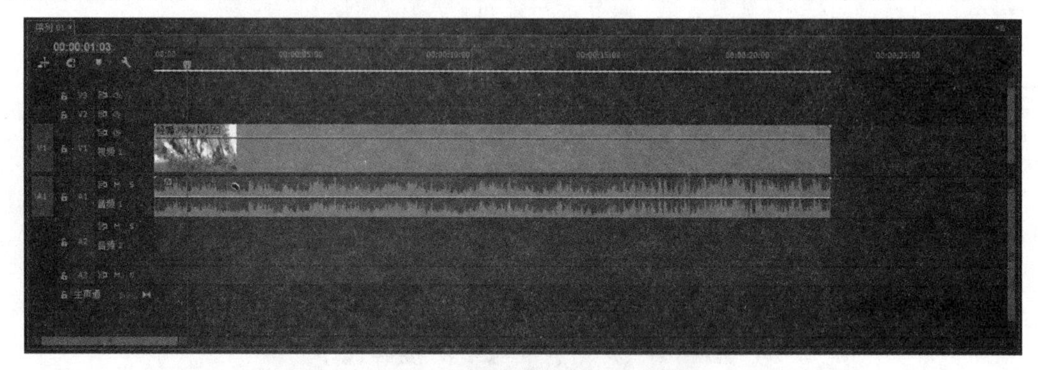

图 7-1-45　用剃刀工具在对应时间点的素材上“切开”

这样就可以将素材中不需要的片段与需要的片段分开，然后单击选中不需要的片段，按下“delete”键进行删除；或对选中的片段点击右键，选择“清除”（如图 7-1-46）。

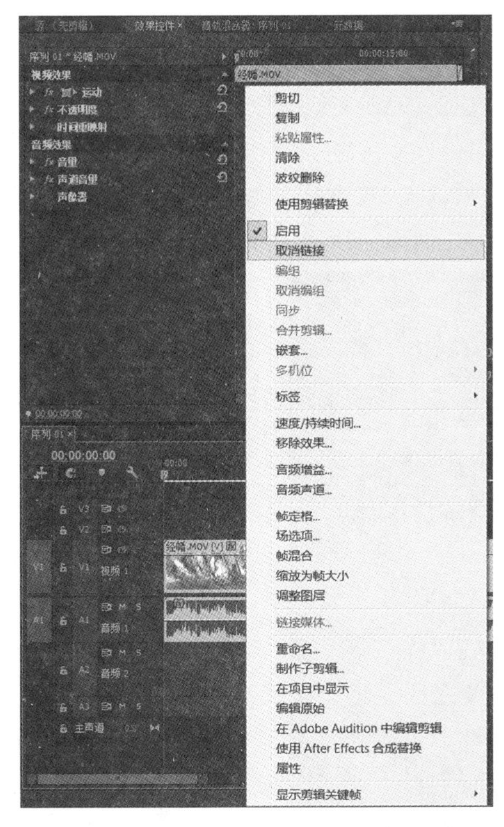

图 7-1-46　选择“清除”,去掉选中的素材片段

删除不需要的片段之后,可以通过鼠标拖动,将剩下的片段按照我们的需要重新组合,这样就完成了对素材的初步编辑。需要注意的是,在拖动素材的过程中,一定要注意选中素材片段的长度,要短于片段之间间隙的长度,要不然会出现将有用的片段遮盖住一部分,丢失有用的片段。(如图 7-1-47 所示)

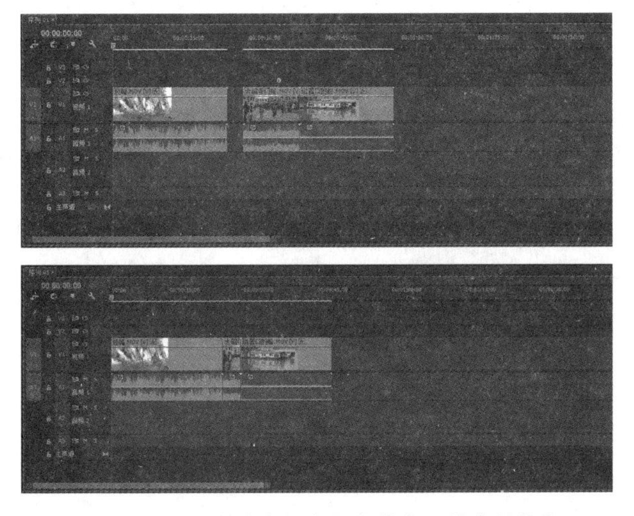

图 7-1-47　拖动的素材会覆盖掉有用的素材片段

（二）基础的视频特效

Premiere 提供了非常多的视频特效和视频的切换特效，这里我们主要介绍一下视频的切换特效。

在编辑界面左下的效果调板中（如图 7-1-48），点开“视频过渡”：

选择其中的一个文件夹，例如“溶解”，再选中文件夹下的“交叉溶解”（如图 7-1-49）：

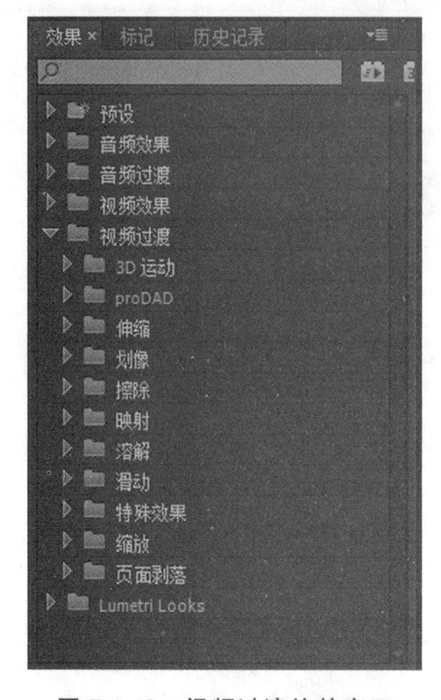

图 7-1-48　视频过渡特效窗口

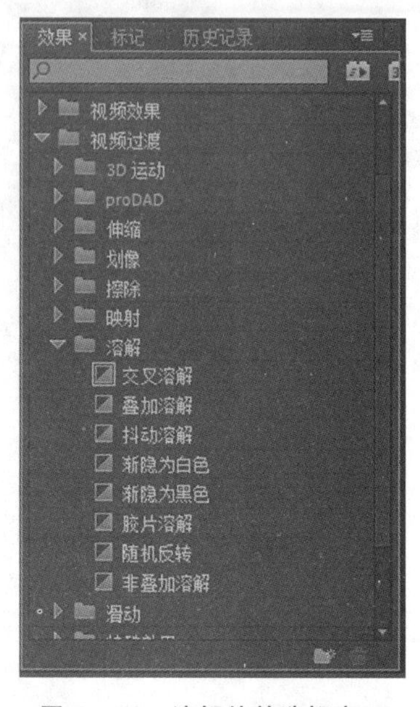

图 7-1-49　溶解特效选择窗口

拖动到两段素材的衔接部分之间，就完成了特效的添加（如图 7-1-50）：

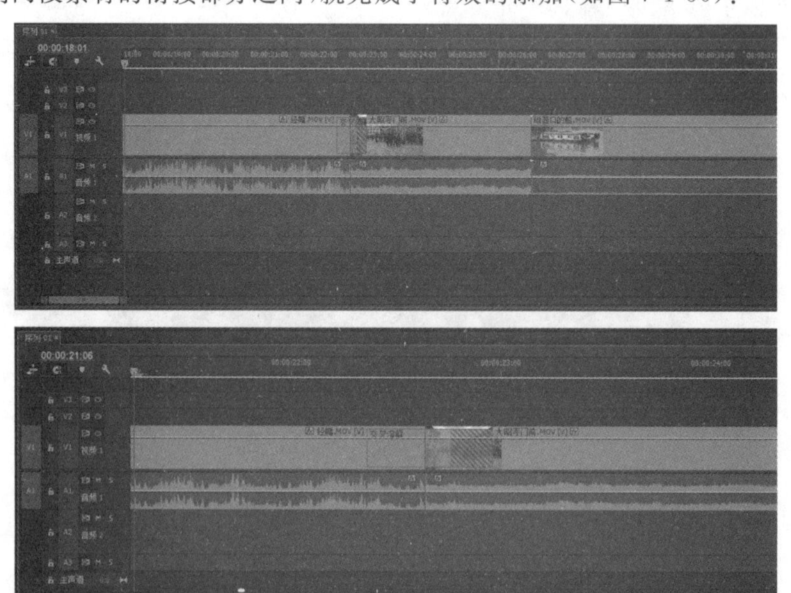

图 7-1-50　添加溶解特效的不同素材段落的衔接

将“时间梭”移动到视频特效添加的位置，在右上的监视器调板中就可以观察到视频切换的特效了（如图 7-1-51）：

单击时间线上的“视频特效”，在中间的监视器里，选择“效果控件”，就可以在调板里对视频特效的参数进行调整了（如图 7-1-52）：

图 7-1-51　在右上监视器窗口观察添加特效后的效果

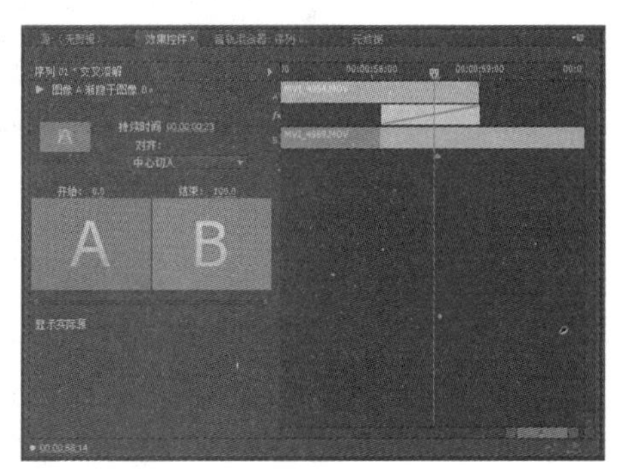

图 7-1-52　特效调整界面

视频特效的添加和视频切换效果的添加以及调整方法一致，大家有兴趣可以自己试验，这里不再赘述。

（三）简单的音频编辑

选取完有用的片段之后，要开始准备对音频进行编辑。

选中一个素材片段，点击右键，选择“取消链接”（如图 7-1-53）：

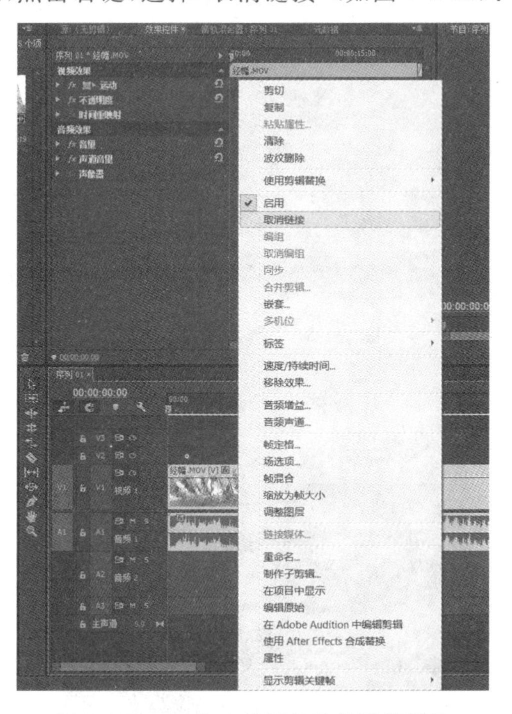

图 7-1-53　对选中的素材选择取消链接

然后空白处单击之后，就可以单独选中这段视频的音频进行编辑，按照剪辑视频的方式，将音频中不需要的部分删除（如图 7-1-54）：

图 7-1-54　编辑选择的音频段落

对于已经分离的音频片段，可以将其选中，单击右键，选择“音频增益”（如图 7-1-55）：

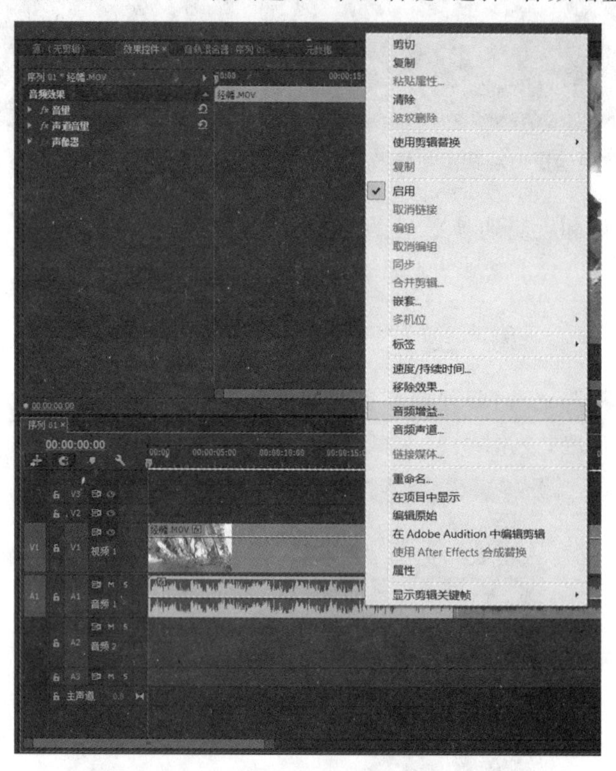

图 7-1-55　选择音频增益

在弹出的窗口中，可以对音频片段的音量进行调整。当然，对于没有分离音频的视频文件，也可以进行音量的调整（如图 7-1-56）：

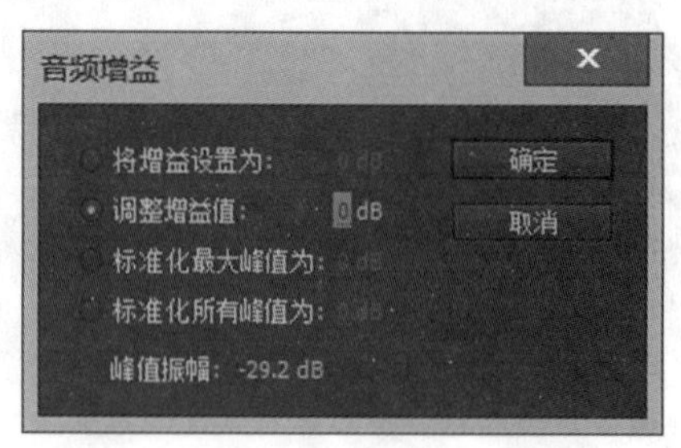

图 7-1-56　音频增益设置界面

在 Premiere 中，还可以导入外部的音频文件，作为视频的解说或者是背景音乐。可以将需要编辑的音频文件拖动到“音频 2”的轨道上，单独进行剪辑，操作方法和之前介绍的一致。

另外，音频特效的使用和视频特效一致，没有什么特别的地方，同样是将音频特效和音频切换特效拖动到音频文件上，就完成了特效的添加（如图 7-1-57）。

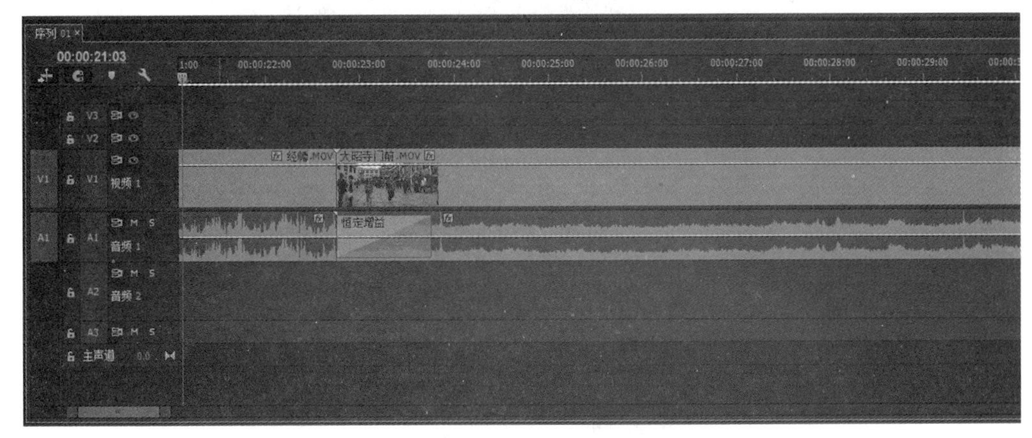

图 7-1-57　对音频段落可添加音频过渡特效

（四）图片的特效编辑和关键帧的添加

1. 运动关键帧

我们按照之前的方法，向素材框中导入一个图片文件，并将其拖动到视频轨上。单击素材，然后在中间的监视器调板选择效果控制（如图 7-1-58）：

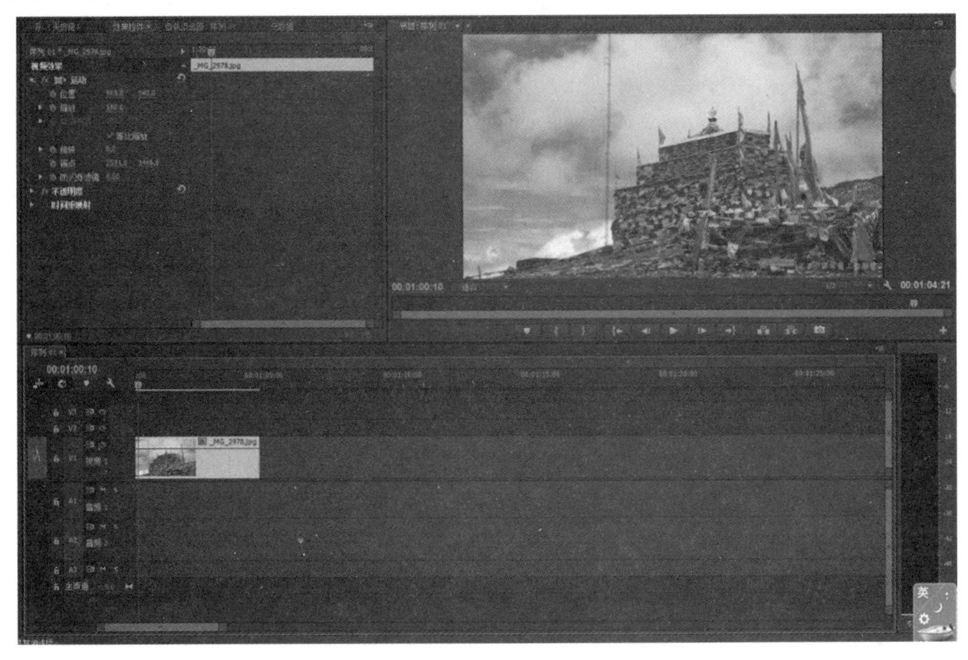

图 7-1-58　选择“效果控件”界面

点开“运动”，此时可以对图片的位置、大小比例的参数进行调整（如图 7-1-59）：

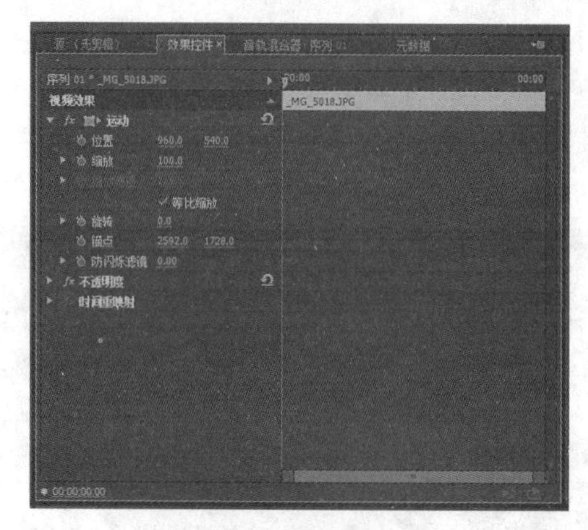

图 7-1-59　运动设置界面

当然，点中“运动”，也能在右侧监视器中直接对素材进行大小和位置的调整（如图 7-1-60）：

图 7-1-60　在右侧监视器中直接调整素材大小和位置

在效果控制的调板下，可以建立关键帧，来实现一些特殊的效果变化。我们以最简单的运动特效来举例。首先将时间梭放置在需要进行特效变化的起始位置，点击“位置”之前的白色原点，建立第一个关键帧，此时可以设置好图片的起始参数（如图 7-1-61）：

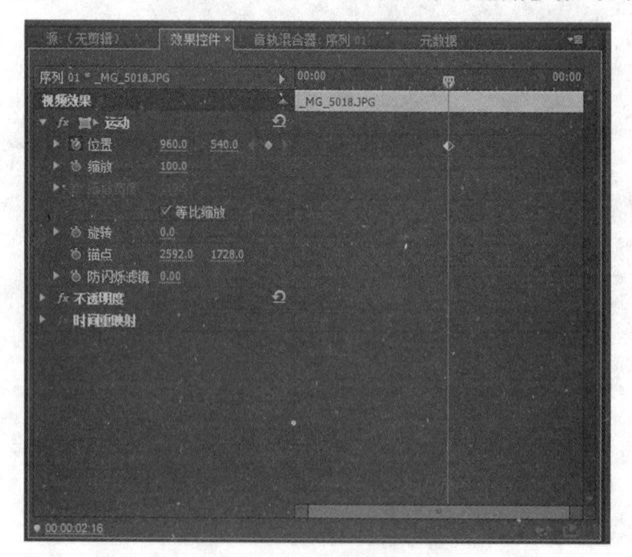

图 7-1-61　选择“运动”中的“位置”，设置关键帧

然后将“时间梭”移动到希望特效结束的位置，直接对图片的参数进行修改，系统会自动生成一个关键帧，此时就完成了关键帧的建立（如图 7-1-62）：

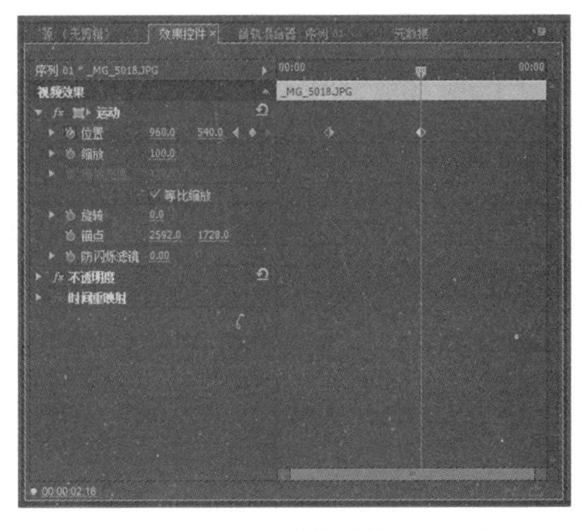

图 7-1-62 建立关键帧的不同位置

将时间梭放到起始位置，在右侧监视器中点击播放键，就可以观察到图片的运动特效（如图 7-1-63）：

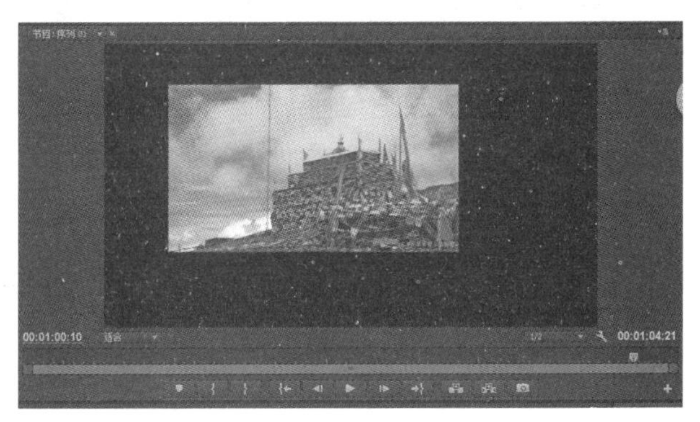

图 7-1-63 播放观看运动特效的效果

素材的调整和关键帧的建立使用，可以应用在视频、音频、图片以及特效的修改上，而且可以同时建立起不同类型的关键帧，做出非常华丽的特效。

2.“放大”视频特效

对素材的某一个区域进行放大处理，如同用放大镜观察图像区域一样。其参数设置及对应的视频效果如图所示（如图 7-1-64）：

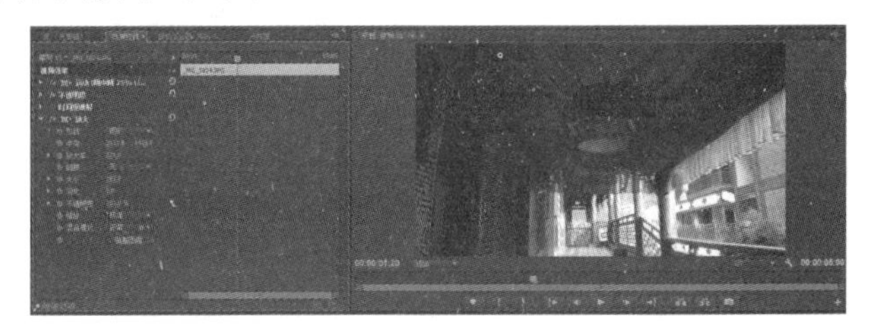

图 7-1-64 放大特效参数设置及节目预览效果

"放大"特效参数设置及节目预览效果："旋转扭曲"视频特效，可以使素材产生波浪状的变形（如图 7-1-65）：

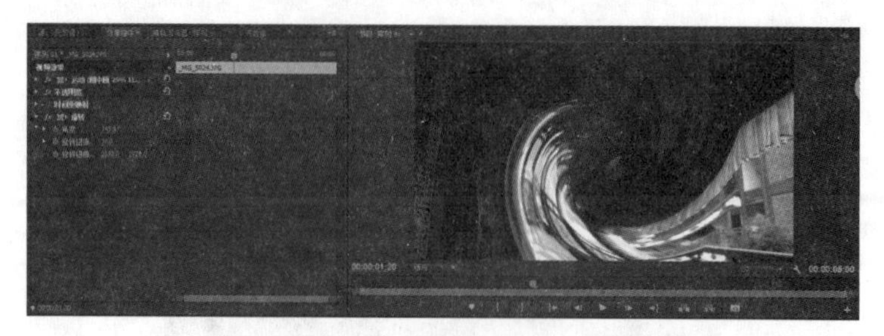

图 7-1-65 "旋转扭曲"特效参数设置及节目预览效果

3."闪电"视频特效

通过调整参数设置，模拟闪电和放电效果（如图 7-1-66）：

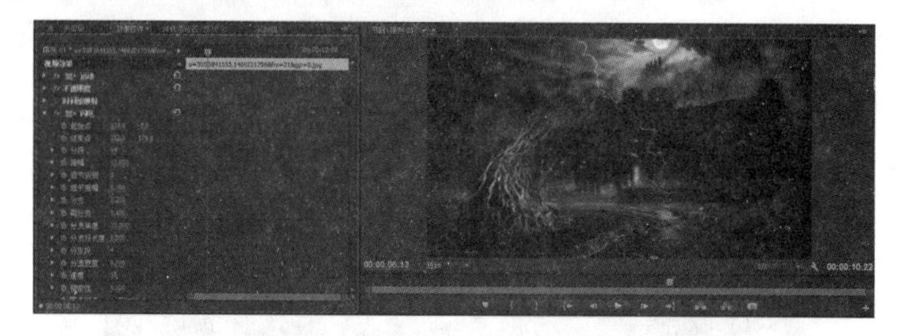

图 7-1-66 "闪电"特效参数设置和节目预览效果

（五）字幕的添加和多轨编辑

在视频编辑的时候，我们往往会遇到要添加字幕，以及小窗口等需要进行多轨道编辑的情况。下面先来介绍一下字幕的建立，选择"字幕→新建字幕→默认静态字幕"（如图 7-1-67）：

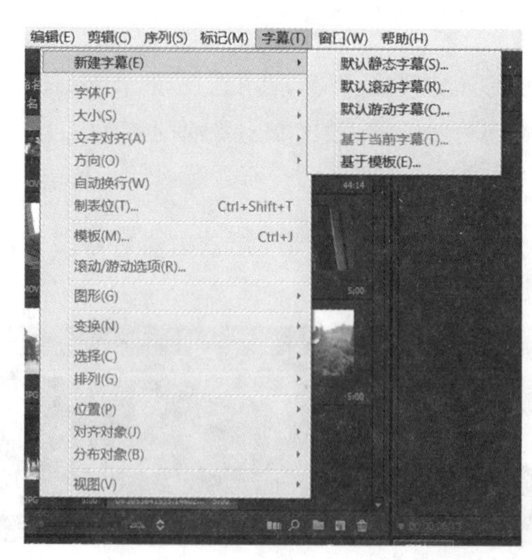

图 7-1-67

会出现如图(如图 7-1-68)所示的界面,此时可以更改字幕的名称:

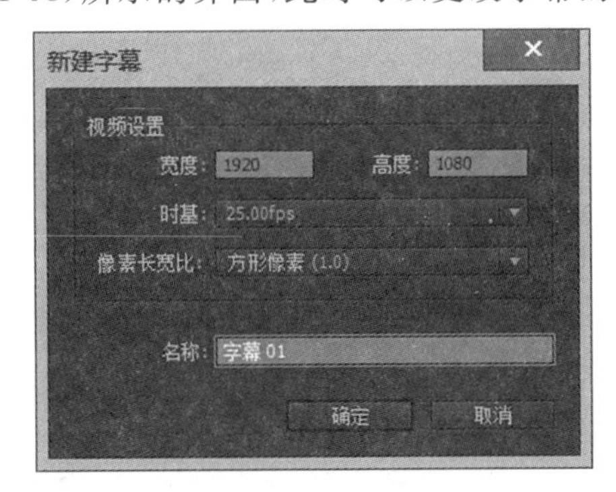

图 7-1-68　更改字幕名称

点击"确定"之后,会出现图 7-1-69 所示的画面:

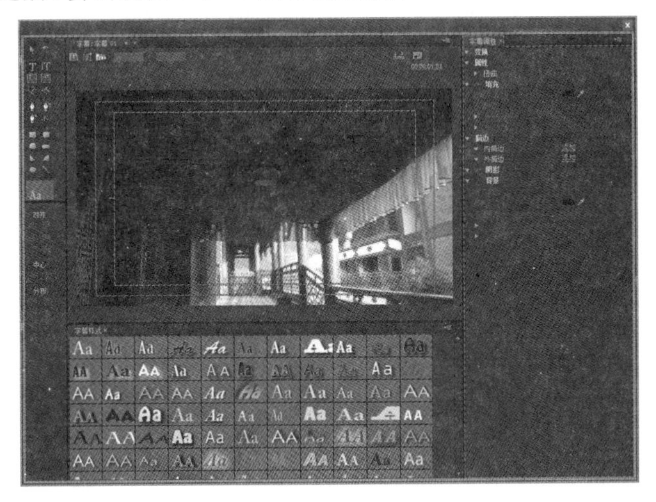

图 7-1-69　字幕添加窗口

在需要添加字幕的地方单击,会出现下图所示(如图 7-1-70):

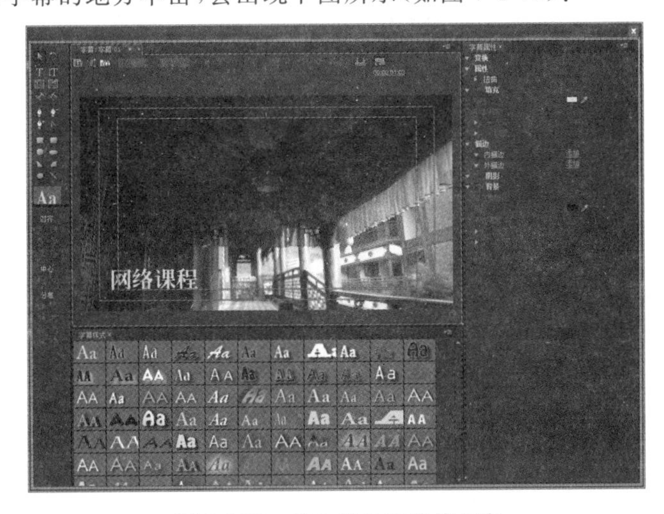

图 7-1-70　输入添加字幕的文字

此时可以输入需要字幕的文字了。需要注意的是，Premiere 默认的字体有很多汉字没办法显示，我们需要在输入汉字之前更改字体。在字幕右侧属性里，点开“字体”（如图 7-1-71），选择需要使用的字体，然后再输入：

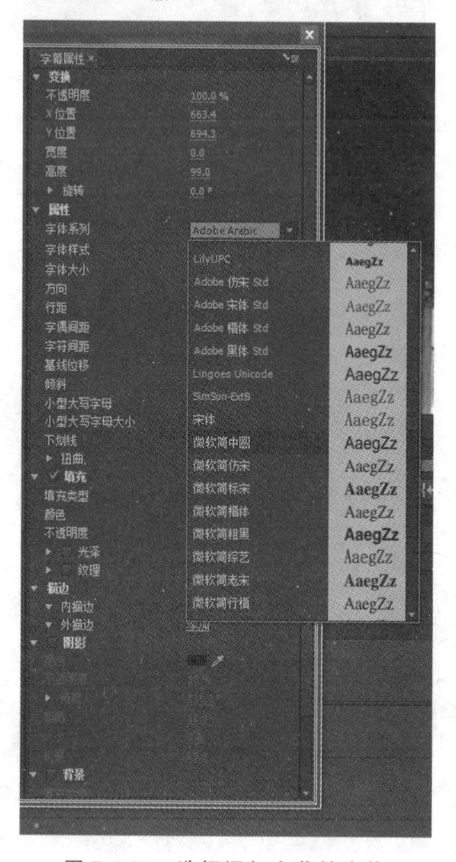

图 7-1-71　选择添加字幕的字体

右侧的属性中，还可以对文字的大小、颜色、位置和效果进行设置，这个步骤和之前的操作都非常相似。当然还可以选择“字幕→新建字幕→基于模板”，软件会弹出界面（如图 7-1-72）：

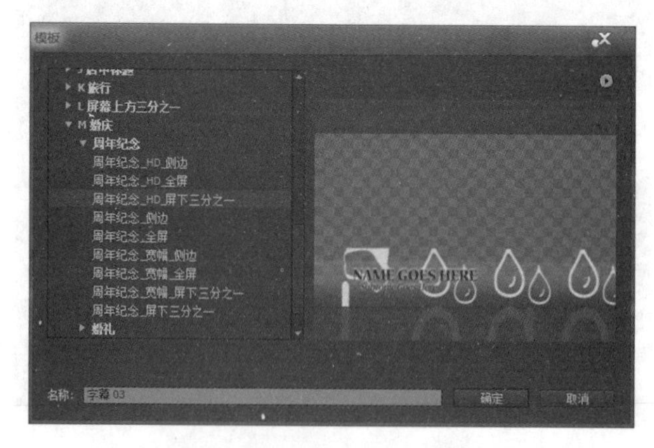

图 7-1-72　选择软件自带的字幕模板

选择好使用的模板，修改好名称之后，点击“确定”，此时可以对模板中的字幕进行修改（如图 7-1-73），步骤和之前的静态字幕一致：

图 7-1-73　在模板中添加文字

假设建立起了一个字幕文件，下面介绍一下多轨道编辑。将视频拖放到“视频 1”上，图片拖放到“视频 2”上（如图 7-1-74）：

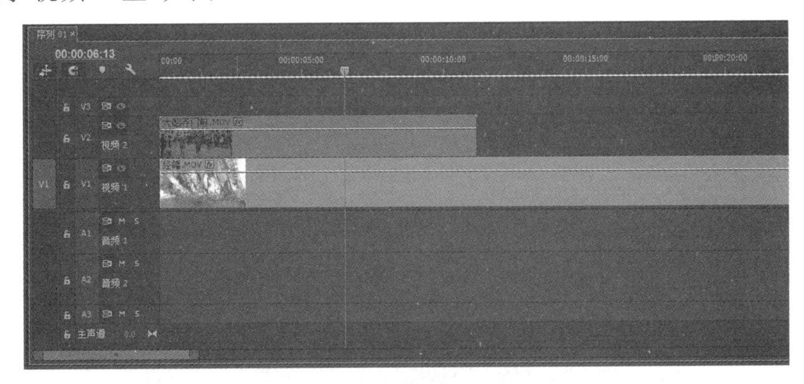

图 7-1-74　双轨道编辑

将“时间梭”放置在两个素材叠加的部分上，我们看见右侧监视器中，显示的是“视频 2”轨上的图片（如图 7-1-75）：

图 7-1-75　监视窗口显示的视频轨道 2 上的内容

Premiere 中，上面的视频轨会对下面的视频轨的图像进行遮盖，可以利用图片特效中介绍的方法，对“视频 2”轨上的素材进行修改，将其缩小，放置在想要放置的位置（如图 7-1-76），然后就可以按照单个视频编辑的方法进行编辑了。

图 7-1-76　变换图片大小位置，露出下层视频素材

（六）调音台的使用

在完成视频的编辑之后，需要注意一下视频的声音调整，这需要使用调音台。在效果控制调板的边上，点开调音台的调板，可以看见界面（如图 7-1-77）：

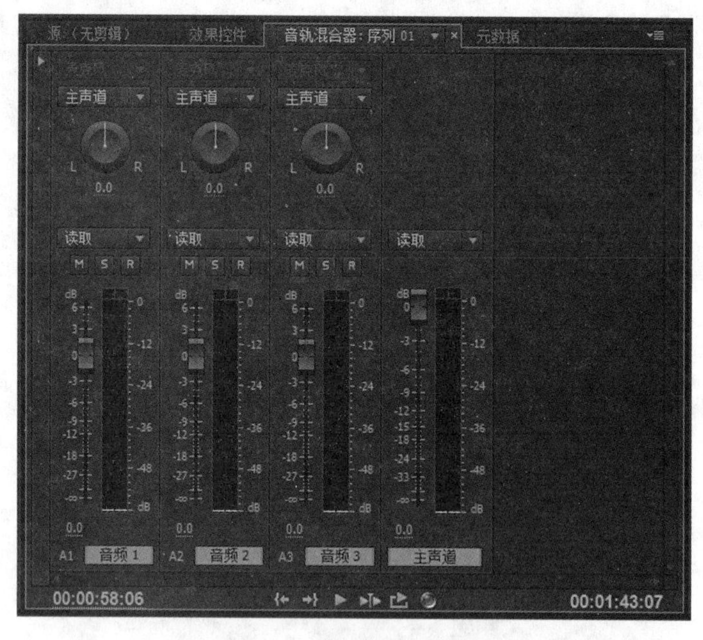

图 7-1-77　调音台控制界面

播放视频，发现调音台相应的音频轨道上有绿色的水柱跳动。这是视频的声音强度，如果声音的强度超过了正常的范围，上方的框会变成红色。如果整个视频预览完之后，发现红色时间占据地太长，那就说明视频的声音强度过大需要调整，这时，可以对准时间线上的音频进行调整，或者是通过调音台的按钮上下拖动进行调节，尽量使红色出现的时间缩短（如图 7-1-78），这样就能保证视频的声音不至于过大。

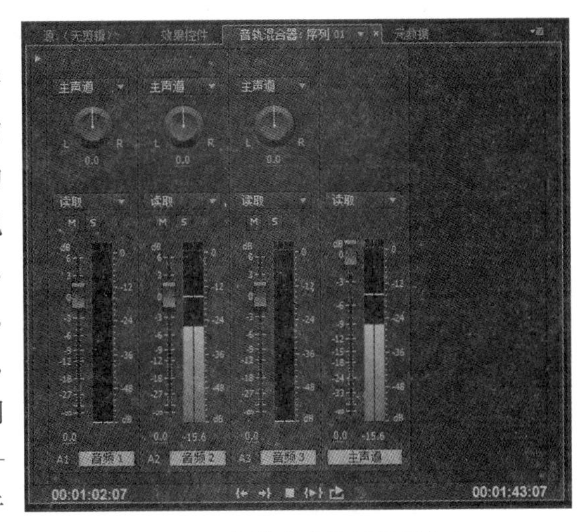

图 7-1-78　调节声道控制音量大小

第二节　理解剪辑

剪辑这个名称是电影逐渐成为一门独立艺术后形成的，不仅包含了剪接这种技术因素，而且更强调了创作者的创作意识——不再是简单的“剪”和“接”，而是对镜头进行编辑，因此更加全面准确。在一部英文电影的片头或片尾的演职员名单里，你会看到“剪辑”的真正称谓是 Editor。剪辑是网络视频后期制作的重要工作。剪辑的概念源于电影，理解和把握电影剪辑的一些理念、原则和策略，对专业化的网络视频制作是非常有裨益的。

一、剪辑与蒙太奇

蒙太奇（法语：Montage）是音译的外来语，原为建筑学术语，意为构成、装配，可解释为有意涵的时空人为地拼贴剪辑手法。最早被延伸到电影艺术中，后来逐渐在视觉艺术等衍生领域被广为运用。在蒙太奇出现后的相当长的一段时间里，它是剪辑的同义词，但有时候又特指“苏联蒙太奇学派”①。从技术上来说，蒙太奇只是众多的剪辑技巧中的一类。传统蒙太奇强调的是镜头组合后创造的思想、情感，并不注重叙事的流畅和连贯。从理论上来说，蒙太奇理论尽管是从剪辑实践的总结和发展而来的，但它已经超越剪辑而成为对创作观念和各环节都产生重大影响的一种独特的表达方式和思维方式。由此，我们可以从三个层面来认识影视剪辑：镜头与镜头之间的组接，即上下两个镜头之间的关系；将若

①蒙太奇学派出现在 20 世纪 20 年代中期的苏联，以爱森斯坦、库里肖夫、普多夫金为代表，他们力求探索新的电影表现手段来表现新时代的革命电影艺术，而他们的探索主要集中在对蒙太奇的实验与研究上，创立了电影蒙太奇的系统理论，并将理论的探索用于艺术实践，创作了《战舰波将金号》《母亲》《土地》等蒙太奇艺术的典范之作，构成了著名的蒙太奇学派。

干场面构成段落的剪辑，即蒙太奇段落；作为影片整体结构的剪辑，即影片的总体构思。

（一）镜头组接

镜头与镜头之间的组接，就是将各种视频画面有逻辑、有构思、有意识、有创意和有规律地连贯在一起。一部影片是由许多个镜头合乎逻辑地、有节奏地组接在一起，从而阐释或叙述某件事情的发生和发展，专业的网络视频也不例外。

在镜头组接过程中，最重要的是视觉连贯性。两个镜头之间的衔接应注意流畅，不要让人感到有跳跃和卡顿。在追逐场面、打斗场面、枪战场面中，节奏表现也很重要。这类场面动作速度快，节奏变化复杂，因而适合用短镜头。但在顾及镜头组接的节奏时也不能忽略情绪处理，不能总是求快节奏。有些抒情见长的影片，其中不少表现情绪的镜头都保留得比较长，既保持了镜头内在情绪的余韵，又给观众留下了回味的余地和遐想空间。

（二）段落剪辑

按照一定的表达意图，把一系列的镜头组接在一起，就形成一个段落。段落的表现形式一般都可归为叙事和表现这两大类型。叙事的段落就是通常所谓的“讲故事”，是以展示事件、说明事实为目的，主要依循情节发展的时间、逻辑来组接镜头。段落叙事主要有两种意图：一是形成故事讲述、情节展现；另外一种则是阻断既有的叙事，在场景与场景、段落与段落之间形成“隔断”。比如一些电影中通过季节性的空镜头插入来实现一种疏离式的叙事意图，让故事讲述被打断、跳跃至另外的故事情节，甚至开启新的故事讲述等。

表现的段落则强调通过镜头组合序列和画面中各种形象的不断发展、更换，从而制造充满视觉冲击力的视听段落，传达出超出表面现象的深刻的意义、强烈的情绪、非常的状态或者某些特别的瞬间。网络视频节目形态多种多样，大多侧重于视听效果的表现，比如网络广告、音乐视频 MV 等，都以视觉外观和音乐节奏表现为主，叙事则退而其次。

（三）结构剪辑

所谓结构剪辑，实际上是一个全篇结构把握的总体问题。也就是说剪辑构思在创意文案阶段就应该形成，这种剪辑观念的精髓在于要求作者用整体的眼光和观点对作品进行宏观和总体的审视和把握。

剪辑是网络视频后期制作的重要工作。剪辑的概念源于电影，理解和把握电影剪辑的一些理念、原则和策略，对专业化的网络视频制作是非常有裨益的。

如苏联影片《这里的黎明静悄悄》[①]（如图 7-2-1）是用不同色彩将四种时空结构成为一部的影片。用彩色表现战后和平生活的现实时空；用黑白表现战争时空；战争中人物和平时期的回忆即过去的超叙事时空用彩色表现，战争中人物在回忆基础上的遐想构成的另一超叙事时空用彩色高调来表现。整个影片的剪辑是把战争时空嵌入战后时空之中，又

---

①作家鲍·瓦西里耶夫于 20 世纪 60 年代发表了小说《这里的黎明静悄悄》，小说发表后，得到了很高的评价，相继被改编成了话剧和歌剧。1972 年，导演斯·罗斯托茨基又把它搬上了银幕，并由他和小说原作者鲍·瓦西里耶夫共同编剧。影片获 1973 年威尼斯国际电影节纪念奖、全苏电影节大奖，1975 年又获列宁奖金。

用残酷的战争时空同人物回忆中的和平时空形成强烈对比，形成该片独特的时空结构。

在黑泽明的《罗生门》①（如图 7-2-2）中采用的是多视点时空，影片围绕着强盗对武士和他妻子的作恶而引起的杀人案件，分别由樵夫、强盗、武士的妻子、武士四方单独叙述，用不同的叙事角度剪辑在一起形成多视点结构。这种时空结构在电视新闻报道和纪录片中也常被使用，像中央电视台的名牌栏目《新闻调查》②。

图 7-2-1　电影《这里的黎明静悄悄》海报

图 7-2-2　电影《罗生门》海报

二、剪辑的诞生与发展

美国电影电视剪接师协会，是一个成立于 1950 年的电影剪辑师专业性协会。电影剪辑师凭借他们的职业成就，他们对电影教育事业的奉献，以及对改进剪辑技艺的贡献，被投票获得会员资格。美国电影电视剪接师协会的目的在于倡导不断提高电影剪辑业的技术性和艺术性，通过杰出的艺术表现和剪辑方面的技术革新来增加电影的娱乐价值，同时使得有志于提高改善剪辑业的电影剪辑师们结成紧密强大的联盟。剪辑，伴随电影艺术与工业的兴起，有其独特的生长发展历程，以电影史的时间脉络为参照，可分为："原生态"时期③；"蒙太奇"时期；"艺术剪辑"时期。

---

①该片是根据日本名作家芥川龙之介的短篇小说《筱竹丛中》改编而成，是大导演黑泽明的惊世之作，被誉为"有史以来最有价值的 10 部影片"之一。影片以一宗案件为背景，描写了人性中丑恶的一面，揭示了人的不可信赖性和不可知性，然而其结尾的转折又将原有的对整个世界的绝望一改成为最终强调人的可信，赞扬人道主义的胜利和道德的复兴。该片上映后，在欧洲引起轰动，又在美国掀起"黑泽明热"，黑泽明也因而被誉为"世界的黑泽明"。本片获 1951 年威尼斯国际电影节金狮奖；获第 23 届奥斯卡最佳外语片奖，并入选日本名片 200 部。

②《新闻调查》是中央电视台一档深度新闻评论类节目，时长 45 分钟，每周一期。在中国社会发生重大变革的时候，《新闻调查》注重研究新问题，探索新表达，以记者调查采访的形式，探寻事实真相，追求理性，平衡和深入，为促进和推动社会和谐进步发挥着作用。

③姚争．影视剪辑教程[M]．杭州：浙江大学出版社，2007.

（一）"原生态"时期

早期的电影未经过任何剪辑，代表人物：卢米埃尔兄弟。

1895年公映的电影《工厂大门》[①]《火车到站》《出港的船》[②]等，都是由一个镜头构成，是真实事件的记录。

《水浇园丁》是卢米埃尔兄弟对故事片进行的一次探索，该片情节十分简单：园丁在花园里持水管浇水，一顽童路过，水被脚踩停喷，园丁端详水管口，顽童忽然松开，水喷园丁一脸，顽童大乐，园丁追打。本片是最早故事片的雏形，它的电影语言简单而贫乏，都是固定机位长时间摄影记录下整个编排的情节，还没有剪辑的意识。这反映出电影诞生初期，只有记录与还原生活本身的直观呈现，既无声也无剪辑处理，似原生态一般。这部影片是后来一切喜剧片的胚胎和原型，是之后电影艺术发展的萌芽。

图 7-2-3　《水浇园丁》截图

（二）"蒙太奇"时期

这一时期，电影突破了单一镜头的叙事，画面景别和镜头视点出现了变化，强调多个镜头的组接效用与剪辑意义。蒙太奇的代表人物众多，其中最为典型的当属苏联的爱森斯坦，以及美国的大卫·格里菲斯。

代表人物之一：爱森斯坦。

1923年，爱森斯坦在《左翼艺术战线》杂志上发表了一篇纲领性的美学宣言《吸引力蒙太奇》，引起了长期的学术争论，并对整个电影艺术的发展产生了深远的影响。爱森斯坦从19世纪20年代初开始发表论文，后又在苏联国立电影学校任教，对蒙太奇电影理论进行了深入的探索和研究，并对完整的

图 7-2-4　爱森斯坦

---

①《工厂大门》是世界上的第一部电影，由法国导演路易斯·卢米埃尔所导，在1895年3月22日上映。1895年12月28日卢米埃尔兄弟俩在一家咖啡馆里公开放映了《工厂大门》《火车进站》等影片，后来这一天被确定为电影的诞生日。

②该片描述的是两位卢米埃尔夫人在为一艘出港的小船送行。画面巧妙地运用了对角线式的构图方法。本片是卢米埃尔兄弟在他们的父亲东尼·卢米埃尔为其海滨别墅建造的码头上拍摄的，它是标志着电影正式诞生的影片之一。

蒙太奇理论形成作出了极大的贡献。

爱森斯坦的代表作《战舰波将金号》(1925),影片中的石狮子、敖德萨阶梯等等一系列场面,成为世界电影史中的经典。

爱森斯坦将老百姓的奔跑、沙皇军队的逼近、婴儿车的滑动和怀抱死去孩子的母亲迎沙皇军队而去等等一系列动作镜头分解、错位进行节奏性的剪辑,形成了这个段落中几点突出的特征:其一,以视觉节奏的造型因素突出影片的主题,创造影片的情绪,形成影片视觉感官的冲击力。其二,以蒙太奇视觉结构的形式强化影片的视觉形象,扩大影片的空间效果。其三,以多角度反复重复的延续动作使得影片的时间抽象化,造成影片的延时表现。爱森斯坦在这一段落中,体现出对于电影叙事时空观念的独特思考和富有创造性的表现力,把客观存在的现象和主体意识状态结合起来,充分地表现出物象的生命力和深刻地反映出各种现象的内部进程。而作为这一段落的结束,由摄影师基赛拍摄的三个石狮子的镜头,被爱森斯坦富有诗意地剪辑处理和富有想象力地运用,作为思想和感情的隐喻在这里是非常成功的。但是,在这一段落的表现中,同时也体现出爱森斯坦的蒙太奇观念的片面性。由于他的蒙太奇理论的核心是强调"冲突",强调两个镜头相接不是两个镜头相加,而是两个镜头相乘,为了达到这一目的,他不惜忽视单个镜头内部的空间表现力。

爱森斯坦在19世纪20年代末期还提出了关于"理性蒙太奇"(也称"理性电影")的理论,主张在电影中通过画面内部的造型安排,使观众将一定的视觉形象变成一种理性的认识。比如《战舰波将金号》中三个石狮子的镜头,与《十月》中亚历山大三世的雕像倒落下来,象征着沙皇专制的覆灭;而当临时政府走上沙皇制度的老路时,亚历山大三世的雕像又重新竖立回基位上(运用倒放的方法)以表现反动势力的反扑等,都是作为"理性蒙太奇"的运用的典型例子。

镜头在这里成为某种符号或象形文字,而当它们组合起来时便产生某种概念,从而代替艺术形象。爱森斯坦主张,电影艺术的目的不在于形象地表现现实,而在于表现概念。在理论上,爱森斯坦是在扩大电影作为认识现实的手段的可能性;但在创作上,却脱离了现实的生活。爱森斯坦这种夸大了蒙太奇作用的理论,既使得他与自己趋向现实主义的作品风格极不统一,也曾受到同时期的电影理论家与同行们的否定。

代表人物之二:大卫·格里菲斯。

大卫·格里菲斯是电影史上最具传奇色彩的人物之一,其代表作为《一个国家的诞生》[①]。格里菲斯强化叙事技巧,通过每个镜头的构图、光线、景别,以及注重通过剪辑使影片的节奏形成变化。

《一个国家的诞生》其中的一个情节相对简单的段落,是林肯总统在警卫员擅离职守时,在剧院里被暗杀。

---

①《一个国家的诞生》(*The Birth of a Nation*),又名《同族人》(*The Clansman*),是美国电影史上最有影响力、也最具争议性的电影之一,也因为电影播放时间长达三小时,成为有史以来,世上首部具有真正意义的商业电影影片。此片情节设定在南北战争期间及战后,于1915年2月8日首映。由于拍摄手法的创新,以及因为对白人优越主义的提倡和对三K党的美化所引起的争议性,此片在电影史上有着重要的地位。《一个国家的诞生》的剧本是改编自汤玛士·狄克森(Thomas Dixon)将三K党描写成英雄的小说和舞台剧《同族人》。

图 7-2-5 大卫·格里菲斯

该段中不同景别的镜头有着各自的作用：

全景镜头：交代剧院的环境和氛围。

中景镜头：表现林肯在包箱内的形体动作。

近景镜头：表现人物脸部的细微表情。

特写镜头：交代刺客手中的左轮手枪。

这个段落使观众从最理想的地方看到了整个剧情的发展，并且通过镜头时间的长短交替造成一种节奏，在影片接近高潮时用快速剪辑来造成一种紧张的效果。

在他另一部代表作《党同伐异》（如图 7-2-6）中创造性地使用了闪回镜头，即在某一场景中突然插入另一个场景镜头或片段的一种电影剪辑手法。

图 7-2-6 《党同伐异》海报

另外在这部影片中，格里菲斯把他喜爱的狄更斯小说的叙事手法拿进电影，讲述了四个不同的故事，创造出后来被称为格里菲斯的"最后一分钟营救"的平行剪辑手法。《党同伐异》包括四个片段：基督受难、圣巴戴莱姆教堂的屠杀、巴比伦的陷落、母与法。其中"母与法"这个故事根据美国斯泰罗工人罢工事件的素材编写而成，描写工人因反抗资本家而罢工，结果惨遭集体枪杀。有一个青年工人因失业流浪纽约并参加了小偷集团，后在爱人的帮助下想改邪归正，但小偷团伙不放过他。一次，一名盗匪在威胁青年的爱人时被枪杀，结果青年被误认为是杀人凶手，将被处绞刑。当他被押上绞刑架后，他的爱人发现了杀人凶手，便急告州长，但州长已乘火车离开。于是她乘车追赶，银幕上展开了你追我赶的交替镜头：火车疾驰，骑车追赶，犯人被押上绞刑架。镜头速度越来越快，气氛也越来越紧张，最后赦免令终于在最后一分钟赶在执行前送到。格里菲斯的这种平行蒙太奇的运用，达到了惊人的效果，这种手法至今仍在当代电影中使用。

（三）"艺术剪辑"时期

艺术的成熟应该以其艺术语言的自觉为标志。影视艺术，也只有当它的艺术语言经过长期的发展、成熟和完善之后，并形成了如文字那样灵活自如的语言表述方式，才称得上一门有着自身本体论依据的艺术。这就如阿斯特吕克从语言成熟角度看待电影艺术时说的，"在相继成为游艺场的杂耍，与通俗戏剧相似的娱乐或记录时代风貌的手段之后，电影逐渐成为一种语言。所谓语言，就是一种形式，一个艺术家能够通过和借助这种形式准确表达自己无论多么抽象的思想，表达萦绕心头的观念，正如散文或小说的做法。因此我把电影这个新时代称为摄影机如自来水笔的时代。"[①]

从电影诞生初期的"活动照相"阶段到较为成熟的无声片时期，从无声片到第一部有声片《爵士歌王》（1927 年），从黑白片到第一部彩色片《浮华世界》（1935 年），电影艺术语

① （法）亚·阿斯特吕克《摄影机＝自来水笔，新先锋派的诞生》，《世界电影》，1987 年第 6 期。

言逐渐走向成熟。

“二战”后，法国影评人巴赞[①]提出了“长镜头理论”，他认为一切艺术都是以人的参与为基础的，唯独照相有不让人介入的特权。电影的本性就是来自摄影术的照相本性，其艺术感染力来自同一源泉：对真实的揭示。他认为电影的任务就是“纪录”客观存在的世界。他反对蒙太奇对时空破碎的剪切和组织，提倡运用长镜头的拍摄手法，是为了保持剧情时间的完整性，也就是为了达到所要求的“真正的时间流程”，而不致为蒙太奇式的分割所破坏。巴赞认为，蒙太奇方法是在“讲述”事件，连续拍摄才是“纪录”事件，才为观众保留了自由选择、对物相或事件的解释的权利。

如果说爱森斯坦、大卫格里菲斯等人的“蒙太奇”革了电影史的第一次命，那么电影史的第二次革命就是安德烈·巴赞极力推崇的“长镜头”。前者更注重电影超越于戏剧的时空交换所带来的戏剧张力，而后者则以印刷方式的态度将电影推向靠近真实的最边缘。巴赞的理论在世界范围内引起电影创作上的一次大变革，也推动了长期停滞的电影美学的发展。但是现在的电影界一般认为，巴赞完全否定蒙太奇论、推崇景深镜头连续拍摄，具有片面性。批评蒙太奇论者把单镜头看成是无意义的，这是应该的，但也不能因此把任何单镜头都看成是意义完整的，或者要求所有镜头都是连续拍成的。

巴赞的长镜头理论之后，伴随着计算机时代的来临，尤其是上世纪 90 年代之后，利用高性能的计算机处理数字信号的“非线性编辑”[②]系统的出现，可直接将电影胶片转制为数字信号，再对数字化的素材数据进行后期处理与制作。以往的电影剪辑师主要面对的是胶片，一把“剪刀”在手，而此后，剪辑师使用的是“键盘”和“鼠标”，剪辑的绝大部分工作是由电脑来承担完成的。同时期在电视业界，也经历了从磁带记录素材的“线性编辑”[③]到“非线性编辑”的革命。至此，伴随着电影艺术与技术的发展，剪辑自身完成了从物理层面的操作到数字时代的革命。在现代媒体行业中，各种新媒体设备推陈出新，无论是电影、电视、动画还是网络视频，影像素材早已实现全数字化生产，而剪辑仍然是各种影像生产流程中不可脱离的基本一环。

---

①安德烈·巴赞是法国现代电影理论的一代宗师。1945 年，他发表了电影现实主义理论体系的奠基性文章《摄影影象的本体论》。20 世纪 50 年代，他创办《电影手册》杂志并担任主编。

②非线性编辑是应用计算机多媒体技术，在计算机中对各种原始素材进行各种编辑操作，并将最终结果输出到计算机硬盘、磁带、录像带等记录设备上这一系列完整的工艺过程。由于原始素材被数字化存储在计算机硬盘上，信息存储的位置是并列平行的，与原始素材输入计算机时的先后顺序无关。这样，便可以对存储在硬盘上的数字化音视频素材进行随意的排列组合，并可进行方便的修改，非线性编辑的优势即体现在此，其效率是非常高的。

③线性编辑，是一种针对电视摄像机磁带的编辑应用。作为电视节目的传统编辑方式，它利用电子手段，根据节目内容的要求将素材连接成新的连续画面的技术。通常使用组合编辑将素材按顺序编辑成新的连续画面，然后再以插入编辑的方式对某一段进行同样长度的替换。但要想删除、缩短、加长中间的某一段就很难实现，除非将那一段以后的画面抹去重录。

第三节　画面剪辑的原则和技巧

视听语言是影视工作者和理论家在长期的实践中积累的成果。人们对它的认识也不完全一致,甚至有人对它多少抱怀疑讥讽的态度,认为随着叙事观念的变更,技术的更新或多机拍摄的使用,视听语言在视点和空间上可作些拓展,完全可以打破一些常规。但是,对于初学者,遵循一些基本的剪辑规则很有必要。

一、剪辑的逻辑性原则

不符合逻辑观众就看不懂。我们做网络视频和其他影视节目也一样,要表达的主题与中心思想一定要明确,在这个基础上我们才能确定根据观众的心理要求,即思维逻辑选用哪些镜头,怎么样将它们组合在一起。网络视频的编辑包括两个方面的基本逻辑:生活逻辑、观看逻辑。

(一)生活逻辑

所谓生活逻辑是指事物本身发展变化的逻辑,这是生活本身的规律,也是画面组接最基本的依据。具体来说生活逻辑又包含以下几个方面:

1. 情节发展的逻辑

情节发展要准确表现人物事件存在的逻辑关系,比如因果关系、对应关系、冲突关系、平行关系等。例如新闻事件的发生和发展有其严密的逻辑链条,而电视新闻的前期拍摄是分镜头进行的,某种程度上是对这种逻辑链条的破坏;后期的编辑就是要把被破坏的这种逻辑链条修复过来,因此画面的组接只有紧紧围绕事件发展的逻辑主线进行,才能还原新闻事件的本来面目。

2. 时空转换的逻辑性

事件的发展总是与时空联系在一起,因此画面的组接必须对时空结构进行合理准确的处理,不能因组接手段而影响实际时空的可信度。要注意在整体的时空结构中,时空可以交错、倒置,但在具体的段落组接上,必须保持时间的连续性和空间的连贯性。

(二)观看逻辑

观看逻辑第一强调要能让观众看清楚画面和听清楚内容;第二,画面组接后不能给人断断续续、支离破碎的感觉,它要保持视觉效果的连贯,更要符合观众心理的连贯;第三,上下镜头中人物的位置、动作、视线应该统一或呼应,以保持视觉上的连贯和符合生活中的心理感受。为此,镜头时长和空间匹配就显得很重要。

1. 镜头时长

从内容的表达需要来确定画面或镜头的长度,这其实是在强调画面或镜头的长短应该首要考虑把内容叙述清楚,让观众看得明白。画面太长的滞缓或太短的匆忙,都会影响观众对节目的理解和感受。我们在拍摄视频节目的时候,每个镜头的停滞时间长短,首先是根据要表达的内容难易程度与观众的接受能力来决定的，其次还要考虑到画面构图等因素。如由于画面选择景物不同，包含在画面的内容也不同。远景中景等镜头大的画面包含的内容较多，观众需要看清楚这些画面上的内容，所需要的时间就相对长些，而对于近景、特写等镜头小的画面，所包含的内容较少，观众只需要短时间即可看清，所以画面停留时间可短些。另外，一幅或者一组画面中的其他因素，也对画面长短起到制约作用。如一个画面亮度大的部分比亮度暗的部分更能引起人们的注意。因此如果该幅画面要表现亮的部分时，长度应该短些；如果要表现暗部分的时候，长度则应该长一些。在同一幅画面中，动的部分比静的部分先引起人们的视觉注意。因此如果重点要表现动的部分时，画面要短些；表现静的部分时，则画面持续长度应该稍微长一些。

观众从看清画面所表现的对象这个阶段，到感悟画面所传递的深意并产生共鸣的阶段，对画面或镜头时长的要求是不相同的。前者的画面长度是由人们的视觉特点决定的，它的主要任务是让人看清楚；而后者的画面长度则更多是由人们的心理特点来决定的，它是要将观众带入特定的情境中，使观众的情绪受到感染，而观众的情绪不可能转瞬即变，它需要有一个从感知到感动的过程，因此，人们情绪发生的心理特点决定了在画面与镜头组接中要适当地延长或延续渲染气氛、表达情绪的画面或镜头，留给观众感知和联系的空间。比如喜、忧等镜头长度可视情形延长些，使人充分感受画面主体的情感流露，以形成情绪积累。

2.空间匹配

由于屏幕画框的存在，屏幕中观察到的事物及其运动方式，与日常生活中所观察到的有许多不同之处，如物体的相对位置、运动的方向性、视觉的注意中心、视线的方向等。所谓“空间匹配”是指上下相连的两个画面中，同一主体所处的位置要保持一种逻辑关系上的空间统一性，使得两个画面连接在一起时产生自然和谐的关系。空间匹配最基本的要求是确保位置的匹配、方向的匹配。

(1)位置的匹配。

在剪接中位置的匹配是指上下两个画面中的同一主体所处的位置，从逻辑关系上讲要有一种空间上的统一性，从视觉心理讲要有一种流畅和呼应。位置的匹配强调画面组接时的要点：一是表现同一主体的相邻画面，主体在画框中的位置不要有明显变化，要尽量保持在画面的同一侧。二是具有对应关系的不同主体一定要置于画面的相反位置上，以建立一种相对应的逻辑关系。这时虽然因为人物的位置明显变化而产生了视觉上的跳动感，但是这种逻辑关系却能够造成一种心理平衡，从而形成一种整体上的连续感。

(2)方向的匹配。

方向的匹配要求画面组接时应注意两点：一是应保持与画面中主体运动方向或对应关系的主体之间视线的一致性。二是要调节好主体运动方向未变，但拍摄的运动方向发生了变化。事实上，后面一点就是通常所说的“越轴”。遵守轴线规则（包括越过轴线方法）是保证镜头衔接顺畅的基本条件，是获得正确的空间结构和空间顺序的方法，是使观众正确、清楚领会场景内容的一种手段。由于“越轴”镜头造成主体空间的关系的混乱，因此，拍摄时，在运动物体的同一侧设置机位；编辑时，正确把握轴线和校对拍摄时的跳轴错误并加以弥补。

二、镜头的组接技巧

（一）叙事蒙太奇和表现蒙太奇

作为技巧性的蒙太奇从功能上可以分为两大类：叙事蒙太奇和表现蒙太奇。叙事蒙太奇主要功能是“写实”，表现蒙太奇主要功能是“写意”。叙事蒙太奇的作用便于叙述一段剧情，展示一系列事件。叙事蒙太奇的技巧注重的是镜头的记录、揭示功能。它的几个镜头连接在一起，时间上是连续进行，在空间上是一个整体。叙事蒙太奇镜头组接的依据是生活的逻辑。它有三种组接顺序：第一，叙述一个正在发展中的事件，往往是按时间顺序来组接镜头，来展示生活的流程，体现了时间的连续性。第二，按照空间顺序来组接，逐一地展示各个不同空间事物的存在状态，体现空间的统一性。第三，依据因果、呼应等逻辑因素来组接。叙事蒙太奇是画面组接的基础和主体，是电视新闻最主要的表述方法。它着重于动作、形态、造型上的连续性，通过一系列不同景别、不同角度、不同运动形式的画面或镜头的组接，构成完整的动作形态和事件脉络，表达过程连续，给人以清晰、流畅的感觉。

表现蒙太奇也称对列蒙太奇。它不单单是为了叙事，更重要的目的在于通过逻辑上具有一定内在联系的镜头对列组接，来暗示或者创造一种寓意，抒发某种情绪，激发观众的联想。

（二）几种基本句型

不同的景别代表着不同的画面结构方式，其大小、远近、长短的变化造成了不同的造型效果和视觉节奏。剪辑者总是根据不同表达目的来控制画面中的景别等构成因素的变化幅度，因为这些因素的变化幅度大小会影响观众视觉间断感的强弱。景别跳跃不能太大，否则就会让观众感到跳跃太大、不知所云。因为人们在观察事物时，总是按照循序渐进的规律，先看整体后看局部。在全景后接中景，与近景逐渐过渡，会让观众感到清晰、自然。一般来说，拍摄一个场面的时候，景的发展不宜过分剧烈，否则就不容易连接起来。相反，景的变化不大，同时拍摄角度变换亦不大，拍出的镜头也不容易组接。由于以上的原因，我们在拍摄景的发展变化的时候需要采取循序渐进的方法。循序渐进地变换不同视觉距离的镜头，可以造成顺畅的连接，形成各种蒙太奇句型。

1. 前进式

前进式的基本形式为：全景→中景→近景→特写，这是最规整的句法。前进式根据人的视觉特点把观众的注意力从整体逐渐引向细节，这种叙述句型可用来表现由低沉到高昂向上的情绪和剧情的发展。

2. 后退式

后退式的基本形式为：特写→近景→中景→全景。后退式是把观众的视线由局部引向整体，给人逐渐远离减弱的视觉感受，这种叙述句型是由高昂到低沉、压抑的情绪，在影片中表现由细节到扩展到全部。

3. 环型式

环型式的基本形式为：全景→中景→近景→特写→近景→中景→全景。环型式是把前进式和后退式的句子结合在一起使用，由全景→中景→近景→特写，再由特写→近景→中景→远景，或者我们也可反过来运用。环型句子所表达的情绪呈现由低沉压抑到高昂，然后又变得更加高昂。这类的句型一般在故事片中较为常用。

4. 片段式

片段式，即择取若干具有代表性的片段进行组接，体现一种“以局部代整体”的意念，具有明显的跨越时空的特征。值得注意的是，在镜头组接的时候，如果遇到同一机位，同景别又是同一主体的画面是不能组接的。因为这样拍摄出来的镜头景物变化小，一幅幅画面看起来雷同，接在一起好像同一镜头不停地重复。另外，两极镜头组接是由特写镜头直接跳切到全景镜头或者从全景镜头直接切换到特写镜头的组接方式。这种方法能使情节的发展在动中转静或者在静中变动，给观众的直观感极强，节奏上形成突如其来的变化，产生特殊的视觉和心理效果。

（三）普多夫金的五个剪辑技巧①

剪辑是通过镜头的组合进行场面建构的过程。在20世纪20年代，弗谢沃洛德·普多夫金确立了五个剪辑技巧：对比，平行，象征，交叉剪辑，主题。②

1. 对比

假设我们的任务是讲述一个忍饥挨饿者的悲惨处境。如果我们把一个富人愚蠢地暴食与之连接起来，这个故事会变得更加生动。对比剪辑就建立在一个这么简单的对比关系基础上。在银幕上，对比的影响可以更强，因为我们不但可以把忍饥挨饿段落和暴饮暴食段落连接起来，而且还可以把单独的场景甚至场景中单独的镜头与其他场景或镜头连接起来，这样，就等于始终强迫观众对两个情节进行比较，使之相互强化。对比剪辑是最有效的剪辑方法之一，也是最普通、最标准化的方法之一，因此要小心，不要过滥、过火。

2. 平行

这种方法跟对比有些类似，但是更加广泛。平行剪辑的实质可以用下面的例子很好地说明。这是个虚构且目前为止还没有拍摄过的情节：一个工人，罢工的领导者之一，被判处死刑；死刑执行时间定在早上5点整。这个段落可以这么剪：工厂主，被判死刑工人的老板，醉醺醺地离开了饭店，他看了看手表：4点钟。然后是被判死刑的工人——他已经即将被带出。又是工厂主，他按响门铃，问了下时间：4点30分。囚车在重兵押解下沿着街道前行。开门的女仆——死刑工人的妻子——遭遇突如其来的残忍攻击。酩酊大醉的工厂主在床上打鼾，他腿上的裤脚翻了过来，手垂下来，我们可以看见表针慢慢地指向5点。工人被执行绞刑。在这个例子中，两个主题不相干的事件通过指示死刑迫近的手表平行发展。冷酷工厂主腕上的手表将一直出现在观众的意识当中，因为是它将工厂主与即将遭遇悲惨命运的主角联系在一起。平行剪辑无疑是一种很有意思的技巧，具有相当大的发展前景。

---

①（美）詹尼弗·范茜秋. 电影化叙事：100个最有力的电影手法[M]. 王旭锋，译. 桂林：广西师范大学出版社，2009.

②普多夫金认为有目的地运用剪辑可以引导观众的情绪反应，从而他也认为编剧和剪辑师都应该掌握剪辑技巧，因为他们首要的工作就是成为“观众的心理导师”。普多夫金的五个原则说明了剪辑怎样激发观众的特定情绪。普多夫金的原则一直有效，此处的重述转引自《电影理论和批评》（*Film Theory and Criticism*，第4版，由马斯特等编辑）一书。

3. 象征

在影片《罢工》(*Strike*)[①](如图 7-3-1)的最后场景里,枪杀工人的镜头中穿插了屠宰场里宰牛的镜头。编剧想要也成功地说明了:对工人的枪杀就像屠夫用屠刀宰牛一样残酷、冷血。这种剪辑方法尤其有意思,因为通过剪辑,在不使用字幕的情况下,给观众的意识中输入了抽象的概念。

图 7-3-1　电影《罢工》海报

4. 交叉剪辑

在美国电影中,最后段落常由同时发生并快速发展的两个情节构成,其中一个情节发展的结果依赖于另一个的结果。影片《党同伐异》(*Intolerance*)中现代部分的结尾就是这么构成的。这种方法的最终目的是,通过对疑问的持续强化给观众创造最大的刺激张力,例如,让观众不停地问:“他们还来得及吗?他们还来得及吗?”这是纯粹情绪化的方法,现在几乎已经滥用到令人厌烦的程度了,但是不能否认交叉剪辑,是迄今为止发明出来的建构影片结尾最有效的方法。

5. 主题(主题的重复)

这种剪辑方法在编剧想要强调情节的基本主题时特别有用。重复的方法可以实现这个目的。它的实质通过下面的例子很容易说明。在一个意图揭露沙皇政权御用教会的残忍和虚伪的反宗教情节中,同样的镜头重复了若干次:教堂的钟声悠扬地响起,同时出现字幕:“教堂的钟声给整个世界发出忍耐和博爱的信息。”这个片段出现在编剧想要强调教会鼓吹的忍耐之愚蠢、博爱之伪善的任何时候。

(四)剪接点

剪接点就是两个镜头之间的转换点。准确掌握镜头的剪接点是保证镜头转换流畅的首要因素,因此,选择恰当的剪接点是剪辑的最重要也是最基础工作。不同的节目有不同的剪辑特点,如综艺晚会类节目大多数以歌舞为主,其剪辑按音乐的旋律、节奏、乐句、乐段来连接,一般在节拍强点上切换镜头比较流畅;剧情节目多数按剧情的发展及人物情绪的变化来选择剪辑点;访谈性节目一般按访谈者的谈话内容及现场气氛和视线关系来切换镜头;竞技体育类节目由于动感较强,多选择动接动,而且往往选择动感强烈的地方作为切换点;纪录片及纪实性专题片的剪辑力求简洁真实可信,既避免剪得过细过碎,又要避免自然主义的倾向。剪接点的选择是否恰当,关系到镜头转换与连接是否流畅,是否符合观众的收视的习惯和心理,是否满足节目的叙事需要,是否能体现艺术的节奏。依据不同的剪辑依据,我们大致可以将剪接点归为以下几类:

---

①苏联著名电影,爱森斯坦的处女作,描写 1912 年沙皇军队镇压罢工工人的事件,于 1925 年上映。

1. 叙事剪接点

在剪辑中,镜头转换不仅是作品叙事构成或者艺术表现的需要,同时也是观众观赏的需要。每一次的镜头转换意味着观众注意力的转移,从一个视觉形象转移到另一个视觉形象上,镜头的长度决定着视觉形象刺激观众注意的强度和观众的接受程度。一个能给大家带来不曾预料的事实或更多信息量的镜头,相形于人们熟视的镜头,显然会得到更多的关注。以观众看清画面内容,或者解说词叙事,或者情节发展所需的时间长度为依据,这是视频剪辑中最基础的剪接依据。尽管镜头长度取舍受到多重因素影响,但是一般情况下,镜头有一个"低限长度",也就是说,一个镜头必须有能够保证让观众看清内容的最低限度的时间长度。这个低限长度是以展示画面内容为基础的,同时要视景别、内容、上下情景而定。

2. 动作剪接点

动作剪接点是画面组接中最为常见的情况,通常以画面的运动过程(包括人物动作、摄像机运动、景物活动等)为依据,结合实际生活规律的发展来连接镜头,目的是使内容和主体动作的衔接转换自然流畅,它是构成影片外部结构连贯的重要因素。动作剪辑固然也是为情节叙事服务,不过它更着眼于镜头外部动作的连贯,比如人物起坐的剪辑依据就是动作连贯性。在镜头连接的剪接点选择上,除了镜头内部运动体的动作、姿势外,摄像机的运动方式也是重要的判断依据,运动镜头的速度、方向、起幅、落幅同样会影响到镜头连接的视觉连贯性。正确处理好动作剪接点,是镜头组合能够产生行云流水般自然连贯的视觉效果的基础。

3. 情绪剪接点

情绪剪接点是以心理活动和内在的情绪起伏为依据,结合镜头的造型特点来连接镜头的,目的是激发情绪表现。在影片或视频的剪辑中,有时候如果完全按照画面上的外部动作来剪辑,并不一定能准确地表现应有的情绪节奏或叙事上的跌宕高潮。这时,在剪接点的处理和剪辑方式上,必须考虑作品的总体节奏和这一段落或动作的情绪形态,依据人物情绪或事件发展内在情绪要求,利用镜头在表现情绪上的造型作用,来判断剪接点,而不必依靠任何形体动作或声音语言。镜头剪辑需要从整体的联系上来考虑,在处理镜头剪接点时除了满足叙事要求外,有时还需从情绪变化出发,选择恰当的情绪剪接点。

4. 节奏剪接点

根据运动、情绪、事物发展过程的节奏为依据,结合镜头造型特征,用比较的方式来处理镜头的长度和衔接位置,也就是通过镜头连接点的处理来体现快慢动静的对比,它重视的是镜头内部运动与外部动作形态的吻合。

5. 声音剪辑点

网络视频中的声音构成包括人声、音响和音乐。人声主要是指人物语言,还有喘息声、呼吸声,以及群众场合中的嘈杂人声、交谈声等等。音响指为剧情服务的自然界除人声外的声音。音乐是最善于表达人的内心世界和表现节奏的,音乐也就成为叙述故事、表现情绪、完成影片节奏等方面的有力手段。在网络视频中,人声、音响和音乐不是简单地相加,只有当它们合在一起,相互交织,相互补充,成为一个艺术整体时才有意义。对声音的剪辑,必须服从整体的声音设计,这部分工作在剧本创作完成阶段已经基本定型;剧本的拍摄阶段更多的是同期录音阶段，侧重声音素材搜集；在后期制作阶段，声音的剪辑和处理就是在筛选声音素材、执行前期声音设计，以声音因素（解说词、对白、音乐、音响等）力基础，根据内容要求和声画有机关系来处理镜头的衔接，也就是指上下镜头中声音的连接点。各种声音都有其本身的规律性，并且它与画面内容有着紧密的联系。镜头连接并不是单纯处理图像的连贯性，有时候，如果不能很好地控制声音剪接点的位置，即便很简单的镜头连接，也会因此显得失真。比如，采访人物的语气连接得过于紧密，甚至尾音被删减，则镜头连接的真实感就会被破坏。声音的剪接点大多选择在完全无声处，要考虑到画面所表现的情绪、声音转换节奏和声音连贯性和完整感。音乐的剪接点大多选择在乐句或乐段的转换处，随意截断乐音或其他声音，会明显破坏声音的完整感。

(1)声画合一。

所谓“声画合一”，是指画面中的形象和它所发出来的声音同时出现，又同时消失，两者互相吻合。声画合一的作用是加强画面的逼真性和可信性，使银幕或屏幕上所展示的一切，显得有声有色，自然真实，提高视觉形象的感染力。

(2)声画分立。

所谓“声画分立”，是指画面中的声音和形象不同步，互相分离；或者说，观众听到的声音和观众所看到的画面不一致，所以叫“声画分立”。声画分立的意义在于声音和画面摆脱了相互的制约，获得了相对的独立性，同时，在新的基础上求得和谐和统一的结合。如在两个人谈话时，插入听话人的反应镜头，用以描绘他的表情变化。此时，虽然观众看不到说话人，却听得到他的声音(画外音)。于是，观众可以从听话人的感情变化中突出感受到说话人的语言力量；同时，说话的内容又表明了听话人感情变化的原因。

(3)声画对位。

声画对位，是指声音和画面分别表达不同的内容，它们各自以其内在节奏独立发展，分头并进，最终又殊途同归，从不同方面说明着同一含义。这种作画结构的形式，就叫作声画对位。在这里声音和画面内容相悖相反，声音不是画面的附属或补充，而是从相反的方向去挖掘人物的内心活动，或营造某种情绪，暗示某种思想，声画对立产生了新的表象，形成了新质，有时可以成为隐喻蒙太奇。声画对位意味着声音与画面在情感、内涵、情绪、情调、氛围、节奏恰好是错位、对立的，形成很大反差的。正是由于声音与画面的差异、对立、错位、相反，才更有力地形成一种对比和对照，从而用一种反差的方式更强有力地表达出正面的意义、价值。

（五）转场

一组镜头与另一组镜头之间的转换，或者叙事段落之间的转换，称为转场。常用的转场方式有技巧转场和无技巧转场两大类。

1.技巧转场

技巧转场就是利用特技技巧把两个段落联结起来。它既可以是两个段落平滑过渡，又可以形成明显的段落感。其常用的类型有以下几种：

(1)淡出淡入。

一个段落的最后一个画面从正常的亮度和色度逐渐淡下去，变成黑场，另外一个段落的第一个镜头画面从黑场逐渐变成正常亮度色度的画面，完成段落的转换。一般只用在时空变化十分明显的场景转换。过多地使用该特技来转场，容易造成作品结构的松散和节奏的拖沓。

(2)叠化。

叠化是上下两个镜头交叠，前一个镜头逐渐减淡的同时，后一个镜头的画面逐渐清晰，形成一个画面转化到另一个画面的效果。主要用于表示时间的消逝，表现梦幻、想象、回忆等。

(3)定格。

定格是把第一段的结尾画面定住，使人产生瞬间的视觉停顿，接着出现下一个画面，比较适合于不同主题段落间的转换。

(4)翻页。

翻页是第一个画面像翻书一样翻过去，第二个画面随之显露出来。

(5)变焦点。

利用变焦点使画面内一前一后的形象在景深内互为陪衬，达到前实后虚、前虚后实的效果，使观众的注意力集中到焦点突出的形象上，实现内容或场面的转换。虚实互换也可以是整个画面由实而虚或者由虚而实，前者一般用于段落结束，后者用于段落开始，从而达到转场目的。

(6)划像。

划像是指前一画面从一个方向退出画面，第二个画面随之出现，开始另一个段落。划像根据画面退出方向以及出现方式不同，可以有多样的具体样式。划像可以造成时空的快速转变，可以在较短的时间内展现多种内容，所以常用于同一时间不同空间事件的分隔呼应，节奏紧凑、明快。划像作为一种花样繁多、效果活泼的特技技巧，在文艺、体育节目制作中被大量使用。

(7)多画屏分割。

多画屏分割是指在屏幕上同时出现多幅同一影像或是多幅的不同影像，构成多画屏，产生多空间并列、对比的艺术效果。它可以使发生在不同地点的相关事物同时出现，然后各自表述，其效果类似一句谚语："花开两朵，各表一枝。"比如，画面上甲在打电话，随后画面变成甲在左侧打电话，乙在右侧接听电话，这样在同一画面内看到了相互交流的效果；画面回到单画面时，内容是乙挂上电活，开始了与乙相关的另一个内容，完成段落的转换。

2.无技巧转场

无技巧转场其实恰恰是最有技巧的，因为它是通过镜头之间的自然转换来实现分隔和连贯的，所以要求编导、摄像在前期要精巧地设计、严密地构思，要尽可能地去发现场面之间在内部逻辑上和外在形态特征上的联系，尽可能去捕捉一些能够用于转场的镜头，以满足后期剪辑中转场的需要。而在后期剪辑中，要求充分地熟悉素材，既要善于发现，也要善于创造，根据内容的要求，大胆创意，有时甚至可以采用移花接木的手法。充分利用现有素材，在后期编辑中大量采用无技巧转场，是编辑工作的一个重要方面。常见的有：

(1)相似体转场。

上下镜头中具有相同或相似的主体形象，如从体育场外巨大的足球塑像，转到足球现场中发球线上的足球；玩具飞机到空中编队飞行的航空机群；果园堆集的水果到罐头商标上的水果特写等。

(2)特写转场。

利用特写镜头看不出主体与陪体、主体与环境之间的明显关系,暂时集中人的注意力,对画面环境产生一种“间隔”作用,达到转换的目的。纪录片常常从特写镜头作为一段开始,又以特写镜头结束并转入下一段。

(3)同类内容转场。

上下段落相邻的画面选择同一类的主体或环境,利用视觉的连贯性转场。如上一个段落电站建设完成,输电线伸向远方的画面,接一个女电工在高压线上作业的招贴画慢慢摇到生活小区的镜头,顺利实现从电站到生活小区的转场。

(4)空镜头转场。

当情绪发展到高潮的顶点后,需要一个更长的间歇,就像一个删节号,观众才有时间对前一段段落进行思考、回味,然后逐渐淡化和停下来,并翻看新的段落。空镜头转场是用镜头情绪长度来获得表现效果、增加作品的艺术感染力的。

(5)利用情节内容的呼应关系转场。

利用上下段落之间在情节上的呼应关系和内容上的连贯因素实现转场,如从收割机中稻谷转入桌上的米饭,从按下发电机按钮转入城区万家灯火等。

除了上述几种常用的转场方式外,还可以有出画入画、挡黑镜头、运动镜头、两极镜头场、解说词转场等多种方法。

【应用案例 5】动画电影《小马王》[①]片段剪辑分析

《小马王》是梦工厂出品的一部很精彩的动画片(如图 7-4-1)。有一个地方的剪辑是颇费了一番心思的,体现了导演和剪辑师们的精工细作。下面来看看分镜头画面:

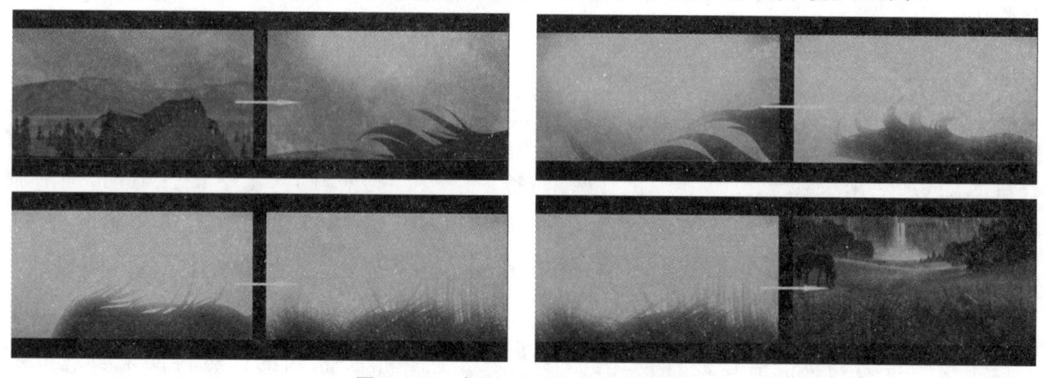

图 7-4-1　电影《小马王》片段剪辑

怎样从一个万马奔腾的激烈的动感场面过渡到一个宁静、安详的马儿吃草、母马正在生小马的安逸场面呢?这个段落该如何转换?使用特技转场还是无技巧转场?如果硬接势必会因为画面之间太过于突兀,导致视觉上的极不舒服;而高明的剪辑师又是怎样来完成这两个镜头的衔接的呢?从上面的画面中,我们看到马奔跑时飞扬的鬃毛和野草在风

①《小马王》是一部突破传统的动画卡通长片。先进的电脑动画对动画界造成革命性的改变,最令人瞩目的就是电脑动画片的兴起,而 2002 年赢得奥斯卡奖首创的最佳动画片《怪物史瑞克》一片就是最好的证明。在这同时,电脑动画也对传统的 2D 动画造成极大的冲击,《小马王》就是到目前为止制作过程最复杂的动画片。

中的摇摆何其相似，高明的剪辑师正好利用了这两个镜头中存在的这一契机，完成了这一从动到静的场面过渡，而这一完美得无可挑剔的剪辑技巧，不仅起到了从动到静必要的缓冲过程，还寓意着野马的潇洒、自由、奔放的特点。至此，不得不佩服剪辑师的精巧布局。

《小马王》中还有一个地方的剪辑值得我们学习一下，就是小马纵身跃过大峡谷的那场戏，导演和剪辑师不惜在这个镜头上花费大量的笔墨来渲染这个影片中的最后的一个高潮。我们来看看导演和剪辑师是如何渲染这一惊世骇俗的动作的(如图 7-4-2)：

图 7-4-2　电影《小马王》片段剪辑

为了把这个壮举渲染得更加辉煌，导演和剪辑师通过从不同的角度、不同的侧面，尽可能把这个短暂的时空进行延长，甚至采用了常用于抒情的叠化手法，来延迟这一精彩的时空。对敌人目瞪口呆的表情描写，从侧面反映了小马壮举的成功。总之，这是好莱坞对表达那些精彩场面的一种典型的剪辑手法。

参考文献

(澳)肯沃斯.大师镜头(第二卷):拍出一流对话场景的100个高级技巧[M].魏俊彦,译.北京:电子工业出版社,2013.

(美)哈灵顿,威瑟.专业网络视频手册:网络视频的策划、制片、发行、推广和营利[M].张可,译.北京:人民邮电出版社,2012.

(美)丹·格斯基.微电影创作:从构思到制作[M].刘思,译.上海:文汇出版社,2012.

(美)钱德勒.剪辑圣经:剪辑你的电影和视频[M].黄德宗,译.北京:电子工业出版社,2013.

(美)布雷弗曼.拍摄者:用高清摄像机讲故事[M].2版.李宏海,译.北京:人民邮电出版社,2012.

(美)福斯特.视频制作:专业素养与技巧[M].10版.谢毅,译.北京:清华大学出版社,2013.

(美)罗伯特·布莱.文案创作完全手册[M].刘怡女,译.北京:北京联合出版公司,2013.

(美)悉德·菲尔德.电影剧本写作基础(修订版)[M].钟大丰,鲍玉珩,译.北京:世界图书出版公司,2012.

(美)悉德·菲尔德.电影剧作问题攻略[M].钟大丰,鲍玉珩,译.北京:世界图书出版公司,2012.

(美)悉德·菲尔德.电影编剧创作指南[M].钟大丰,鲍玉珩,译.北京:世界图书出版公司,2012.

(美)卡茨.电影镜头设计——从构思到银幕(插图第2版)[M].井迎兆,译.北京:世界图书出版公司,2010.

(美)卡茨.场面调度:影像的运动[M].陈阳,译.北京:世界图书出版公司,2011.

(美)温尼尔德.电影镜头入门(插图第2版)[M].张铭,译.北京:世界图书出版公司,2011.

(美)鲍比·奥斯廷.看不见的剪辑(插图版)[M].张晓元等,译.北京:世界图书出版公司,2013.

(美)索南夏因.声音设计——电影中的语言、音乐和音响的表现力[M].王旭锋,译.杭州:浙江大学出版社,2009.

(美)阿提斯.专业视频拍摄指南[M].余黎研,翟剑锋,译.北京:人民邮电出版社,2013.

(美)詹尼弗·范茜秋.电影化叙事:100个最有力的电影手法[M].王旭锋,译.桂林:广西师范大学出版社,2009.

(美)约翰·哈特.开拍之前:故事板的艺术[M].梁明,宋丽琛,译.北京:世界图书出版公司,2010.

(英)克里斯·琼斯.微电影制作人手册(上)[M].林振宇等,译.北京:中国广播电视出版社,2013.

(英)克里斯·琼斯.微电影制作人手册(下)[M].林振宇等,译.北京:中国广播电视出版社,2013.

(乌拉圭)丹尼艾尔·阿里洪.电影语言的语法(插图修订版)[M].陈国铎,黎锡,译.北京:北京联合出版公司,2013.

程樯.视觉惯例与影像风格:美国类型电影的影像造型[M].北京:中国电影出版社,2013.

陈丹,杨诗.创意设计系列教材:微电影摄制技艺[M].北京:北京师范大学出版社,2013.

梁晓涛,汪文斌.网络视频[M].武汉:武汉大学出版社,2013.

江长明,马子凯,高先林.微电影入门[M].北京:蓝天出版社,2013.

宋靖.影视短片创作(北京电影学院系列教材/修订版)[M].杭州:浙江摄影出版社,2007.

尹小港.新编After Effects CS6标准教程[M].北京:海洋出版社,2013.

孙欣.影视同期录音[M].北京:中国电影出版社,2003.

姚国强.审美空间延伸与拓展:电影声音艺术理论[M].北京:中国电影出版社,2002.

张楚.影视摄像技术实训教程[M].重庆:重庆大学出版社,2014.

王健，方龙. 影视录音技艺[M]. 重庆：西南师范大学出版社，2010.
傅正义. 电影电视剪辑学[M]. 北京：北京广播学院出版社，1997.
姚争. 影视剪辑教程[M]. 杭州：浙江大学出版社，2007.
《数码影像时代》(原名《DV@时代》，www. dvchina. cn
《A. S. C. 美国摄影师》杂志

后记

从策划到实施，历经两年，今天终于完成书稿。在此，本书作者要诚挚地感谢西南大学出版社的李远毅先生、杨景罡先生、李玲女士；感谢武汉大学新闻与传播学院的周茂君教授；感谢西南大学新闻传媒学院的董小玉教授；感谢在参考文献中列出的和由于编著者视野所限而未能提及的知识工作者；感谢北京时间碎片新媒体公司的邹智勇先生、候振权先生；感谢爱奇艺公司的杨海涛先生；感谢参与本书配图和制图的詹家鸿、王衍森、郑小凤、李艳、上官嘉琦、徐刚、吴登渤、杜金廷等同学；感谢网络视频的耕耘者；感谢重庆师范大学传媒学院、新媒体学院积极投身网络视频和微电影创作实践的师生们；感谢给本书提供帮助的所有朋友们。

本书由重庆师范大学传媒学院的李明海和王力、教育科学学院的王泽钰共同编著，重庆大学新闻中心的刘腾和成都艺术职业大学的何雷、吴磊、陈心荷参与了部分章节的编写。具体分工本书的体系建构和章节安排由李明海完成；第一章（网络视频概述）由李明海和王泽钰、何雷编写；第二章（网络视频的生产工具）、第三章（网络视频的制作流程）由李明海、王力、王泽钰和吴磊编写；第四章（网络视频的拍摄入门）、第五章（网络视频的拍摄技巧）、第六章（网络视频的录音技巧）由王力、李明海和陈心荷编写；第七章（网络视频的后期制作）由王力、李明海、刘腾编写；全书图片由王力整理或组织拍摄；全书由李明海和王泽钰负责统稿。

网络的基本精神是开放，这本关于网络视频的书籍也当是一个开放的体系。网络视频正呈蓬勃之势，本书旨在抛砖引玉。由于作者水平有限，本书错漏和偏颇之处，敬请各位批评指正。